中国经济伦理学年鉴

CHINESE ECONOMY ETHICS YEARBOOK

(2021)

王小锡 主编

南京师范大学出版社

图书在版编目(CIP)数据

中国经济伦理学年鉴.2021 / 王小锡主编.—南京：南京师范大学出版社，2023.2
 ISBN 978-7-5651-5614-4

Ⅰ.①中… Ⅱ.①王… Ⅲ.①经济伦理学-中国-2021-年鉴 Ⅳ.①B82-053

中国国家版本馆 CIP 数据核字(2023)第 001362 号

书　　名	中国经济伦理学年鉴(2021)
主　　编	王小锡
责任编辑	秦　月
出版发行	南京师范大学出版社
地　　址	江苏省南京市玄武区后宰门西村 9 号(邮编:210016)
电　　话	(025)83598919(总编办)　83598412(营销部)　83373872(邮购部)
网　　址	http://press.njnu.edu.cn
电子信箱	nspzbb@njnu.edu.cn
照　　排	南京开卷文化传媒有限公司
印　　刷	南京凯德印刷有限公司
开　　本	787 毫米×960 毫米　1/16
印　　张	19.5
字　　数	344 千
版　　次	2023 年 2 月第 1 版　2023 年 2 月第 1 次印刷
书　　号	ISBN 978-7-5651-5614-4
定　　价	110 元
出 版 人	张　鹏

南京师大版图书若有印装问题请与销售商调换
版权所有　侵犯必究

中国经济伦理学年鉴
（2021）

编委会主任：万俊人
编委会委员（以姓氏笔画为序）：

万俊人　卫健国　王　莹　王小锡
王泽应　王淑芹　王露璐　韦　森
龙静云　朱金瑞　朱贻庭　乔法容
刘云林　刘可风　江　畅　孙春晨
李　伟　李　萍　李兰芬　李志祥
李建华　吴潜涛　余　涌　余达淮
陆晓禾　陈　真　陈　瑛　陈泽环
周中之　夏伟东　郭广银　郭建新
曹孟勤　章海山　焦国成　廖申白
樊和平
Alejo José G. Sison（[西班牙]阿莱霍·何塞·西松）
Daryl Koehn（[美]金黛如）
Georges Enderle（[美]乔治·恩德勒）

主　编：王小锡
副 主 编：王露璐　李志祥
执行编辑（以姓氏笔画为序）：

江　勇　汤建龙　汪　洁　张　燕
张　曦　张晓磊　姜晶花　郭方天
陶　涛

特约编辑（以姓氏笔画为序）：

文贤庆（湖南师范大学）　　吴　俊（清华大学）
沈永福（首都师范大学）　　张　霄（中国人民大学）
周治华（上海师范大学）　　周海春（湖北大学）
周谨平（中南大学）　　　　商增涛（东南大学）
解丹琪（中南财经大学）　　熊富标（华中师范大学）

组织编辑：

中国人民大学伦理学与道德建设研究中心经济伦理学研究所
南京师范大学经济伦理学研究所

编辑说明

为全面系统地展示我国经济伦理学的发展历程,总结我国经济伦理学学科建设和学术研究的成就,促进国内国际的学术交流,由教育部人文社会科学重点研究基地中国人民大学伦理学与道德建设研究中心和南京师范大学共建的经济伦理学研究所决定编辑出版从 2000 年起的《中国经济伦理学年鉴》(以下简称《年鉴》)。

《年鉴》的内容主要包括学者介绍、特稿、论文摘要、著作简介、伦理学前沿、学术活动和主要课题等。《年鉴》主要反映当年度我国经济伦理学的发展状况,设置了《特稿》《伦理学前沿》栏目,并介绍国外经济伦理学相关中译本著作。尽管我们力图通过与学界同仁的共同努力,使《年鉴》以较为完美的形态出现在读者面前,但是《年鉴》的编写工作琐碎繁杂,疏漏之处在所难免,恳请读者和学界同仁谅解。

《年鉴》学者介绍按姓氏笔画排序,其他学术信息按时间先后排序。

为便于《年鉴》编辑工作的顺利开展,我们请有关专家学者在每年的 1 月底之前将前一年发表的论文(1 000—1 500 字),出版的著作(2 000 字左右),参与的主要课题、学术活动等参照往年《年鉴》的出版格式,发送至编辑部邮箱。自 2014 年起,我们在中国人民大学、湖南师范大学、清华大学、中南大学、东南大学、湖北大学、首都师范大学、上海师范大学、华中师范大学、中南财经大学等伦理学重点研究单位设立了特约编辑,相关学校的各位专家学者可将学术信息发给本单位特约编辑整理后一并发送至编辑部邮箱。

《年鉴》的编纂工作得到学界同仁的真诚关注和大力支持,许多作者主动帮助收集和提供相关资料。在《年鉴》的编纂过程中,博士生王璐、史文娟、侯效星、吕文瑜和硕士生沈洁、张萌、卢斌、沈琪章、陈佳庆、陈宇、陆雨佳、陈璟、贺鹏豪、李慧敏、吕艺飞、范佳美、张媛、潘逸、鞠小波、陈静怡、孟冰清、盛丹丹、卢兴睿、刘壮、范向前、刘硕、陆玲、景辕立、张晨等同学协助做了大量的辅助工作,《年鉴》的顺利出版有他们的辛劳。《年鉴》的编纂与出版还得到了江苏省优势学科建设工程和南京师范大学出版社的大力支持,对此,我们表示由衷的谢意!

《中国经济伦理学年鉴》编辑部邮箱:zhgjjllxnj@163.com。

学者名录

张容南 …………………………………（1）

夏明月 …………………………………（2）

徐雅芬 …………………………………（2）

郭卫华 …………………………………（3）

郭金鸿 …………………………………（4）

陶　涛 …………………………………（5）

学者介绍

张容南：1982年生,重庆人,南京大学哲学学士,清华大学伦理学博士,现为华东师范大学哲学系教授、博士生导师,华东师范大学哲学系应用伦理学中心(筹建中)主任,清华大学中外伦理学比较研究中心兼职研究员,澳大利亚麦考瑞大学(Maquarie University)哲学系访问学者,2020年入选上海浦江人才计划。主持多项  国家级和省部级科研项目,主讲的全英文课程《中国哲学导论》(2019)入选上海市外国留学生英语授课示范性课程。

主要研究方向为伦理学与政治哲学。先后出版两部学术专著：《一种解释学的现代性：查尔斯·泰勒论现代性》(2012)、《叙事的自我：我们如何以叙事的方式理解自身》(2020),关注现代性条件下人的自我认同问题。独译及合译了五部学术著作：《世俗时代》(2016)、《认同伦理学》(2013)、《保守主义》(2010)、《儒学与生态》(2008)、《一头想要被吃掉的猪》(2008),译作曾获文津图书奖,在学界反响良好。在《哲学研究》《哲学动态》《马克思主义与现实》《道德与文明》《自然辩证法研究》等中文权威期刊发文20余篇,多篇被中国人民大学《复印报刊资料》全文转载。积极推动跨文化学术交流,参与耶拿大学发起的中德美德伦理对话,在德文学术期刊发表英文论文(West-Eastern Mirror：Virtue and Morality in the Chinese-German Dialogue,*Culture and Education*,2020)。

为体现伦理学对现实生活的价值引领作用,凸显其伦理学研究的女性主义视角,曾在《信睿周报》头版发表文章《关怀伦理学：通过关怀创造美好》。2018年,在北京举办世界哲学大会期间,曾采访世界著名伦理学家彼得·辛格,采访稿《为动物权益推翻"人是神圣的"命题》发表于文汇讲堂。曾呼吁从伦理学视角关注老年群体,在《中国社会科学报》发表《从伦理学视角思考老年问题》。目前在《哲学研究》《哲学动态》等期刊担任匿名评审,同时也是 Taylor & Francis Groups 中华学术书外译评审、中信出版社见识城邦系列图书审读人,为《文汇报》《澎湃新闻》等多家媒体供稿。

夏明月:1978 年生,山东邹平人,2010 年毕业于南京师范大学公共管理学院伦理学专业,获哲学博士学位;2012 年中央党校马克思主义理论部博士后出站,法学博士后。现任上海财经大学马克思主义学院教授,工商管理硕士(MBA)导师,博士生导师。兼任中国经济伦理学会理事、上海市伦理学会理事、澳门时代基金会副秘书长等。2017 年被评为上海市"阳光学者"及上海市思政课"骨干教师",曾获上海市思政课教学比赛三等奖。

主要研究方向:经济伦理学和企业文化道德建设,并在劳动伦理领域形成了一定的研究特色。近年来,出版专著《劳动伦理研究》和《劳动伦理与企业核心竞争力》2 部,主持并完成国家社科青年基金项目 1 项,省部级课题及产学研横向项目多项,在《哲学研究》《哲学动态》《伦理学研究》等学术期刊及《光明日报》《解放日报》《文汇报》等重要报刊上发表文章 30 余篇,学术观点多次被《中国社科文摘》和《新华文摘》转载。近些年其多次参加国内外学术交流,著有《中国伦理学 60 年》《中国伦理学 70 年》《新时代哲学探索》《中国经济伦理学年鉴》等。

徐雅芬:1965 年生,福建建阳人,厦门大学马克思主义学院教授,硕士生导师,福建省高校思想政治理论课学科带头人和教学指导委员会委员。本科与硕士均就读于厦门大学哲学系,1986 年获哲学学士学位,1989 年获哲学硕士学位。1989 年留校任教,1997 年被评为副教授,2005 年晋升教授。2009 年获评福建省第一批宣传文化系统"四个一批"理论人才,2013 年获评教育部"高校思想政治理论课教师年度

影响力人物"。其兼任中国伦理学会常务理事、中国廉政建设与治理学会常务理事、福建省伦理学会会长、福建省监察委员会第一届特约监察员、厦门大学廉政建设研究中心副主任、厦门大学习近平新时代中国特色社会主义思想研究中心研究员、厦门大学理论报告员、厦门市鹭江讲坛报告人。

其长期从事马克思主义理论与思想政治教育、伦理学、党史党建的教学与研究工作。曾主持国家社会科学基金项目"习近平总书记关于党内监督重要论述研究"(2021)、教育部人文社会科学项目"思想道德修养与法律基础精彩教案(本科)"(2010)、福建省社会科学基金重点项目"落实党风廉政建设主体责任研究"(2015)、福建省委宣传部项目"我国公民道德自觉与道德自信的培育研究"(2013)和"邓小平德育思想研究"(1998)等,并参与多项国家社科基金重大项目、重点项目和一般项目研究。主编或参编《思想道德修养》《中国法制史》《公务员行为规范》等多部教材,并在《高校理论战线》《国外社会科学》《道德与文明》《教学与研究》《思想理论教育导刊》《人民论坛》《光明日报》(理论版)等发表学术论文60余篇,其中多篇论文被中国人民大学《复印报刊资料》全文转载。曾获全国高校思想政治教育研究会第六次高等学校思想政治教育优秀论文一等奖(2011)、福建省优秀社会科学成果奖三等奖(2011)、福建省高等教育优秀教学成果奖二等奖(2014)、厦门大学高等教育教学成果奖一等奖(2014)等多奖项,以及全国"宝钢优秀教师"(2013)、全国"优秀社会科学普及专家"(2016)、厦门大学首届"优秀本科生导师"(2008)与"优秀思想政治理论课教师"(2009)等荣誉称号。

郭卫华:1978年生,河北定兴人。2002年毕业于河北师范大学法政学院思想政治教育专业,获法学学士学位;2005年毕业于河北师范大学法政学院伦理学专业,获哲学硕士学位;2008年毕业于东南大学人文学院伦理学专业,获哲学博士学位。现任天津医科大学马克思主义学院教授、马克思主义学院学术委员会主任委员、学院党总支副书记,硕士生导师,入选第七批天津市宣传文化"五个一批"人才计划。兼任中国伦理学学会理事、天津市社会科学界联合会第七届委员会委员、天津市

伦理学学会理事、天津市医学伦理学会理事。

主要研究方向：中国传统伦理、生命伦理。出版专著2部。其中《先秦儒家情理主义道德哲学形态研究》获第十六届天津市社会科学优秀成果二等奖；《"情"与儒家道德哲学形态》获中国伦理学会第二届学术成果（著作类）优秀奖。在《哲学动态》《道德与文明》《伦理学研究》《中州学刊》等学术期刊上发表40余篇学术论文，多篇论文被中国人民大学《复印报刊资料》、《伦理学》、《科技哲学》全文转载。主持完成国家社科青年项目1项、在研国家社科项目1项，参与完成省部级以上项目7项。

郭金鸿：女，1970年生，山东枣庄人，哲学博士，教授，现为青岛大学马克思主义学院副院长。1995年硕士毕业于湖南师范大学伦理学专业，2006年博士毕业于南京大学伦理学专业。国家社科成果结项鉴定专家，教育部学位中心学位论文评审专家，美国迈阿密大学访问学者，兼任中国伦理学会常务理事，山东省伦理学会副会长，山东省马克思主义理论类专业教学指导委员会委员，山东哲学学会常务理事，青岛市家庭教育研究会副会长，青岛市青少年理论研究会副会长，入选山东省理论人才"百人工程"。获中国伦理学会首届学术成果三等奖，山东省社科优秀成果奖二等奖1项，山东省高校优秀科研成果奖三等奖2项，青岛市社会科学优秀成果一等奖1项。获全国"教育硕士优秀教师"、山东省高校"三八红旗手"等荣誉称号。

近年来，其主要研究道德责任理论、墨家思想、人类命运共同体等问题。主持完成国家社科一般项目"西方道德责任理论的历史嬗变"、省部级课题1项，参与完成多项国家社科项目。出版专著2部（《道德责任论》《〈孝经〉郑玄注汇校》），在《哲学动态》《伦理学研究》《教育科学研究》等刊物上发表学术论文40篇，其中多篇被中国人民大学《复印报刊资料》全文转载，参与编写教材2部。

· 学者介绍 ·

陶　涛：1983年生，河南商丘人，南京师范大学哲学系教授、博士生导师，清华大学哲学博士，剑桥大学访问学者，入选江苏省"紫金文化"社科优青、南京师范大学"中青年领军人才"。兼任中国伦理学会理事、清华大学道德与宗教研究院研究员、中国人民大学伦理学与道德建设研究中心研究员。

长期从事西方伦理学、古希腊哲学等方面的学术研究：一是长期关注西方伦理学的基本理论问题，尤其是关注古希腊幸福伦理学中的核心概念以及道德情感等相关问题，研究了诸如斯多亚派的"合宜行为"（καθῆκον）、昔勒尼派的"快乐"（ἡδονή），以及愤怒、羡慕等话题。二是长期关注中西伦理学的比较，在剑桥大学访问期间，曾采访了哈佛大学普鸣（Puett）教授，并发表了采访稿《比较主义与中国哲学》（第一作者）；翻译了黄勇教授的《程颐的道德哲学》一文。三是关注现实生活中的伦理问题及哲学的普及工作，比如讨论了老年人的幸福问题，以及出版了多本哲学类普及读物的译著。独立主持国家社科基金2项、教育部博士后面上基金1项，任国家重大课题子课题负责人1项。出版专著《城邦的美德》，译著《简单的哲学》《好用的哲学》《人人都该懂的哲学》《人人都该懂的美学》《美国人的性格》5部；在《哲学研究》《哲学动态》《道德与文明》《伦理学研究》及 Journal of East-West Thought 等杂志上发表中英文论文20余篇。2017年，获江苏省政府留学奖学金；2020年，其"伦理学"课程获评国家级一流本科课程（排名第二）；2021年，其"应用伦理学"课程获评教育部思政示范课程，个人入选教学名师（排名第三）。

目录

特 稿

第三次分配的伦理阐释 ································· 孙春晨 / 1
从《道德资本论》的国际传播看中国学术"走出去" ········· 常延廷 / 10

论文摘要

平等还是应得：罗尔斯"公平的机会平等原则"解释新探
································· 王 立 / 20
马克思论劳资交换中正义与盗窃的辩证法 ················· 冯 波 / 21
亚当·斯密的自然正义与德性正义 ······················· 范良聪 / 23
突破"义利之辨"的二元范式 ··························· 刘静芳 / 25
人类命运共同体的利益共享 ··························· 靳凤林 / 26
德行比财富重要 ····································· 王 杰 / 28
先秦经济伦理思想史研究 ····························· 蒋卓宸 / 29
汉唐经济伦理思想史研究 ····························· 杨筱筱 / 31
孔子的义利观研究 ··································· 郭方天 / 32
孟子经济伦理思想研究 ······························· 易书凡 / 34
宋元经济伦理思想史研究 ····························· 张 良 / 35
明清经济伦理思想史研究 ····························· 徐逸霏 / 36
民国经济伦理思想史研究 ····························· 刘祥苑 / 38
孙中山三民主义经济伦理思想研究 ····················· 陆 雯 / 40
不平等如何阻碍经济增长 ····························· 文 迪 / 41
稀缺医疗资源的分配伦理 ····························· 甘绍平 / 42
商业与道德：对斯密、弗里德曼和德鲁克观点的分析 ······· 原 理 / 44

黑格尔对康德财产权思想的批判与重建——从抽象道德法则到伦理
　　实体规则 …………………………………………… 陈　颖/45
论分配正义的局限性——基于弗里克"证言不正义"的思考
　　……………………………………………………… 潘　磊/47
财富共享的社会共构基础试析 ………………………… 易小明/50
分配正义的多元方案 …………………………………… 李　石/51
从生产逻辑到资本逻辑：马克思正义思想的双重透视 … 魏传光/53
当代分配正义理论的三重超越 ………………………… 柳平生/54
节俭消费伦理的时代意蕴 ……………………………… 何建华/56
可持续性发展：发展伦理观的深刻革命与价值重构 …… 乔法容/58
论孟子"义利之辩"展开的基础及其政治走向
　　………………………………………… 肖永明　黄有年/59
儒家经济思想的"自由放任"倾向 ……………………… 孔祥来/60
发掘良好生态的经济价值 ……………………………… 林智钦/62
荀子的"应得"概念——基于"子发立功辞赏"案例的分析
　　……………………………………………………… 东方朔/63
《墨经》"利"之辨析 …………………………………… 武　云/65
全球气候责任与结构性非正义 ………………………… 孙丰云/67
《资本论》及其手稿中的正义观释解 …………………… 付文军/68
古代徽商的"贾而好儒" ………………………………… 刘金祥/70
马克思商品拜物教批判的伦理向度 …………………… 赵佳佳/71
功利论及其交易伦理观 ………………………………… 李欣隆/72
义、利不可以轻重论——儒家义利观考察 …………… 金富平/74
资本伦理学是门独立学科吗？ ………………………… 李志祥/75
资本逻辑的现代审视与道德批判 …………… 阳　旸　刘姝雯/77
论马克思劳动价值论的政治哲学意蕴——从罗尔斯对马克思的质疑
　　谈起 …………………………………… 李无双　孙寿涛/78
行动伦理：论农业生产组织的社会基础 ……… 周飞舟　何奇峰/79
《孟子》首章与儒家义利之辨 …………………………… 杨海文/81

中国革命道德与新型经济伦理关系形成 …………………… 张文君 / 82
毛泽东经济伦理思想研究 …………………………………… 陆　雯 / 83
邓小平经济伦理思想的基本原则 …………………………… 杨伟荣 / 85
"中国梦"的经济伦理解读 …………………………………… 尹　娟 / 86
构建共享发展体制，解决分配失衡 ………………………… 杨莲秀 / 87
经济学与伦理学分化的必然性 ……………………………… 张伟东 / 88
唯物史观论域中的分配正义及历史生成逻辑 ……………… 黄建军 / 89
劳动正义：劳动幸福不可或缺的价值支撑 ………………… 毛勒堂 / 91
消费主义时代需要节俭美德吗？ …………………………… 陈伟宏 / 92
中国共产党探索实现共同富裕的理论与实践逻辑
　　………………………………………………… 王颂吉　白永秀 / 94
在数字时代发挥好信用的独特价值 ………………………… 郭利华 / 95
对中国古代民本经济观的传承与超越 ……………… 叶　坦　王　昉 / 96
从古代财税思想中汲取智慧 ………………………………… 陈勇勤 / 98
大数据时代的剥削与不正义 ………………………………… 秦子忠 / 99

著作简介

企业社会责任与战略风险：理论与实证 ………… 王站杰　陈法杰 / 101
中国商业银行的道德责任及其养成研究 …………………… 罗卓笔 / 102
劳动整体性与分配正义 ……………………………………… 秦子忠 / 103
伦理、理性与经济行为
　　……………………… ［英］弗朗西斯科·法里纳　［英］弗兰克·哈恩
　　　　　　　　　　　　　　　　　　　　　　［英］斯特法诺·万努奇 / 104
马克思主义视域下循环经济伦理研究 ……………………… 柴艳萍等 / 105
企业社会责任文化认同研究：基于主体间性视野 ………… 颜　冰 / 106
共生管理：重塑商业伦理和企业价值观 …………………… 林立平 / 107
政治经济学语境下的马克思正义观研究 …………………… 高广旭 / 108
银行业的文化、行为和道德 …………………… ［英］弗雷德·贝尔 / 109
经济新常态下中国道德经济发展研究 ……………………… 周　丹 / 111

共享经济的道德风险治理 ………………………………… 殷　红/112

伦理学前沿

新时代中国之治的伦理意蕴 ……………………………… 王小锡/114
"伦理"话语体系及其中国密码 …………………………… 樊　浩/116
中国乡村治理的伦理审视 ………………………………… 刘　昂/118
本体概念的含义及其与"道""德"的关系 ……………… 江　畅/119
人工代理的道德责任何以可能？
　　——基于"道德问责"和"虚拟责任"的反思 …… 王　亮/121
论"动物权利"之道德实践的优先级 …………………… 孙亚君/123
人类命运共同体的责任共担 ……………………………… 杨义芹/125
我们应当为怎样的无知负责 ……………………………… 虞　法/126
论斯多亚派的"合宜行为" ……………………………… 陶　涛/128
当代中国正义问题研究的现实逻辑与理论逻辑
　　——《正义论》出版50周年引发的思考 ………… 王新生/129
人类增强：在希望与风险之间 …………………………… 王福玲/131
环境美德论 ………………………………………………… 曹孟勤/132
一场完美的道德风暴：论应对气候变化的伦理困境 …… 陈　俊/134
当代技术伦理实现的范式转型 ……………… 贾璐萌　陈　凡/136
外生冲突与威慑伦理 ……………………………………… 甘绍平/138
道德幸福　何种幸福 ……………………………………… 李建华/139
评布伦克特"回到马克思"的自由伦理学 ……………… 曲　轩/141
道德真理是否存在——一个伦理学前沿问题 …………… 唐东哲/142
家的元居间性——人类应该如何造就自己的后代 ……… 张祥龙/144
道德物化及其批评 ………………………………………… 王小伟/145
作为规范理论的美德伦理学
　　——基于正确行为的说明 ………………………… 文贤庆/147
德性知识论的现状与趋势 ………………………………… 冯小强/148
人工道德能动性的三种反驳进路及其价值 ……………… 王淑庆/150

伦理生活中的置身事外与具身应对——朝向一门伦理现象学
.... 姚 城 /152
"国家安全观"视阈下的社会公德建设 .... 陈进华 单 杰 /153
道义论伦理学谱系考 .... 邓安庆 /154
亚里士多德关于"幸福"原理的"实践"论证 .... 廖申白 /156
康德的审美感受与道德感受关系论探微 .... 程相占 /158
道德理由是压倒性的吗？ .... 杨 松 /159
知识共享中的认知正义 .... 白惠仁 /161
重思正义——正义的内涵及其扩展 .... 杨国荣 /162
"人民至上"价值理念的道义合理性 .... 江 畅 /164
中国共产党建党精神的道德底蕴 .... 靳凤林 /165
关于规范性判断的本体论基础的几点思考 .... 陈 真 /166
常态化疫情防控中的伦理关怀 .... 谭德礼 蒋颖荣 /168
道德增强中的个人同一性 .... 肖根牛 /169
论德性观念之源起与"四主德"学说之成型 .... 王晓朝 /171
美德伦理学的动机理论——对赫斯特豪斯的新亚里士多德主义方案
的梳理与重构 .... 李义天 /172
当代伦理学知识体系的转换与发明——如何构建具有问题意识和方
法论特点的伦理学对话 .... 何怀宏 戴兆国 /174
数字全球化与数字伦理学 .... 薛晓源 /175
道德本体及其他 .... 杨国荣 /177
新责任伦理：技术时代美好生活的重要保障 ...... 龙静云 吴 涛 /178
试论当代儒家责任伦理学建构 .... 涂可国 /180
自然、精神与伦理——进入黑格尔伦理学哲学体系之路径
.... 邓安庆 /182
人机关系中共情为何重要 .... 王 珏 /183
人与自然生命共同体理念的哲学意蕴 .... 刘福森 /185
人工智能有资格成为道德主体吗 .... 吴童立 /186

20世纪20—50年代苏联马克思主义伦理思想的主题及特色
.... 韩大猛 武卉昕/188
马克思生态文明思想的伦理之善 崔伊霞/189
问题、事件与先验的经验主义——试论德勒兹划分伦理学与道德哲学
　的根据 .... 张　能/190
《庄子》道德论是"以行为对象为中心"吗——与黄勇先生商榷
.... 曹晓虎/192
中国共产党百年乡村道德建设的历史演进与内在逻辑
.... 王露璐/194
中国共产党道德建设的百年演进及现实启示
.... 赵增彦 张　佳/196
道德焦虑的伦理疗愈——基于伦理与道德关系的视角
.... 王　艳/197
后疫情世界规范秩序重构的伦理基础 .... 王　强 杨祖行/199
伦理学视阈的社会偏好 龚天平/200
西方马克思主义"重写"良善生活 .... 李进书 冯密文/202
反思增强技术以增进人类福祉 杨庆峰/203
中国共产党人道德的人民性 靳凤林/205
中国共产党人道德的革命性 柴艳萍/206
个体的崛起与道德的主体 甘绍平/208
"伦理学"回到"伦理"的实践哲学概念 庞俊来/209
道德增强与人的自由——自主原则的视角 ..... 胡永文 柯　文/211
数字化时代的人格反思 .... 徐　强/212
《管子》中德教与法治的结合 王威威/213
机器伦理学的当代争议及其解决方案 .... 阮　凯/214
基于新冠肺炎疫情的生命伦理思考 .... 陶　涛/216
核伦理研究的历程、内容及其特征 .... 罗公波 冯昊青 姚　婷/217
先秦儒家仁义礼关系论的现代省思 周广友/219
中国式现代化进程中的乡村振兴与伦理重建 王露璐/220

著作简介

慈善伦理：文化血脉与价值导向 ……………………… 周中之/222
价值论与伦理学研究（2019年卷） ……………… 江　畅 等/222
人的尊严和生命伦理 ………………………………… 程新宇/223
全球生命伦理学导论
　　……………………………………… [美]亨克·哈弗/224
出版伦理研究 ……………………………………… 胡虹霞 等/225
"纯粹恶的神话"之批判：基于西方伦理学的视角 ……… 陈常燊/226
伊壁鸠鲁主义实践伦理学导论
　　…………………………………… [德]迈克尔·埃勒/227
笛卡尔的伦理学说研究 ………………………………… 施　璇/228
规范性知识的追求 ……………………………………… 陈　真/229
现代性冲突中的伦理学：论欲望、实践推理和叙事
　　………………………………… [英]阿拉斯代尔·麦金泰尔/230
生命伦理学的理论与实践 ………………… 郑文清　高小莲/231
后果主义的严苛性问题研究 …………………………… 解本远/232
当代后果主义伦理思想研究 …………………………… 龚　群/232
论恐惧 ……………………………… [美]玛莎·纳斯鲍姆/234

学术活动

第二届全国美德伦理论坛 …………………………………… /236
科技伦理学术论坛 …………………………………………… /237
"大数据的挑战与数字人文"学术研讨会 ……………………… /239
2021年中国环境哲学环境伦理学学术年会暨首届儒、释、道文化与环
　　境哲学环境伦理学高峰论坛 ………………………………… /240
第十一次全国经济伦理学学术研讨会暨"新时代马克思主义经济伦理
　　问题与实践"高端论坛 …………………………………… /243
法律职业伦理教育国际研讨会 ……………………………… /244

新时代会计职业道德高峰论坛 /245
医学伦理学学科发展研讨会 /246
中国伦理学会法律伦理专业委员会成立大会暨首届法律伦理论坛
 /249
"人工智能心理学与算法伦理"研讨会 /250
伦理审查原则与实践学术论坛 /253
第二届"后习俗责任伦理与当代伦理重构"学术研讨会 /254
"构建人与自然生命共同体研究"高层学术论坛 /257
全国首届"科研诚信与科技伦理"学术研讨会 /260
"伦理学前沿问题"高端论坛 /261
"中国共产党的集体道德记忆"学术研讨会 /263
人工智能伦理与治理研讨会 /264
2021年科技伦理研讨会 /267
"社会养老智能化面临的伦理挑战"研讨会 /270
第三届国杰论坛 /272
第七届全国马克思主义伦理学论坛 /274
第七届"首都伦理审查能力建设与发展论坛" /276
首届中原学之中原伦理学高层论坛 /278
"共同富裕与经济正义"学术研讨会 /279
第五届中国电影伦理学学术论坛 /281

主要课题

立项课题 /283
结项课题成果 /294

特稿

第三次分配的伦理阐释

孙春晨

自 2021 年 8 月 17 日中央财经委员会召开第十次会议以来,"第三次分配"已然成为学界和全社会广泛关注的"热词"。这次会议的亮点之一是提出"正确处理效率和公平的关系,构建初次分配、再分配、三次分配协调配套的基础性制度安排","形成中间大、两头小的橄榄型分配结构,促进社会公平正义,促进人的全面发展,使全体人民朝着共同富裕目标扎实迈进"。这次会议所强调的第三次分配与"十四五"期间"缩小收入差距、推进共同富裕"的伦理目标直接相关,这次会议也为充分发挥第三次分配在促进共同富裕中的积极作用提供了根本遵循。针对人民群众对美好生活的向往和共同富裕的道德愿望,党和政府不断重视第三次分配。从客观条件来说,我国已成为世界第二大经济体,取得了脱贫攻坚的全面胜利,社会文明程度得到了较大的提升,这就为进一步发挥第三次分配的作用打下了坚实基础。党的十九届四中全会通过的《中共中央关于坚持和完善中国特色社会主义制度、推进国家治理体系和治理能力现代化若干重大问题的决定》指出,"完善相关制度和政策,合理调节城乡、区域、不同群体间分配关系。重视发挥第三次分配作用,发展慈善等社会公益事业"。党的十九届五中全会通过的《中共中央关于制定国民经济和社会发展第十四个五年规划和二〇三五年远景目标的建议》提出,"发挥第三次分配作用,发展慈善事业,改善收入和财富分配格局"。中央财经委员会第十次会议又将第三次分配纳入基础性制度安排,表明中央对第三次分配的重视上升到了一个新高度,进入实际操作阶段。共同富裕是社会主义的本质,在我国推进现代化的过程中,"第三次分配"是新时代国家治理的重大命题,涉及多学科的理论知识。由于"第三次分配"自带伦理和道德的耀眼光环,因此对其进行伦理阐释具有重要的学术价值和实践意义。

一、第三次分配的内涵及其特征

在分析和探究第三次分配概念的内涵之前,有必要了解现代市场经济的两种主要分配形式,一是基于市场力量的初次分配,二是依靠政府力量的再分配。

初次分配是按照各生产要素对国民收入贡献的大小进行分配的一种形式,主要由市场机制这只"看不见的手"来运作和实现。生产和创造财富的活动,离不开劳动、资本、土地、知识、技术、管理和数据等生产要素,由于这些生产要素的加入,初次分配的机制就是由市场来评价各生产要素所做出的贡献,然后按贡献大小决定报酬多少。初次分配是依照市场运行规律,由市场机制即"看不见的手"实现的竞争性分配,它特别强调效率原则,遵循市场契约关系伦理和等价交换原则。因此,在市场竞争基础上追求最大效率是市场经济的本质特征,表现在初次分配上就是最大限度地体现效率原则,市场参与者无论输赢都得认同市场竞争的结果。初次分配是市场经济分配制度或分配体系的基础,由于每个市场主体获得的收入不尽相同,因此总是会形成收入上的差距,甚至是非常大的差距,而人与人之间收入差距过大,既不利于社会的和谐稳定,也不利于全体社会成员美好生活的普遍实现。

再分配是政府主导的分配机制,是在初次分配的基础上,政府通过税收、财政支出和社会保障等手段,对初次分配即各种生产要素收入进行再分配的过程,这体现了政府主动对初次分配收入进行调节、促进公平分配的意图。再分配的正义原则允许不同市场主体之间存在一定的收入差距,但不能容忍收入差距和贫富悬殊过大。从分配过程和分配结果看,政府力量的再分配是对初次分配的补充,处于辅助性地位。再分配是政府主导的减少收入不平等的一种手段,而税收和福利政策则是政府用以调节收入的常规工具。从西方发达国家和我国改革开放以来的实践经验看,由于市场力量尤其是资本力量的过于强大,政府的再分配机制亦存在局限性,再分配的调节力度难以改变分配不公和贫富差距日益扩大的趋势。在这样的形势下,第三次分配随着经济社会发展的实践被提上日程就成为一种必然。

作为一个本土化经济学概念的"第三次分配",最初由经济学家厉以宁于20世纪90年代提出,"当我们谈到市场经济中的收入分配的时候,往往把人们向市场提供生产要素所取得的收入称为第一次分配。政府再把人们从市场取得的收入,用税收政策或扶贫政策进行再分配,这就是第二次分配","是不是还有第三次分配呢？在市场分配和政府分配之后,第三次分配是存在的,这就是在道德力量影响下的收入分配。第三次分配是指人们完全出于自愿的、相互之间的捐赠和转移收入,比如说对公益事业的捐献,这既不属于市场的分配,也不属于政府的分配,而是出于道德力量的分配"。关于第三次分配的具体内涵,虽然学者们有着相对不同的理解,但在基本含义上都受到厉以宁观点的影响,突出强调第三次分配的道德特征。"所谓第三次分配,就是指个人、企业和其他社会组织在习惯和道德的推动下,把可支配收入的一部分自愿捐赠出去,通过社会救助、民间捐赠、慈善事业、志愿者行动等形式,进行社会财富的重新配置并最终实现社会公平的一种分配机制。"党的十九届四中全会召开后,中央政治局委员、国务院副总理刘鹤在《人民日报》发表署名文章,对第三次分配的内涵做出了明确的界定："第三次分配是在道德、文化、习惯等影响下,社会力量自愿通过民间捐赠、慈善事业、志愿行动等方式济困扶弱的行为,是对再分配的有益补充。随着我国经济发展和社会文明程度提高,全社会公益慈善意识日渐增强,要重视发挥第三次分配作用,发展慈善等社会公益事业。"综合上述关于第三次分配内涵的表述,可以看出,第三次分配是相对于初次分配和再分配而言的一种分配方式,如果将再分配看作对初次分配的补充,即以政府分配行为弥补市场分配行为的缺陷,那么,第三次分配则是对再分配的补充,即以道德分配行为弥补政府分配行为的不足。

  第三次分配带有浓厚的道德色彩。第三次分配是在道德和习惯等文化因素的影响下,高收入群体通过捐赠、慈善和志愿服务的方式,实现对于低收入群体的帮扶,依赖的是人们自觉自愿的捐赠和慈善行为,这种民间的自发性行为弥补了市场力量分配和政府力量分配中存在的不足,它的影响力更为广泛,它发挥作用的领域也是市场调节和政府调节所无法覆盖到的。通过第三次分配,能够满足人们尤其是底层社会的人们、弱势群体对公平正义的渴望与期待。第三次分配为什么能够引发人民群众的强烈关注？就是因为它有着极为广泛的民众基础,通过道德文化的引导、个人良心和社会爱心的推动以及社会相关政策和制度的支持,第三次分配恰到好处地弥补了利益及效率驱动下的初次分配和政府行政手段驱使下的再分配无法调整的分配领域的空白。依靠民间的自觉自愿行动,自发地实现了社会财富的有效转移,实现了对社会财富进行公平分配的道德承诺。第三次分配实质上是民众自发的一场以分配正义为核心目标的道德实践活动。理想化的第三次分配,既不会伤害效率,又能做到物质生活领域的财富分配公平和精神生活领域的道德风尚改善，如果是这样，它就能得到绝大多数人的认可，从事慈善和志愿服务就会成为未来社会发展中的一种道德时尚。

如果把推动初次分配的市场力量视为"看不见的市场之手"，把引导再分配的政府力量视为"看得见的政府之手"，那么，第三次分配则可以被称之为"看得见的道德之手"。这只"道德之手"所托举的分配模式与基于政府权力的强制性收入调节的分配模式完全不同，它依赖于个人的道德信念、道德情感和道德精神以及社会责任心，"道德之手"是有温度的手，是"温暖之手""温情之手"和"温馨之手"。需要特别指出的是，第三次分配的道德特性决定了它的物质财富和精神财富来源如慈善捐赠、志愿活动等，是完全建立在公民个人、团体或组织自觉自愿基础上的，不能以强制的方式要求公民个人、团体或组织必须进行慈善捐赠或志愿活动，在第三次分配问题上，绝不能搞"道德绑架"。

二、第三次分配助推分配正义的充分实现

当社会的收入差距和贫富差别加大或者社会的收入分配出现严重失衡时，分配正义就会成为社会关注的焦点。人们对自己在社会政治经济生活中所处地位和所获得权利的评价或诉求，往往用公平、欠公平或不公平来表达，这就涉及政治哲学和道德哲学意义上的正义问题。关于正义，它至少内含三个方面的公平，即机会公平、过程公平和结果公平。从公平诸领域的整体实现角度看，这三方面的公平是不可分割的，每一个合乎正义的制度设计都要将这三个方面结合起来统筹考量。在人们的日常感知和目标追求中，结果公平是最重要的，但是，就公平的实现过程和公平发生的逻辑次序看，只有实现了机会公平和过程公平，才能获得结果公平，从这个意义上说，机会公平和过程公平较之结果公平更为重要。

就分配机制与公平获得的关系而言，初次分配更多地倾向于机会公平和过程公平。这是因为市场经济机制为每个市场主体提供了相对公平的参与机会和发展平台，虽然市场经济存在着自身无法克服的缺陷，再加上每个市场主体的自然禀赋和生活起点不同以及社会生活中各种制度的不健全，这就使得机会公平和过程公平落实到每个市场主体身上时，不可能做到绝对公平，只能是相对公平，人们期待初次分配的机会公平和过程公平能够随着市场经济的不断完善而逐渐缩小。以竞争和效率为核心的初次分配，对各种生产要素及市场主体的创新和勤劳产生了巨大的激励作用，在这个过程中，所谓的公平是贯穿于机会和过程之中的，而主要不是结

果公平。

到了政府主导的再分配阶段,其调节的力度对改变分配不公和贫富差距日益扩大的趋势亦缺乏明显的效果。市场机制所产生的财富分配上的不公平,依靠市场自发演进的分配机制和政府的调节分配机制不可能完全解决。即使是在市场功能和政府功能都能得到充分发挥的社会,其财富分配的结果依然不能满足社会成员对分配正义的价值追求。在我国目前的市场社会条件下,财富分配过分悬殊和富人与穷人两极分化的问题比较严重,在财富的天平不断向少数富人倾斜的同时,穷者越穷、富者越富的"马太效应"也与新时代全体社会成员共同富裕的伦理目标形成了刺眼的对比。

无论是在经济学还是在伦理学理论中,都存在着向穷人转移财富、帮助穷人过上有尊严的生活、通过多种途径实现分配正义的观点和主张。在初次分配和再分配基础之上切实地做好第三次分配,将有助于分配正义的充分实现。

在财富分配中为什么要向穷人倾斜?这是因为,"在所谓公共利益中,最主要的是人民的生存。因为任何人对自己的出生都没有责任。所以,为了使现在已生存的所有人都得到充分的物品,即使要那些持有多余物品的人牺牲一些金钱,这也是应该的"。因此,人们应该关心那些生活在社会下层的人群。福利经济学主张,在财富分配中,适当提高穷人获得的实际收入的绝对份额,并不会减少整个社会的经济福利。为满足穷人的生存和发展需要,富人以实现全社会分配结果的公平为导向,将自己的财富向穷人那里转移,这就代表着分配向有利于穷人一方的改善。有人担忧,第三次分配向穷人转移财富,由于牺牲了效率,会对经济社会的发展带来不利的影响。实际上,"在不伤害人们自由创造精神与原动力,从而不会大大妨碍国民收入增长的前提下,对这种不均的任何减少,显然是对社会有利的。虽然通过计算提醒我们,要把所有收入都提高到现有特别富裕的手艺人家庭已达到的水平之上,是不可能的,但是那些低于这一水平的收入应该有所提高,即使在某种程度上要以降低此水平以上的人的收入为代价,也的确是值得想望的"。通过改变不合理的社会财富占有和分配的现状,以改善社会下层人群的生活,体现了第三次分配的伦理关怀和道德情怀。

改变穷人的生活现状是分配正义的内在要求。自由主义经济学家亚当·斯密(Adam Smith)崇尚"看不见的手"的市场机制在生产、消费和分配中的根本性作用,但即便如此,他也主张一种有利于改变社会下层人群生活状况的分配正义观。"下层阶级生活状况的改善,是对社会有利呢,或是对社会不利呢?一看就知道,这问题的答案极为明显","社会最大部分成员境遇的改善,决不能视为对社会全体不利。有大部分成员陷于贫困悲惨状态的社会,决不能说是繁荣幸福的社会。而且,供给社会全体以衣食住的人,在自身劳动生产物中,分享一部分,使自己得到过得去的衣食住条件,才算是公正"。在这段话中,斯密明确地阐明了改善下层阶级生活状况之于整个社会繁荣和全体社会成员幸福的重要价值,因为它涉及社会正义,而分配正义是构成社会正义的一个核心维度,一旦做到了分配正义,社会正义的实现就有了可靠的财富基础。斯密在他生活的年代没有提出改善穷人和下层阶级生活状况的具体方法,但他既然赞同分配正义,那么,现代通过第三次分配来改善穷人的境遇并充分实现分配正义的具体方案,斯密大抵是不会拒绝的。

慈善事业是当代社会第三次分配的主要实现方式之一。慈善事业天然地具有道德价值,与资源分配的经济方式和政治方式不同,它是第三次分配的道德方式。慈善是出于同情心、仁慈和善良等道德情感对他人予以有效关怀的行为,是慈悲情怀和善行善举的统一。慈善是"情同与共"的道德心理在社会交往生活中的反映,所谓"情同与共",就是观察到他人的处境而联想到自己如果也面临那样的处境而在心理上产生的情感体验和自我感受。这是一种"设身处地"为他人考虑的道德想象力,人同此心,心同此理;将心比心,推己及人。正是由于人具有"情同与共"的道德认知能力和道德判断能力,当看到他人的生存境遇以及生活状态时,就会产生相应的主观感受与情感体验,做出对他人做什么或不做什么的判断和选择。当看到他人生活苦难或处境艰辛时,就会油然而生同情之心,从而主动地、自然地慷慨解囊,救他人于危难之中,这就是慈善行为。"慈善的本质是同情。慈善(philanthropy)这个单词的词根在古希腊的语义中意思是'对人类的爱'。在由私人企业组成的社会中(美国是最典型的例子),慈善事业为穷人带去了关怀,同时为诸如教育和文化机构这些非营利性的组织提供了支持。把时间和资源贡献给慈善事业的人们有充足的理由相信他们对社会的安康做出了杰出的贡献。"实施第三次分配需要社会上越来越多的人抱有同情之心,做出主动的、自愿的慈善行为,为全体社会成员的共同富裕做出自己的贡献。

三、第三次分配促进社会道德风尚的改善

财富分配本身包含着一定的价值取向,尤其是第三次分配具有强烈的

道德意味。第三次分配的道德理念和价值追求如果被更多的社会成员所接受并付诸实施,将会引发相辅相成的两方面的正向道德意义:一是越来越多的社会成员自发地、自愿地、自觉地通过慈善事业和志愿服务等方式,为达成包括物质生活和精神生活两方面共同富裕的伦理目标贡献一份力量;二是由于第三次分配在全社会得到更多人的响应,诸多人的道德行为汇聚成良善助人的强大道德力量,社会道德风尚必然得到明显的改善。

从道德心理学的角度说,涉及第三次分配的每一个具体的慈善行动,不仅增加了受助方的获得感、安全感和幸福感,也同时增强了慈善方的价值感、成就感和意义感。中国人常说的"赠人玫瑰,手有余香""滴水之恩,涌泉相报"等话语,就很好地展示了慈善方和受助方之间美好的伦理关系。正是由于以慈善事业和志愿服务为主要实践方式的第三次分配为慈善方和受助方提供了相互沟通的桥梁和渠道,彼此关怀和互惠的道德风尚也由此在人间蔓延、铺展开来。

志愿服务是第三次分配的主要实现形式之一,如果说慈善事业的伦理目标更多的是指向物质生活的共同富裕和财富分配正义,那么,志愿服务的伦理目标更多的是指向精神生活的共同富裕和社会道德风尚的改善。所谓志愿服务,"是指志愿者、志愿服务组织和其他组织自愿、无偿向社会或者他人提供的公益服务"。道德冷漠是我国目前全民热议的社会问题之一,如何化解社会的行为失范和人情淡薄等道德病症,已成为我国公民道德建设中的一个重要课题。以"奉献、友爱、互助、进步"为价值理念,凸显利他主义和人道主义道德精神的志愿服务,既是在精神生活领域实施第三次分配的有效方式,又是解决社会道德冷漠现象、改善社会道德风尚的现实路径。

通过对弱势群体的志愿服务增进全社会的道德凝聚力。空巢老人、留守儿童、残疾人等弱势人群是志愿服务的重点人群,对这些弱势人群的人道关怀是第三次分配的道德要求。志愿服务的道德精髓在于博爱、利他和济世,基于仁爱之心的志愿服务,怜贫惜弱,关爱弱势人群的生存处境,能够增强弱势人群对生活的信心和期望。和谐友善的现代社会理应给全体社会成员提供基本的生存和发展保障,使得他们能够过上有价值和有尊严的生活。如果一个社会中的弱势人群穷到难以维持基本生存、穷到没有尊严甚至穷到绝望的境地,无论这个社会的经济发展取得多么巨大的成就,都不能说这是一个"好社会"。中国优秀道德文化蕴含着丰富的与现代志愿服务文化密切相关的思想资源,诸如"民惟邦本""大道之行也,天下为公""德不孤,必有邻""仁者爱人""与人为善""出入相友,守望相助""老吾老以及人之老,幼吾幼以及人之幼"等,它们与现代社会的志愿服务精神有着道德价值上的一致性。向弱势人群提供必要的、适当的志愿服务,是尊重并保障其生存和发展权利的一种民间行动方式,是怀有志愿服务意愿的公民所做出的自主道德行为选择,这种发自内心的、自觉自愿的、没有任何功利性的志愿道德行为,能够有效地改善日益严重的人际疏离和彼此隔膜的社会现象,促进人与人之间的亲近、融洽和友善,让弱势人群感受到社会的亲情和温暖,从而增进社会的道德凝聚力和向心力,维护社会的公平正义,促进社会的稳定与和谐。

通过社区志愿服务营造温馨的公共道德环境。中国传统社会是以血缘、亲缘和地缘连接起来的"熟人社会",长期的近距离的共同生活使得人与人之间形成了相互信任、彼此互助的伦理文化。但是,这样的伦理交往关系相对封闭,随着经济社会的进一步发展,封闭的伦理关系必然走向开放。我国市场经济和改革开放带来的一个巨大变化是,人们的活动范围不再局限于"生于斯、长于斯"的乡村,也不再被"单位"所束缚,而是获得了自由行动的权利,大量的流动人口从四面八方聚集到城市,在同一个社区生活和工作的人们面临着"陌生化"的人际环境,因为不熟悉,个人往往局限于自我生活的狭小空间中,陌生人之间缺乏情感上和道德上的联系,互不关心、互不信任、公共道德意识淡薄是社区道德冷漠的集中体现。作为第三次分配具体方式的社区志愿服务,是克服陌生人彼此隔膜的重要手段。现代社会的发展需要更多的社区志愿者承担公益责任,这种基于自觉道德意识的责任感,要求社区志愿者通过志愿行动传播和培育"我为人人、人人为我"的道德价值观,在陌生人聚集的社区营造关爱、合作、互助和奉献的公共生活氛围,让社区居民感受到生活的温馨和幸福。为此,需要广泛开展丰富多彩的社区志愿者服务活动,围绕家政服务、文体活动、心理疏导、医疗保健、法律服务等内容,开展居民乐于参与、便于参与的志愿活动,激发社区居民的参与热情,扩大志愿活动的覆盖面,提高志愿活动的实效性。社区志愿服务不只是为居民提供多方面的帮助,更重要的是,社区志愿服务活动还是社区居民彼此熟识、相互了解,进而增加友情、达到互助互爱的道德实践场所,这是在陌生人社会中建立友善伦理关系、塑造和谐道德环境的重要路径。

通过志愿者的亲身实践激发全社会的道德能量。志愿服务的特征之一是"自愿性",志愿者愿意贡献个人的时间、技能和爱心,在不计报酬的前提下,服务社会、帮助他人、促进社会的文明和进步。由于是自愿行为,不是行政命令或组织安排,志愿者必然会以一种积极、乐观与和善的姿态传递爱心、播撒文明、关照他人。面对现实社会中的道德冷漠现象,一些人认为,在别人不讲道德的社会环境下,自己讲道德就是"异类"。如果人人都抱有这样的心态,良好的社会道德风气就不可能形成。在人们的内心深处,始终存有积德行善的愿望。但是,在实际的道德生活中,一些人虽然比较容易达成向善的道德认同,却难以落实到实际行动中,道德态度与道德行动相脱节是导致社会道德冷漠的一个原因。志愿者为他人和社会默默地奉献着,不为名利、不求回报,他们的亲身实践和切实行动蕴含着向善、利他、友爱和崇高等为人们所赞许的道德价值,具有强大的道德感染力,能够激发全社会的道德正能量,引导更多的人加入志愿者队伍。每个公民都可以成为志愿者,每个人的道德行为虽然只是改善社会道德风气的微小力量,但是,众多微小力量的聚合,就能形成浩瀚的文明海洋,从而有效地减少社会道德冷漠现象的发生,让人们在生活中感受到道德的温暖。

四、结语

全面理解第三次分配,需要准确把握中央财经委员会第十次会议文件中"构建初次分配、再分配、三次分配协调配套的基础性制度安排"这句话的丰富内涵。所谓"协调配套",起码有两层基本含义:其一,重视第三次分配,并不意味着减弱初次分配和再分配的作用,而是说过去对第三次分配在分配体系中的价值有所忽视,从现在开始将充分发挥它在分配体系中的有益补充功能。其二,第三次分配不可能"孤军作战",它要发挥其应有的作用,需要仰仗初次分配和再分配的协同配合。主导初次分配的市场机制具有讲信用、守契约等伦理特性,有助于夯实第三次分配的道德根基;政府主导的再分配对公平正义的不懈追求,能够为第三次分配创设优良的社会道德氛围。所谓"基础性制度安排",是对"初次分配、再分配、三次分配协调配套"的基础性制度安排,比如,以制度的形式做出相关规定,给予慈善者和志愿服务者以税收优惠或其他的有利条件,引导人们主动、积极地参与诸如捐赠、慈善事业和志愿服务等形式的第三次分配。有关第三次分配的基础性制度安排,应当体现为政府的利益激励、价值引导和道德奖赏,而不是以制度的方式强制规定哪些人或哪些企业必须捐赠、必须做慈善。第三次分配是基于道德信念的分配,是一种道德行为,而道德行为必然是自由的、不受任何强制的。

(载《中州学刊》2021年第10期)

从《道德资本论》的国际传播看中国学术"走出去"

常延廷

在中华文化的国际传播中,作为集思想之精华、理论之创新并集中体现为当代哲学社会科学的中国学术不可或缺。必须承认,作为东方的学术大国,中国还不是学术强国。正如有学者所描述的:"与中国学术在中国本土所表现出的创获不断、成绩斐然的景象相比,中国学术的海外传播与发展总体上还比较寂寥,大量的中国学者及其著述,都还处于不为中国以外的学术界和一般读者所关注、研读和评价的状态。"然而与此不同的是,近年来,南京师范大学王小锡教授的学术著作却呈逆势上扬的态势:2015 年,他的《道德资本研究》(南京:译林出版社 2014 年版)英文版由德国施普林格出版社出版,并获得中国第十四届输出版优秀图书;2016 年,此书的日文版和塞尔维亚文版也分别由日本千仓书房和塞尔维亚出版社出版,后者还获得中国第十六届输出版优秀图书;2019 年,他的《道德资本论》(南京:译林出版社 2016 年版)再次受到德国施普林格出版社的青睐,其英文版面向全球出版发行,而这部著作的德文版和泰文版也于 2020 年 7 月份分别在这两个国家的书店上架。这意味着,从 2015 年至 2020 年的五年时间里,同一学者的两部学术著作不仅在同一品牌出版社"梅开二度"、走进英语世界,而且累计以五种语言文字在国际传播。

对王小锡学术成果展开研究者不少,然而,对他学术著作"走出去"的研究却十分罕见,这在提升中国学术的国际话语权任重道远的今天,不能不说是一个缺憾。基于此,本文以他的《道德资本论》为蓝本,兼顾 30 年来他的经济伦理学学术研究成果,从国际传播的视角加以阐述分析,旨在为中国学术"走出去"总结经验,提供借鉴。

一、《道德资本论》国际传播的学术底蕴

所谓学术底蕴,不仅表现为选题之新颖、学理之严谨的学者创造力,还表现为这一学科所蕴含的发展潜力,它既发挥着对于实践的引领作用,也为后来学者继续探索开辟了一片蓝色的海域。《道德资本论》作为中国议题之所以在学界脱颖而出"走出去",恰恰是学术底蕴为其充足了动能。

1. "道德也是资本"的命题为世界经济良序运行树立了伦理坐标

道德何以成为资本?这是王小锡道德资本学说耐人寻味、引人入胜的一个学术命题,不要说研究伦理学或经济学的学者,一般读者也想一探究

竟。《道德资本论》前四章通过对道德概念内涵及其功能与作用、经济与道德的相互依存关系、道德资本的基本特点及其表现形态、促进资本增值的道德所具有的能动性,以深入浅出、循序渐进的结构布局,令人信服地诠释了道德何以成为资本的来龙去脉:"有经济必有道德,道德对于经济来说不可或缺。因此,理解经济不能没有道德视角,发展经济需要道德支撑。"同样的道理,"有资本必有道德","道德对于资本理性投资并实现价值增值来说不可或缺"。如此这般,专著诠释了道德与资本二者的相辅相成、相互依托的关系:道德因融入经济而使其价值得到拓展与提升;经济因有道德的衡量检测而促进它的提纯,也更趋于科学规范。这无论是在发达国家,还是在发展中国家,道德资本都无一例外、如此能动地发生作用。由此,也使我们欣然地看到,在国际社会经济增长动能不足的当今时代,这一学说为世界经济发展走向树立了伦理坐标,提供了良序发展的道德动能。

2. 道德资本的实践与评估指标体系传播了企业员工道德完善的中国样本

《道德资本论》的第五章"企业道德资本实践与评估指标",由宏观论述转入微观聚焦,将道德资本理论从实践层面融入企业发展。这一评估指标的构成逻辑和内在机理在于:"着眼企业员工的道德完善"和"企业各种关系的和谐协调",沿着"企业道德理念""企业主体道德觉悟""企业道德制度""企业生产经营的道德诉求"这样的实践维度(亦是评估视角),将道德资本分解为8个一级指标和100项引领实践应用的二级指标。其鲜明特点在于:一是企业类型选择的多样性,即选择的类型着眼于国内的不同地区、不同产业和不同性质的企业。二是指标评估结论的可计量性。通过对企业道德生态的评分揭示了"看不见"的以道德资本为核心的精神资本是可以衡量的以及是如何衡量的。正如有学者所指出:"定量分析使定性研究更加科学、准确,它可以促使定性分析得出广泛而深入的结论。"三是反映了企业道德标准的"镜像"性。企业员工的道德是通过员工的行为凝结到企业的产品与服务中来,企业的产品与服务体现了企业员工的道德精神与道德风貌。从不同所有制类型企业中遴选案例做出分析,无疑是选取了企业道德标准的中国样本,这种"镜像"式的国际传播,反映了企业道德是如何完善的本真样态。

3. 企业道德资本培育与管理的基本策略为"走进去"创造了生长条件

《道德资本论》"走出去"固然可喜,而"走进去"的生长条件不可缺失。在专著的第六章也是最后一章,王小锡从"注重企业道德建设""培育道习惯""渗透企业道德精神""加强道德资本管理"四个方面,就道德资本的如何培育与积累、如何衡量与协调指出了应然的方向与路径。可以说,这为道德资本学说"走进去"在异域他乡落地创造了生长条件。我们必须承认,这一培育与管理的基本策略是基于中国企业的生产与经营、对道德的崇尚与认知而构建的。而它一经"走进去",还有一个水土适应的过程,即它的实然状态。从应然到实然,生长条件将土壤般地起到关键作用。专著就培育与管理这一生长条件的提供,隶属"方法论"范畴,作为《道德资本论》最后一章的完美收官,体现了道德资本学说普适性、应用性的学术价值。由此可见,这部专著所阐述的理论体系绝非是"坐而论道式"的空谈,它源自中国社会变革的实践,即使在异域他乡,由普适性与应用性的特点所决定,也必将指导企业发展实践。

4."道德资本"的理论学说赢得了中外译者的学术认同

《道德资本论》在逻辑结构及其思想内容上,以"道德是什么"为开端,以"经济离不开道德"、道德是经济发展不可或缺的支撑力量为引导,诠释了道德资本的特点及其基本形态,并界说了"道德资本"之"资本"与马克思所揭露和批判的"资本"概念的区别;多视域、全方位地"证成"了道德资本之成立以及道德对企业经济发展提质增效的作为与作用,成为全书的"主脑";确立了道德资本实践的衡量尺度,亦成为道德作为生产性资源作用于企业经营过程的实际样态;强调了"培育与管理"是积累"道德资本量"的根本路径。可见,专著脉络清晰,结构严谨,自成体系。由此,人们一定会问,这部专著"走出去"的传播效果如何?尽管目前这方面的反馈信息尚未搜集,但是,我们可以从中外译者以及海外出版人在翻译出版此书的"姊妹篇"、王小锡的《道德资本研究》时的"一路绿灯"窥见一斑。据译林出版社对外合作部编辑王玉强披露:《道德资本论》的英文版译者姚虹晨的译文"经过了美国佛罗里达理工学院 Ren-eMorenski 教授的专业审校,确保被严苛的斯普林格出版社一次性通过"。显然,这里的"专业审校",绝非是一般性的语言文字把关,学理的构成、严谨与创新自然也蕴涵其中。所以,"英文版甫一出版即引起了学术界的关注,一个月之内就销售了近八百册",以至于不得不加印。"日文版的译者刘庆红教授是经济伦理学专家,日本经济伦理学会理事",日文版面世后,译者曾利用自己的"专业渠道"为发行宣传造势,收到良好的传播效果。不仅如此,塞尔维亚出版社总编辑在收到译林出版社的英文 PDF 版样稿时,"大为欣喜,赞誉这是一部具有国际水准的学术著作,随即购买了该书的版权"。所有这些不难看出,"道德也是资本"这一命题及其研究的学术价值。实践表明,无论是发达国家还是发展中国家,译者的认同以及图书版权的引进,就如同图书市场的晴雨表,代表和反映了译入国家受众的阅读需求。

二、《道德资本论》国际传播的时代意义

学术是思想之精华,也是学者智慧对现实观照的学理性表达。中国学术"走出去",则开启了中外思想文化交流、促进文明发展、智者与智者之间的友好对话。《道德资本论》的国际传播,不仅具有中华文化"走出去"的一般意义,也在学科建树、丰富学术样态、确定学术方位和引领实践应用方面,实现了历史性的突破与跨越。

1. 开中国当代经济伦理学国际传播的先河

据现有资料,中国伦理思想的国际传播在5个世纪前就开始了。以"阳明心学"为例,"早在16世纪初就传播到了东亚,并对东亚思想文化的发展产生了广泛而深远的影响"。19世纪末,辜鸿铭曾把《论语》译入英语世界,他"以中华民族拥有《论语》而自豪,所以他要介绍给西方,展示给西方,并且首选对象是'受过教育的有头脑的英国人'",而所传播的伦理思想自然也蕴含在这部儒家典籍之中。自辜鸿铭之后的近百年,中国伦理思想对外传播几乎停滞下来。王小锡探索性地构建中国经济伦理学,并且随着研究的逐步深入,特别是对"道德也是资本"之发现,使这一新学科拥有了中流砥柱般的学术支撑。如此"成学科"地"走出去",不仅使经济伦理学从伦理学的家族中"独立"出来,更细化、更精准,发展方向更明确,而且它以完善的学术体系直接作用于企业的经济发展与经济效益,对这一近百年来学科发展和学术作为的突破与跨越的先河意义不容忽视。

2. 将中国经济伦理学的研究方位推向世界学科发展前沿

《道德资本研究》《道德资本论》两部学术专著之所以能接踵走向国际,一个根本原因,是王小锡以道德资本为核心、为中枢的中国经济伦理学学术研究方位居于世界学科发展的前沿位置。这主要体现在:一方面,学说引发了中外学者的热切关注。早在1996年,王小锡随中国伦理学学术代表团赴韩开展学术交流,这期间他做了关于中国传统经济伦理学的演讲,引起了韩国学界的极大兴趣。乃至演讲结束后,与会学者们纷纷发言提问,并希望未来继续加强交流。由此,他看到了中国经济伦理学广阔的发展前景,也切实体验到"自己的"、有别于他人的学术话语在国际学术界的重要位置。无独有偶,20年后的2016年,日文版《道德资本研究》由日本千

仓书房出版发行后,"日本经营伦理学会"了解了他的学说,于同年3月邀请他到东京讲学。这再次证明了他学术研究方位的前沿性。另一方面,中国经济伦理学研究先于国外经济伦理学译介。中国经济伦理学的开山之作,当属王小锡发表在《江苏社会科学》1994年第1期的《经济伦理学论纲》,彼时,国外经济伦理学尚未译介到我国。恰恰是这原汁原味、土生土长的经济伦理学研究,以及6年之后,即2000年以《论道德资本》的发表为标志的"道德资本"学说的创立,将中国经济伦理学的学科发展乃至研究方位推向了世界学术前沿的位置,就国际社会经济伦理学的学术研究与建构,发出了中国声音,提出了中国方案。

3. 从伦理道德视域诠释了中国经济发展的密码

自2010年中国的经济发展总量首次超过日本、居于世界第二位,国际社会企盼了解中国经济是如何快速发展的需求也与日俱增。中国创造的经济辉煌是多种因素综合作用的结果,而体现在人民群众的思想意识层面,深入开展思想道德建设所迸发的道德生产力作用功不可没,当之无愧地成为中国经济发展的密码之一。《道德资本论》从伦理道德视域对这一密码进行了具体、透彻而又令人信服的诠释。

一方面,这体现为"道德也是资本"的立论蕴涵着道德生产力的积极作用。在《道德资本研究》《道德资本论》相继"走出去"之后,王小锡在《光明日报》上发表了《道德是经济不可或缺的支撑力量》,此文凝结着他的道德资本观:"经济一定是内含道德的经济",而"道德能以其特有角度揭示经济活动的本质,道德是一定经济制度或一定经济力量兴盛的重要推动力量"。这使中国经济发展的道德生产力作用获得学理性支持,中国经济的快速发展既是经济力量兴盛的外在表现,也是道德生产力作为"特殊力量"直接作用的结果。

另一方面,"企业道德资本评估案例"成为瞭望道德资本融入经济生态、发挥道德作用的实证性窗口。改革开放以来,中国的公民道德建设始终与经济建设并驾齐驱:贯彻落实物质文明与精神文明建设"两手抓、两手都要硬";实施"依法治国与以德治国相结合"的治国方略;深入开展以"八荣八耻"为主要内容的社会主义荣辱观教育;"在落细、落小、落实上"践行社会主义核心价值观;等等。应该看到,全部"企业道德资本评估指标"的设计,无不是基于不同性质、不同类型的企业"镜像式"调查研究得来,它既来自企业,进入评估阶段,又回归、聚焦企业。其全部指标的设计反映了企业员工道德建设的实绩;其评估又通过测量,或者说从道德习惯和道德力量对畸形经济起到矫正和鞭挞作用。概而言之,居于世界第二位的经济发展作为经济兴盛的外在表现,与中国持续实施"公民道德建设纲要"休戚相关。如果从伦理道德视域解读中国经济发展的密码,那就是"道德也是资本","是经济发展不可或缺的支撑力量"。并且这种支撑力量,作用于中国经济发展是毋庸置疑的,也是第一位的。

三、《道德资本论》国际传播对中国学术"走出去"的启示

《道德资本论》的国际传播,隶属于从学术上讲述中国故事的思想文化传播范畴,它较之文学传播、影视传播、书画传播等欣赏性艺术传播,无论是文化样态、传播渠道,还是受众群体、评价尺度,都有着显著不同。因此,《道德资本论》作为中国学术完整系统且鼓舞人心、提振士气地"走出去"的成功案例,它给予我们的有益启示也是实实在在、多方面的。

1. 中国学术"走出去"应阐述中国话语

所谓中国话语,是指运用中国人的世界观和方法论,对包括中国在内的当今世界所有国家与地区的社会现象做出的阐述,其言语构成反映了中国人民和中华民族的价值体认与价值追求。就中国学术话语而言,它是学者的理论创新,包括指导思想在内的学术思想与学术方法都是中国的。正如习近平总书记所指出:"解决中国的问题,提出解决人类问题的中国方案,要坚持中国人的世界观、方法论。如果不加分析把国外学术思想和学术方法奉为圭臬,一切以此为准绳,那就没有独创性可言了。如果用国外的方法得出与国外同样的结论,那也就没有独创性可言了。"独创性,是中国学术话语的生命力之所在;也唯有独创性的中国学术话语,才能成为国际社会受众群体的需求与期待。

《道德资本论》的学术独创性,是从作者的独到发现开始的。因其独到、他人不曾有过、十分陌生,国内就有学人与他商榷甚至质疑,愈是如此,愈加引发他的深入思考。进入21世纪以来,王小锡历时15年,以"九论道德资本"的专题性研究,保证了学说的言之成理、论之有据,从而成为中国经济伦理价值取向富有学理性的世界表达。国际社会的经济伦理学学术界以及企业界恰恰需要的就是这种富有独创性的中国学术话语表达,以获得启示与教益。试想,倘若人云亦云、似曾相识,甚至迎合他国的学术思想、与异域本土并无二致,版权输出也就不存在了。所以,中国学术"走出去",必须阐述以独创为旗帜的中国学术话语,唯有如此,才能提升中国学术在国际学界的话语权,才能满足发展中国家对中国发展经验的智囊性探求。

2. 中国学术"走出去"应为解决国际社会共同关注的问题提供思路或举措

习近平总书记在哲学社会科学工作座谈会上的讲话中指出："坚持问题导向是马克思主义的鲜明特征。问题是创新的起点,也是创新的动力源。"这已被王小锡以道德资本研究为标志的经济伦理学学术生涯所证明。20世纪90年代初期,当社会主义市场经济体制确立后,王小锡敏锐地意识到道德与经济之间的矛盾冲突与对立,究竟道德和经济发展能不能有机地结合在一起,道德能否在经济生活领域发挥它不可或缺的作用,二者能否有机结合的问题意识,成为他打开中国经济伦理学研究之门的金钥匙。由此出发,他发现了经济富有德性,道德也是生产力,道德蕴藏着资本价值,从而为企业的经营管理找到了最佳支撑点,亦为经济更好更快发展提供了科学的逻辑理路和价值架构。

应该指出的是,王小锡所发现的经济与道德的矛盾冲突问题,是中国的问题,在市场经济条件下,在全球的不同国家和地区也普遍存在着。而解决的最佳办法,即树立道德资本观,体察道德所拥有的资本内涵,将经济置于伦理的"法度"之下。正是从这个意义上说来,解决经济与道德的矛盾冲突问题也就有了世界意义。正如习近平总书记所做出的规律性揭示："解决好民族性问题,就有更强能力去解决世界性问题;把中国实践总结好,就有更强能力为解决世界性问题提供思路和办法。这是由特殊性到普遍性的发展规律。"践行这一发展规律,中国学术"走出去"才能行稳致远,为世界和平安宁、共同发展和文明交流互鉴做出新贡献。

3. 中国学术"走出去"应具有融通中外的学术品质

所谓学术品质,是学者的学术理念、学术探索、学术路径、学术能力和学术贡献荟萃式集合的本质性表现,并最终通过学术成果获得品鉴。所谓融通中外,即所传播的学术内容及其品质不仅为中国本土所透彻地领悟,亦能为国际上本学科研究领域的专家学者所认同与接受,换言之,这种学术品质是具有世界价值的中国智慧、中国表达。如果说学术研究着眼于解决世界性问题提供的思路或举措,为"走出去"提供了更多的机会,那么,融通中外的学术品质则为"走进去"、传得开创造了得天独厚的条件。

关于《道德资本论》的学术品质,从学界对王小锡构建的包括道德资本观在内的中国经济伦理学学说的述评中,不难获得答案。研究评论王小锡学术思想者众多,本文仅举三例:中国人民大学资深教授、著名伦理学家罗国杰先生在为王小锡的论文选《道德资本与经济伦理》作序时总结道:小锡同志"致力于经济伦理学的学术信息库和我国企业伦理的'镜像'调查,为我国经济伦理学的创建做出了重要贡献,得到了学界同行的认同和赞誉。本书充分体现了他在经济伦理研究领域取得的可喜成就,在一定程度上也反映了我国经济伦理学的发展历程"。中国伦理学会副会长、湖南师范大学唐凯麟教授在回溯20世纪中国伦理学研究取得的成就时指出:"应用伦理学方面……王小锡的《中国经济伦理学》……等著作,多具有创新补白的意义。"中国伦理学会会长、清华大学人文学院院长、教育部长江学者特聘教授万俊人先生评价说:王小锡"提出并努力证成的'道德资本''道德生产力'等关键性经济伦理学概念,在国内外学界影响甚大。……作者从理论与实践相结合的学理路径,深入探讨了经济与道德的复杂关系、互动机理、辩证关联等重要课题,借此建构了他自己圆融自恰的经济伦理学理论体系"。

在这里,罗国杰所说的"取得了可喜的成就"、唐凯麟指出的"创新补白"、万俊人评价的"圆融自恰",多方面地肯定了王小锡经济伦理学研究的学术品质。也正是凭借这种学术品质,使他多年来在国际学术论坛上与美、英、德、日、韩、巴西等国家的经济伦理学家游刃有余地进行对话与交流,并发挥着融通中外的桥梁与纽带作用;也正是拥有了融通中外的学术品质,如前所述,才有了学术专著以五种语言走向国际、五年内在英语世界"梅开二度"、塞尔维亚购买版权的"一路绿灯"以及《道德资本研究》英文版上架首月即"销售近八百册"的不凡业绩。

4. 中国学术"走出去",学者应具备深厚的学术素养

罗国杰先生有一句至理名言:"机遇偏爱有准备的头脑。"作为学者"有准备的头脑",表现为他的学术视野、学术思维、学术素养和学术创新。这其中,学术视野决定着学术创新的格局,学术思维作用于创新的全过程,而学术素养既决定着学术视野与学术思维,也是学术创新的本源。作为经过专家严格评审通过的江苏省社科规划领导小组的首批"外译著作翻译出版项目",如果说《道德资本研究》《道德资本论》的"走出去",是机遇对王小锡的偏爱,那么,能获得这种偏爱的头脑"准备"的过程,其素养的"修炼"已经融入他的学术生涯。

透视《道德资本论》这部著作,王小锡学术素养由此可见一斑。首先,马克思主义理论素养使之立论精当到位。从专著开篇第一章"道德是什么"可见,他从"道德本体""道德本样""道德本真"三个方面论述了"科学的道德之'应该及其规范'",就是从马克思恩格斯多卷本的"全集""文集"中汲

取经典作家关于道德的论述,作为立论支撑。其次,优秀传统文化素养使学说尽显中国特色。且不说"义""利""天理""中庸""良知"等一系列传统儒学概念及其蕴涵为专著提供了丰厚的理论滋养,就"道德资本"的"道德"与"资本"之结合,就不难看出对传统文化的"创造性转化与创新性发展"。其三,对外来学术思想的品评鉴别素养使之批判吸收,绝非照搬照抄。例如,在第六章论述关于如何"培养道德习惯"时,引用了西班牙著名经济伦理学家阿莱霍·何塞·G.西松的观点:"习惯就是人类反复的自发行为所产生的道德资本。"王小锡就此专门做一脚注:"这里的'自发行为'概念不清,会引起误解,假如把'自发行为'改成'自觉行为'或他前面所说的'自愿行为'观点表述就会更清楚。"虽然是一字之改,却顺理成章、避免了谬误,也充分揭示了人类道德习惯养成的内在机理。其四,倾情实践的调查求证素养使之学说切中问题"接地气"。回溯他的"道德也是资本"之发现、经济伦理学术思想之形成,乃至企业伦理道德资本的检测评估与培育,善于发现问题、解决问题的调查求证素养成为他学术创新又一能量之源。

总之,中国学术"走出去",学者必须拥有深厚的学术素养。作为日积月累的追求与存储,这是获取与海外学术研究成果竞相媲美的学术本源,也是与海外学者交流对话的资本平台。尽管这平台看不见、摸不着,但是,它却实实在在地存在着。

5.中国学术"走出去",意识形态差异并非樊篱

我们必须承认,当前学界存在着一种思维定式:中西方意识形态差异导致西方国家对于我们的学术著作不易接受。在阐述了上述四个方面的启示之后,在笔者看来,意识形态之差异是否阻碍中国学术"走出去"这个问题不容回避,也必须回答。王小锡作为中国当代经济伦理学的开拓者,包括他"走出去"的专著在内的全部学术研究,或者说,中国当代经济伦理学学科之构建与构成,无不凝结着马克思主义理论的滋养。在马克思主义理论指导下聚焦国际社会共同关注的问题展开学术研究,不仅被西方学界接受了,且取得可喜的传播效果。由此,必须打破既有的思维定式,中国学术"走出去",意识形态差异并非樊篱。这说明,不同国度、不同民族对真美善的追求是同一的,贵在在不同意识形态中找到共同的学术价值,造福于世界各国人民,如同"一带一路"建设、构建人类命运共同体那样,前者受到沿线国家的积极响应,后者成为不同国家和地区的美好向往与期盼。

那么,中国学术"走出去",或者说在中外文化交流过程中,面对意识形态差异的矛盾,我们应该怎么办?科学的实施策略是"求同存异"。"求

同",并非是为了"走出去"而"削足适履"式地适应别人,而是要"尊重世界文明多样性,以文明交流超越文明隔阂、文明互鉴超越文明冲突、文明共存超越文明优越"。这是中国学者在国际学界开展学术对话与交流,让不同文明"和谐共生、相得益彰,共同为人类发展提供精神力量"应奉行的基本准则,也唯有如此,中国学术才能"走出去"、走得远、步子实,也才能由学术大国走向学术强国。与此同时,"文明之间要对话,不要排斥;要交流,不要取代",即要"存异"。所谓存异,就是旗帜鲜明地坚持以马克思主义理论为指导,坚定"四个自信",这是当代中国哲学社会科学区别于其他哲学社会科学的根本标志,也是中国学术"走出去"的价值所在,希望所在,光明所在。须知,实现互学互鉴,必须求同存异。对于海外学界以及受众而言,存异之"异",恰恰是其可学之长,可鉴之镜。

(载《求是学刊》2021年第2期)

论文摘要

平等还是应得：罗尔斯"公平的机会平等原则"解释新探　王立，哲学研究，2021(1)

罗尔斯的正义原则由平等的自由原则、公平的机会平等原则和差别原则三部分构成。其中，公平的机会平等原则在正义原则体系中地位独特。一方面，机会平等的本质在于否定制度排斥而要求社会体系向所有人开放，它势必遵守完全平等的要求而趋向平等的自由原则，然而，此时的平等却是"形式的平等"；另一方面，因追求"公平的"实质正义理念，公平的机会平等原则的作用与差别原则趋同，进而滑向差别原则，但此时的平等是"实质的不平等"。这种两难处境在于权力和机会受"平等"和"应得"两种规范原则的约束，规范原则的对立使公平的机会平等原则陷入两种理论框架和理论逻辑构成的解释张力中。

一、公平的机会平等原则：三个理由和三种内涵

公平的机会平等原则的理由主要有三个，分别是自尊、公平以及公民身份。前两个属于道德理由，后一个属于政治理由。自尊的理由在于"人类善"不可被剥夺，公平的理由在于"道德的不应得"，公民身份的理由则在于人是自由而平等的公民。

公平的机会平等原则有三种不同的内涵：一是基于广义的机会平等，二是基于狭义的公平的机会平等原则本身，三是基于实质平等的理念。

二、"公平的机会平等原则"之三种制度架构

对正义制度的思考和划分也是理解正义原则的重要途径。第一个正义原则解决权利和自由问题，第二个正义原则解决经济和社会的不平等问题。从制度架构来看，平等的自由原则对应于《正义论》第四章中的政治法律制度，差别原则以"平等的份额"对应于第五章中的经济制度。

罗尔斯晚年试图以"宪法实质问题"取代制度架构的路径来重新解释两个正义原则的地位和作用。他的基本立场是，第一个正义原则适用于宪法实质问题，第二个正义原则适用于分配正义制度的问题。宪法实质问题涉及三个重要标准：紧迫性、一致性和确定性。罗尔斯认为"公平的机会平

等"比"形式的机会平等"要求高,而"差别原则"比"社会最低保障"要求高,它们都不应该被视为"实质问题"。

三、"公平的机会平等原则"之地位和作用

公平的机会平等原则主要分配权力和机会。公平的机会平等原则因为"公平"要求而最终滑向差别原则。在优先性词典序列上,公平的机会平等优先于差别原则,但在实现平等的作用和功能上,差别原则优先于公平的机会平等原则。

由于社会基本条件的明晰性,公平的机会平等原则也具有相对的独立性。当权力、公职和职位的归属趋向于最符合其能力和资格标准的人时,其结果必然是实质的不平等。这种不平等的后果符合平等的要求,而且能够解释它在正义体系中的独特地位。权力和机会应该向所有人开放,这是平等原则的要求;权力和机会内在的能力和资格标准,决定了它会导致实质上的不平等。正因为存在平等和不平等的双重性质,所以公平的机会平等原则在正义体系中不属于平等的自由原则,也不属于差别原则,而是介于两者之间的独立原则。

四、解释的张力:在平等和应得之间

能力和资格属于应得的范畴,真正规范权力、公职和职务的机会平等原则是应得原则。公平的机会平等原则受"平等"与"应得"两种规范原则的约束,由此陷入两种理论框架和理论逻辑所构成的解释张力中。

当应得在权力和机会的分配中发挥决定性作用时,公平的机会平等原则会遭遇两难处境。一方面,机会的本质是社会体系向所有人开放,拒绝制度排斥,体现平等的正义要求。另一方面,机会不是独立性的善,它指向的权力、公职和职位才是真正独立性的善,而决定它们最终归属的是以能力和资格为表征的应得原则。规范权力和机会的正义原则表面上是平等,实质上却是应得。平等和应得是两种不同的正义原则,分属不同的规范性,遵从不同的理论框架和逻辑。

马克思论劳资交换中正义与盗窃的辩证法　　冯波,哲学动态,2021(1)

马克思是在"单个人"与"阶级整体"双重视角下看待劳资交换的性质的,不同的视角得出了不同的判断。即便假定单个资本家与单个工人之间就劳动力商品做到了等价交换,但从阶级整体视角看,资本家阶级对工人阶级的劳动仍然是一种盗窃或掠夺。因为资本家阶级用来购买工人阶级劳动力的工资是由工人阶级劳动创造的,资本家阶级不付等价物地便居有了工人阶级的劳动产品。劳资交换中的正义与盗窃在商品生产的所有权规律中得到了辩证统一,交换关系以及交换中的正义只是"单个人视角"下的假象。对马克思劳资交换中的正义与盗窃的辩证法的揭示,有助于对马克思关于正义的不同论述做出完全一致的解释。

一、马克思探讨劳资交换性质的双重视角

马克思对劳资交换性质的探讨具有双重视角,即"单个人视角"与"阶级整体视角"。从"单个人视角"来看劳资交换是正义的还是盗窃的,就要看工资与劳动力商品之间是否等价交换。在马克思看来,即便单个资本家与单个工人之间就劳动力商品做到了等价交换,劳资交换仍然是一种盗窃或掠夺,即不付等价物地居有他人的劳动产品。"阶级整体视角"下的劳资交换的正义抑或盗窃,其判断标准是资本家阶级是否为工人阶级的劳动支付了等价物,其交换的对象是劳动。从"阶级整体视角"出发就会发现,劳资交换根本不是一种商品交换行为。商品交换需要交换双方互相的、对等的付出,但资本家阶级使用工人阶级创造的价值来支付工人阶级自己的劳动力价值,资本家阶级实际上分文未付就居有了工人阶级的劳动产品。

二、劳资交换性质从正义到盗窃的辩证转化

在资本积累的过程中,特别是在剩余价值不断地转化为可变资本的过程中,最初通过自己的劳动而形成的资本,只要它还把劳动力当作商品(即便是等价地)来购买,那么在商品生产的所有权规律下通过自身运动就会走向自身的对立面,即正义转化为盗窃。总之,商品生产所有权规律下劳资交换的正义与盗窃是辩证统一、互相转化的,资本与劳动力的等价交换并不妨碍资本对劳动的盗窃或掠夺。只要劳动力仍被作为商品拿来买卖,那么资本与劳动力的等价交换就只是一种形式,其内容是资本对劳动的盗窃——以正义为形式的盗窃。

三、共产主义对劳资交换"正义与盗窃辩证法"的消解

随着共产主义从第一阶段过渡到高级阶段,分配方式也必然随之发生改变。按需分配超越了按劳分配原则,也超越了等价交换原则。分配的标准不再根据个人给予社会的劳动量的多少,而是根据个人的自然需要的多少。生产力的高度发达,物质财富的充分富裕,使得个人无须通过交换就能获得生活资料;个人进行劳动也不是为了从资本或社会那里获得生活资料,而是出于个人全面发展的需要。因此,到了共产主义的高级阶段,那种形成等价交换、平等权利等法权观念的社会条件,即商品生产和商品交换及其居有或私有权都被彻底消解掉了,因为所有或居有方式本身都被消解

掉了,所谓"正义"抑或"盗窃"的争辩也就失去了任何意义。共产主义从按劳分配到按需分配的发展,最终消解了正义与盗窃的法权观念产生的社会条件即商品生产和商品交换的居有或私有权,消解了劳资交换中的正义与盗窃的辩证法。

亚当·斯密的自然正义与德性正义　范良聪,伦理学研究,2021(1)

斯密的道德理论区分了合宜性和德性两个判断标准。体现在正义论上,就表现为自然正义与德性正义的二重奏。斯密虽然把基于交换正义的社会秩序理论视为最重要的工作,但他从未忽视德性之于一个美好社会的重要性,并一直以此来指引自己构建社会理论。

一、引言

学界普遍认为,正义论是斯密驳斥重商主义、捍卫商业社会、推进自然自由体系的重要抓手,是他构建社会秩序理论的核心。本文回答下述问题:斯密所认为的正义的道德基础、运行机制是什么?斯密的正义论中是否包含分配正义的内容?如果是,它与交换正义进而与德性正义之间又有何关系?下文将首先考察斯密道德理论的二重基础——合宜性标准与德性标准之间的内在关联和张力,而后考察因此生成的斯密正义论的二重性——自然正义与德性正义之间的内在关联和张力。

二、斯密道德理论的二重基础:合宜性与德性

斯密的合宜性有四方面的内涵:合宜性指称的对象是激情或情感;合宜性判断有赖于人与生俱来的一种能力:同情共感;道德判断的基础是内心的情感或意向;情境在合宜性判断中的重要性凸显。德性在斯密的道德理论中扮演着重要角色,他认为德性蕴藏在合宜性之中。尽管如此,德性与合宜性也存在显著差异:德性只有在完满的合宜很难实现的场合中才存在。为了阐明这种差异,斯密区分了两种道德判断标准:第一种标准是完全合宜和完满无缺的理念,第二种标准是大多数人的行为通常能够达到的程度。斯密基于自己的合宜性理论、同情心和旁观者机制构建了一个精致、确定但又充满张力的体系。在这个体系中,合宜性是存在层次的,它囊括了德性;旁观者也是存在层次的,不仅有现实中的旁观者,有无偏的旁观者,还有内心中那个"半神半人"。不管是合宜性还是德性,都建立在情感一致赞同的基础上,都是通过相互同情、想象互换,借助旁观者的评判得以确定。德性不仅是人之渴求,还是一种能力;也正是因为拥有这种能力,人们才得以抑制依据现实的旁观者根据赞同原理所做出的合宜性判断对其行为举止施加的不当影响。合宜性与德性的界分意味着,商业社会只要依赖所谓的合宜性标准展开运行,就可以有序运转,并让各阶层、各种财富和教育层次的人过上得体的生活;但是,斯密并未对这种生活抱有幻想。

三、自然主义与德性正义的二重奏

功过感是一种复合的情感:功劳感由对行为人情感的直接同情和对受益人感激的间接同情组成,过错感则由对行为人情感的直接反感和对受害人愤恨的间接同情组成。不过,起决定作用的是旁观者对行动者的同情共感,而非对行为承受者的同情共感,旁观者与当事人在这里也可能因为一系列障碍尤其是自爱激情的影响而难以达成情感上的一致。

在斯密看来,不管是交换正义、分配正义还是德性正义,皆源自同一道德原理。进而,基于这一原理以及其中隐含的合宜性与德性判断这二重基础可以推断,斯密正义论中真正的张力不在于交换正义与分配正义,而在于自然正义(赞同原理)与德性正义(值得赞同原理)。斯密对正义的讨论皆是在与仁慈的对照中完成的。斯密认为,仁慈行为最大的特点在于,它"总是不受约束的,不能以力相逼",只能予以鼓励,缺乏仁慈只会导致憎恶,不会导致愤恨,因此不应受到惩罚。斯密不断强调正义与仁慈的这种差异,强调正义比仁慈更重要。斯密也认为正义与仁慈可以相互加强,进而甚至超越仁慈,基于一致的道德原理构建出一个德性理论,把正义论从交换正义与分配正义推向一般意义上的德性正义。

对斯密正义论中隐藏的自然逻辑与德性逻辑之间张力的考察还得回到斯密的问题意识,也即商业社会的秩序之源上来。斯密认为,商业社会不仅能够在这种"为了配得上世人的尊敬与钦佩,为了获得世人的尊敬与钦佩,为了享受世人的尊敬与钦佩"的雄心壮志和竞相效仿中不断前进,甚至可以在"看不见的手"的作用下解决分配正义的问题,培育出许多德性——勤勉、克制、诚信、守时。然而,人们不小心就会误把对德性与智慧的尊敬视为对财富地位的尊敬,并因此放弃追寻德性之路,斯密对这种倾向感到异常忧心。从斯密的论述中,我们能感受到自然逻辑与德性逻辑之间的矛盾,但斯密也认为这两种逻辑其实是统一的,因为它们都服务于"人类的幸福与完满"。综上,不管是自然正义还是德性正义,均源自情感,服从于统一的道德原理。

四、结语

斯密理论中存在很多模棱两可之处。这种模糊意味着,人们很容易为相反的观点找到支持。他强调交换正义之于社会秩序的基础作用,但他心中一直以至高的德性为指引,试图构建一个美好社会的模型。总之,在笔者看来,与第一斯密问题一样,第二斯密问题也不成立。

突破"义利之辨"的二元范式　刘静芳,华东师范大学学报(哲学社会科学版),2021(1)

传统的"义利之辨"在处理利益与道德关系问题时,有很大的局限性。这种局限性与"义利之辨"的"义—利"二元范式密不可分。在中国哲学范畴体系中,突破"义—利"二元范式的一个方向,是将义、利置于"道"的视域下,形成一种"道—义—利"范式。"道—义—利"范式是一个"以道观之"的范式,这一范式提供的"以道观利""以道观义""以道观义利关系"等新视角,有利于旧范式缺陷的克服和"义利之辨"的现代转化。

一、"道—义—利"范式及其前提

"义—利"二元范式的局限,从根本上看,是二分法的局限。基于"道"的视角考察义利之辨,会产生一种不同于"义—利"二元范式的"道—义—利"范式。这一范式打破了"义""利"的二元对峙,出现了道、义、利三个关系项。"道"的核心原则是"万物并育而不相害","利"指利益,"义"指具体社会中的道德原则、道德规范。"道—义—利"范式确立的前提是"道"与"义"是有区别的概念,"道"高于"义"且比"义"更具普遍性。

二、"道—义—利"范式中的"利"

将"利"置于"道—义—利"范式中,有利于解决"义—利"二元范式在如何看待"利"的问题上表现出的双重局限性:其一,在"义—利"二元范式中,"利"没有得到充分的肯定。其二,在"义—利"二元范式中,"利"没有受到足够的限制。

首先,在"道—义—利"范式中,"利"会获得源自"道"的肯定。在不合理的"义"对合理的"利"形成压制时,面向"道"的"利",可以获得来自"道"的肯定。这种肯定包括两个层面。第一,"利"可以获得源自"道"的本体(根)论层面的肯定。第二,"利"可以获得源自"道"的价值论层面的肯定。其次,在"道—义—利"范式中,"利"会受到源自"道"的制约。第一,"道—义—利"范式中的"利",会受到本体论方面的制约——不能妨碍他者之利。第二,"道—义—利"范式中的"利",会受到价值论方面的制约——应服从于"逍遥"(自由)"仁爱""诚"等价值。

三、"道—义—利"范式中的"义"

将"义"置于"道—义—利"范式中,有利于解决"义—利"二元范式在如何看待"义"的问题上表现出的两方面局限性：其一，"义—利"二元范式把义与利捆绑在一起，使得对"义"的其他向度的考察受到限制。其二，"义—利"二元范式中的"义"，常被赋予一种至上性，这使得"义"容易模糊与僵化。

首先，"道—义—利"范式中"道"之一维的增加，有利于摆脱"利"对"义"的捆绑。"以道观义"不仅可以使"义"避免因"利"的制约而产生的"拖泥带水"，使"义"变得更为"空灵"，同时也为"义"的其他维度的考察提供了更大的空间。其次，"道—义—利"范式中"道"之一维的增加，可以避免"义"的模糊与僵化。"道—义—利"范式中"道"的引入，赋予了"义"以一种流变性，这种流变性不仅不会使"义"丧失权威，反而会使其具有一种活泼的生命力，这是一种使"义"免于凝固与僵化的生命力。

四、"道—义—利"范式中的"义利关系"

在义利关系上，"义—利"二元范式的缺陷之一，是其难以呈现义利关系的复杂性；缺陷之二，是其容易导致对"义"或"利"的偏重，产生重义轻利或重利轻义的倾向。而"道—义—利"范式对"义—利"二元范式的上述缺陷有所克服。

首先，"道—义—利"范式引入的"以道观之"视角，能够呈现义利关系的复杂性。其次，"道—义—利"范式中"道"之标准的介入，可以一定程度上避免对义或利的偏重。总之，在"道—义—利"范式中，"道"的介入，消除了"义—利"二元范式的盲点，使义利关系的复杂性得到了比较全面的呈现，同时也提供了一条平衡义、利的路径，避免了对义或利的偏重。

"道—义—利"范式是"以道观之"的方法论原则运用于伦理道德领域的产物。这一范式的提出，既是对传统哲学的反思，也是对传统哲学固有逻辑的回归。

人类命运共同体的利益共享　靳凤林，光明日报，2021-01-04

人类命运共同体是一个蕴藏着丰富思想内涵的哲学范畴，其所具备的人文意蕴，既彰显出对中华优秀传统文化的创造性转化与创新性发展，也为人类其他文明体所广泛接受和认可。要想把人类命运共同体建设得更加美好，离不开生命个体之间、不同群体之间以及个体与群体之间的荣辱与共和利益共享。而经济全球化的深入拓展，为人类命运共同体的建构注入了不竭动力，人类只要能够遵循正确的义利观，并不断提高互联互通水平，就一定能够通过利益共享让各国人民对美好生活的向往变为现实。

一、经济全球化是推动人类命运共同体利益共享的内在动力

近现代以来,人类经历了长时间的经济全球化运动,在早期,其主要特征是欧洲列强通过殖民地或半殖民地的方式强行掠夺其他国家财富。二战后,民族独立运动风起云涌,欧洲列强的传统殖民方式日渐衰微,以美国为代表的战胜国开始通过国际贸易、金融投资、人员往来等方式重新分配世界财富,其标志是国际货币基金组织、世界银行、世贸组织等国际经济贸易组织的创立。当前的经济全球化浪潮,主要以科技、金融、互联网等崭新的富有弹性的现代技术手段全面展开。特别是以信息技术为代表的计算机网络的出现,促成了新一轮的贸易大繁荣、投资大便利、人员大流动,它是全球生产力大发展的客观要求和必然结果。这种态势正在以前所未有的动能、不断翻新的样式和眼花缭乱的组合,迎接着一个多极共治的崭新世界的到来。特别是新兴市场国家和发展中国家的迅猛崛起,正在使全球经济社会发展的版图更加全面均衡,使世界和平的基础更为坚实稳固。正是这种全球性供应链、产业链、价值链的相互依存,使得各个国家通过优势互补逐渐成为全球合作链条中的一环,日益形成更加紧密的利益共同体。

二、正确义利观是实现人类命运共同体利益共享的核心原则

当前既面临着世界百年未有之大变局,也伴生着百年未有之不确定性和百年未有之机遇。站在一个崭新时代的重要关口上,如何选择,怎样行动,既关乎一个国家的国运兴衰,也关乎人类的未来走向。中华民族历来秉持天下大同的理念,主张以怀柔远人、和谐万邦的方式发展同其他国家之间的关系。孟子讲:"立天下之正位,行天下之大道。"国与国相处,应当践行正确的义利观,要义利相兼,义重于利。在近代鸦片战争之前,有很长时间中国发展都位居世界前列,即使国内生产总值占世界30%的时候,也未对其他国家进行过侵略扩张。

三、加强互联互通是实现人类命运共同体利益共享的基本途径

当前,我国在对外合作中始终秉持正确的义利观,不仅使中国以世界上少有的速度发展起来,也为促进世界繁荣发展做出了重要贡献。要将这种互利共赢、共同发展的方针引向深入,除了加大国内改革开放的力度外,还需要我们认真把握中国与世界关系正在发生的深刻变化,统筹考虑和综合运用国际国内两个市场、两种资源,并通过实施讲信义、重情义、扬正义、树道义的理念,在同国际社会的经济交往中,将人类命运共同体的利益共享加以有效落实。

总之,在经济全球化时代,一个国家在地球村中的价值、地位和作用,将不再取决于它赢得了多少次"冷战"或"热战"的辉煌胜利,消灭了多少个潜在或现实的敌人;而是要看这个国家对人类遇到的共同难题提供了哪些有价值的国际倡议,在人类遇到的各种突发灾难面前贡献了多少应尽的力量,对各种国际争端机制的建构担负了多少应尽的义务。质言之,只有改变看待各种复杂性世界问题的视角与方法,真正终结"利益脱钩论""赢者通吃论""唯我独尊论"等各种陈旧执念,树立"优势互补论""合作共赢论"等现代人类应有的价值理念,才会让世界更加充满希望。

德行比财富重要　王杰,学习时报,2021-01-11

人的一生不能不和财富打交道。我们思考这样一个问题:我拥有了财富,财富是不是就一定属于我?我求得了财富,是不是就一定能保住财富?在这个世界上,究竟什么是属于我的?对这个问题,中国文化几乎为我们提供了近乎完美的答案。有三个非常有代表性的观点。

第一个观点,厚德载物。对一个官员来说,除了他自己的生命外,他所背负的一切——地位、权力、财富、名誉等,都是外在表象、身外之物。若要守住保住这一切身外之物,与自己的自然生命相始终,唯有积善成德,靠德行来支撑,也就是《周易》上讲的"厚德载物"。只有积累德行,有崇高的道德,高尚的品格,才能承载现在所拥有享有的一切。若无德行支撑,有权有财者就会滥权任性、骄横无礼、忘乎所以,这些身外之物就会把人压倒压垮压死。正所谓"上天欲其灭亡,必先令其疯狂"。

第二个观点,不义而富且贵,于我如浮云。这是孔子的思想,意思是说,如果是以不正当、不合理、不合法手段获取的财富而放弃道德,对我来说就像是天边的浮云一样,我是不取的。凭借小聪明得到的财富,如果没有德行,即使得到了,也守不住它,一定会丧失掉,"虽得之,必失之"。孔子更关注忧虑的是自己的德行如何,而不是财富的多少。他认为,有德行的人不会感到孤单,一定会有志同道合的人团结在周围,道德有感召力、号召力、影响力。孔子周游列国,传播自己的政治主张,那么多学生自觉自愿跟随他,就是道德的感召力,而不是权力的感召力。权力的影响力是暂时的,非权力的影响力则是长远的,而道德、人格、品行、操守就是属于非权力的范围。孔子的这个思想在儒家经典《大学》里的表述就是:"货悖而入者,亦悖而出。"意思是,通过不正当不合理不合法不择手段获取的财富,也一定会以你不愿看到的方式、意想不到的方式全部丧失流失掉。厚于财货者,必薄于德;宝珠玉者,殃必及身。小财是财富,大财就变成了包袱祸害。儒家所强调的就是君子爱财,取之有道。

第三个观点,有德则乐,乐则能久。《中庸》说:"故大德,必得其位,必得其禄,必得其名,必得其寿。"那些有德行的人,守住了做人做事、职业道德的底线,夯实了为官为政的根基,不去做违法乱纪的事情,才能够保住自己的地位、俸禄、名誉乃至生命。为什么还能得其寿呢?儒家反复强调仁者寿,仁者就是有德者,仁者心里坦荡荡,无忧无惧,人无忧,故自寿,"有德则乐,乐则能久"。人格健全,身心健康,对生命大有益处。庄子在战国时代活了83岁,这与他崇尚自由、蔑视物欲权贵不无关系。孟子寿高84岁,也与他"富贵不能淫,贫贱不能移,威武不能屈"的"浩然之气"不无关系。儒家、道家注重"修德养生"的理论,正是对仁者寿、有德则乐、乐则能久思想的印证。反之,如果一个官员没有德行,身居高位,即"不仁而居高位,是播其恶于众也",那么,对社会来说,是把不良风尚播撒给社会和老百姓了;对自己来说,"德不称位",则必有灾殃。如果无德而禄,德薄位尊禄厚,那么,殃祸速至,殃祸必至。古往今来,那些身居高位贪得无厌,结果又身败名裂、人财两空的一个个真实生动的案例完全证明了这一点。

这就是在德财关系问题上,中国文化给我们提供的三个答案。人生是否幸福快乐,不在名车豪宅财富多少,不在钟鼓馔玉富贵如何,如果没有德行支撑,没有正确的三观和理想信念,财产再多、权力再大,都保不住,最终都会付诸东流。人生是一条没有返程的单行路,唯有德行,能够决定人生命运;唯有德行,才能守住人生的平安、幸福。

先秦经济伦理思想史研究 蒋卓宸,中国社会科学报,2021-01-12

按照通行的古史分期法,先秦时期的古代思想主要经历了西周、春秋、战国三个发展阶段。总体进程是:从殷周之际的古代思想开始,经过西周的"官府之学",以至东迁前后的思想,是先秦时期古代思想发展的第一个阶段。东迁之后以至缙绅先生的儒士之学,是先秦时期古代思想发展的第二个阶段。从孔、墨显学对儒学的批判开始,经过诸子百家的思想争鸣,以至周、秦之际的思想,是先秦时期古代思想发展的第三个阶段。相应地,先秦时期经济伦理思想的发展过程和先秦时期古代思想的发展过程是一致的,前者是后者体系中的重要组成部分。

马克思主义经典作家认为,根据生产方式的不同类型,东西方世界在从原始社会进入文明社会的历史进程中,曾经走过了两条不同的道路,一个是以古希腊为代表的"古典的古代",一个是以古代东方国家为代表的

"亚细亚的古代"。中国古代奴隶制的形成就属于"亚细亚的古代"类型。它有两大特点:其一,作为生产资料的土地主要集中在奴隶主贵族手中,属国有形式;其二,以奴隶为主的劳动力按血缘族团关系间接地从事生产劳动。可以说,这两大特点是中国古代经济伦理思想产生及其特点形成的直接根据。西周就是一个典型。周朝在这种生产方式的基础上,以氏族血缘为纽带,建立了宗法等级制度。

中国古代经济伦理思想诞生的主要标志,当推西周经济伦理思想的产生和雏形。周人在殷人制度的基础上进行了一番"损益"变革,提出了一套以"孝"为主的宗法道德规范,创立了一个以"敬德"为核心的道德与宗教、政治融为一体的思想体系,其经济伦理思想便是其中的一部分。在生产劳动观上,周公旦提倡要"无逸"地勤勉劳动,而生产劳动的目的则是"孝养父母",这就把生产劳动和宗法道德糅在了一起。在分配观上,西周后期思想家邵公与芮良夫提出了独专于"利","其害多矣"的观点,认为统治者不能只考虑自己的"专利",而要多顾及人民的利益,不难看出,这里已经触及了"义利"问题。在消费观上,周公旦反复地告诫统治者玩物丧志、奢侈败国的道理,提倡"恭俭惟德"的消费伦理观,提倡节俭、杜绝浪费。这充分反映出在当时社会生产力还不发达的周朝,在物质匮乏的条件下,道德在经济生活中起到的约束作用。总体来看,周朝的经济伦理思想是和宗法等级体系紧密结合在一起的,经济伦理思想还很质朴,尚处在雏形阶段。这一时期的经济伦理思想还只是对经济活动中一般规则的简单直观,经济伦理、政治伦理和宗教伦理思想交织在一起,反映了较为低级的道德意识水平。

春秋战国时期,由于社会经济制度发生了变革,经济伦理思想也随之发生转变。"肥私于公"现象的盛行,使得人们在"公私"观念上发生了对立,其理论上的表现就是所谓的义利之辨。这里的"利"是指个人私利,"义"则是指行事的道德原则,其基础是公利。这样一来,义利就成了看待公私观念的道德立场。这时的思想已经开始从抽象思维的角度把握现实的道德现象,达到了一定的道德思维水平。具体来说,在生产劳动观上,在王室衰微、"士无定主"的情况下,为谁生产劳动的问题不再确定。从分配观来看,春秋战国时期的人物思想中已经出现了"均""平"的思想,说明在社会阶层不断复杂、社会阶级对立日益紧张的条件下,要求社会利益分配模式扁平化的趋势日益明显,但实际上,这种扁平化的社会利益分配模式不可能在等级社会中完全实行开来。总的来看,春秋战国时期经济伦理思想的特征是:在经济活动中普遍出现了公私义利问题,经济伦理思想开始反映经济生活中深层的社会矛盾,并开始用一些抽象的概念认识复杂的道德现象,体现了较高层次的道德意识水平。

汉唐经济伦理思想史研究　杨筱筱,中国社会科学报,2021-01-12

秦汉至隋唐是我国封建地主经济的上升发展时期。汉唐作为中国历史上两个重要的时代,无论从建国背景还是国运经历来看,都有着惊人的相似。通过"秦鉴"和"隋鉴",汉唐之初的统治者都采取了与民休息、轻徭薄赋、减政省刑、重农崇俭的治国方略,因此,汉有"文景之治",唐有"贞观之治""开元盛世",其政治、经济、文化等各方面都得到了长足发展。但由于汉唐中后期曾经多次发生历代王朝争夺王权的混战,各民族统治集团间的战争以及农民起义,使社会生产力遭到不断破坏。从经济根源来说,汉唐的衰落主要是未能解决好土地兼并和发展封建地主经济的农业生产问题以及钱币问题。这些经济矛盾催化了人们的求变心理。

西汉初期,经济伦理思想具有较强的批判精神和开创性,所推崇的"黄老之术"实际上是试图以道家思想作为"与民休息"政策的思想基础。随着中央集权专制主义政权的巩固和封建主义经济基础的加强,经济伦理思想中逐渐滋长了保守的倾向。西汉中期,汉武帝接受了董仲舒的建议,发布了独尊儒术、罢黜百家的诏令。从此,"百家争鸣"的格局消失,演变为儒学内部的"正宗"与"异端"的斗争。儒学被定于"一尊",并非先秦儒学的简单复归,而是在吸取法家、道家思想和阴阳五行说的同时对先秦儒学有所改造和发展的结果。魏晋以后,由于社会的急剧动荡以及"名教"危机的不断深化,"玄学"兴起,经济伦理思想领域出现了享乐主义与拜金主义思潮,儒家经济伦理的社会失范使得佛教思想乘虚而入,成为中国传统经济伦理思想的另一资源。直到隋唐统一之后,韩愈重拾儒家"道统",肯定了"四民"分工的伦理正当性。其后,李翱则以"性善情恶"论为基础,重构孔子的"富而教"理论,儒家经济伦理思想又开始复苏。

可以说,汉唐时期是中国历史上经济伦理思想大融合的时期。这种融合虽然是一个你中有我、我中有你的多元合一过程,但从整体趋向来看,它又表现为儒家思想的独尊、失灵与再造的过程,儒、释、道三家互争雄长的格局并不能消解儒家经济伦理思想作为中国封建社会意识形态的历史本质。因而,从某种意义上说,这一时期,儒家通过对道、释两家思想的消融,弥补了自身在理论构建上的不足,从而为儒家思想的"道学"化奠定了基础。

西汉思想家和政治家董仲舒的经济伦理思想以天人感应的"宇宙伦理模式"为理论基础,是对先秦儒家经济伦理思想的发展和再造。以下两点反映了董仲舒在坚持儒家学说基础上的新思维:一是董仲舒尽管"贱利",但并不否定在不危及封建统治限度内的利;二是关注民众利益。这是儒家经济伦理成为封建正统经济伦理观的最初形态。

西汉史学家、文学家、社会思想家司马迁通过《史记》表达了其深刻独到的经济伦理思想。他从人性自私论出发,主张财富是社会道德的基础,脱贫致富是人性需要,提出"善者因之"的自由经济,同时强调职业伦理在经济生活中的地位。司马迁在两千多年前就能够依据社会经济发展的客观现实全面地论述商品生产、商品交换的重要性,重视商人的地位和作用,并能正确剖析物质利益和道德价值的关系,这无疑是一份宝贵的文化遗产。

唐朝文学家、思想家韩愈的经济伦理思想从其《原道》《原性》等文中反映出来。韩愈从"四民"论出发,修正了传统儒家重本抑末的经济思想,蕴含着对商业经济的伦理肯定。同时,韩愈还十分注重经济生活中的人际关系问题,他分析依靠伦理道德力量协调人际关系需要,其解决途径不在于外在的礼法纲常,而是靠内在的严以律己、宽以待人之心。对此,韩愈提出了"性三品"学说,以衡量人心善恶,推进儒学仁义道德教化过程。韩愈的思想反映了这一时期儒家经济伦理思想的复苏。

孔子的义利观研究　郭方天,中国社会科学报,2021-01-12

义利关系即道德价值取向与物质追求之关系,树立何种义利观反映的是一种价值选择。孔子是中国历史上伟大的教育家、思想家,其思想对中国乃至世界都具有深远的影响。在孔子构建的以"仁"为核心的道德学说中,重"义"贵"利"、以义制利的义利之说是其基本价值原则。

秉持"义以为上"的价值取向。在具体经济活动中面临"义"与"利"的冲突时,必须用"义"来规范取利行为,正如孔子所说:"富与贵,是人之所欲也,不以其道得之,不处也;贫与贱,是人之所恶也,不以其道得之,不去也。"

践行"见利思义"的实践原则。除了明确"义以为上"的价值取向,孔子认为,为使此原则成为经济活动中的行为准则,必须将"义"具体化为实践依据,这一实践依据就是日常生活中的"礼"。孔子提倡"礼以行义,义以生利,利以平民,政之大节也"。只有合乎"礼"的社会活动才是合乎"义"的,只有合乎"义"的取利行为才是正当的。在孔子看来,实践中对义和利的不同选择可以直接体现经济主体的道德层次,"君子喻于义,小人喻于利",选择义的人必然是具有高尚的道德情操即是尚礼的君子,选择利的人必然是道德低劣的小人。这是因为,面对利益能克制自己的欲望选择道义的人,必然是合乎"礼"的要求的,那么其内心也必然是合乎"仁"的要求的。孔子对读书人"见利思义"的实践提出要求,"士志于道,而耻恶衣恶食者,未足与议也"。读书人如果立志于追求道义,就要甘于忍受艰苦的生活条件,不应该以粗衣简食为耻。如果在追求崇高的精神理想和道德境界的过程中,计较物质得失和个人享乐,本身就已经违背了道义。

坚持"义利统一"的治国之道。孔子不将义利关系局限于个人层面的行为规范,还将之发展为治国兴邦的治理原则。在孔子看来,只有合理的财富分配,才能保证国家稳定繁荣。"均安""均平"的实现要从三个方面出发:第一,禁止横征暴敛,统治者"放于利而行",必然导致民"多怨";第二,财富分配适当向被统治阶级倾斜,对于多数人民而言,在贫困时必然选择为了取利而无所不为,甚至"好勇疾贫",那么社会必然陷入混乱;第三,赞赏乐善好施行为,提倡有原则的周济,要求周济亟待帮助的人,而非锦上添花的周济。值得注意的是,孔子提出的"不患贫"并不是真正的不担忧贫困,选择陷于贫困状态而不努力改善,而是在与"不患均"的比较中,孔子认为"不均"造成的后果更为严重。事实上,当统治阶级与被统治阶级财富分配中做到了"均",那么在大家财富均等的情况下,也不存在所谓的贫富,因此就通过"均"实现了"无贫",自然也就落实了"富民",满足了天下万民之利,实现了义利的统一。

孔子的义利观无疑对经济发展与道德建设关系的协调具有重要启示。第一,要承认经济活动中人们追求利益和利润的正当性,这是满足人民日益增长的美好生活需要的必要选择。第二,在具体的经济活动中,要充分发挥道义对于经济活动的引领作用,以道义规范约束市场经济活动中人们获取利益的行为,防止不顾道义约束一味追求利润的行为。第三,实现社会主义市场经济下的义利统一,市场经济本身具有"利己"属性,但在社会主义条件下,单一的"利己"是"不义"的,也因此无法长久维系。只有通过符合道义的"利他"实现"利己",实现"利己"与"利他"的统一、"义"和"利"的统一,才能确保经济发展和利益的长久稳定。

孟子经济伦理思想研究　易书凡，中国社会科学报，2021-01-12

孟子的经济伦理思想是其伦理思想中的重要内容，其独特的思维、富有远见的理解与时下注重民生的经济发展形势相契合，体现了深刻的伦理关怀精神。深入挖掘孟子经济伦理思想的内涵，或可为当代经济发展带来深刻启示。

第一，构建以民为本的经济伦理精神。孟子主张的是一种通过仁政和道德教化的德治之道，本质在于得民心的政治主张，这也是孟子经济伦理思想的伦理精神基础，即民贵君轻的民本精神。民本精神的构建在于民本身，在于顺民心，在于明民意。孟子提出"制民恒产"的思想主张，有恒产者有恒心，人民拥有赖以生存的保障，才会真正投入到生产生活中。这里的"恒产"是指土地，土地是当时农耕发展的根本，是农民赖以生存、长期维持生活的基础。我们可以理解为，人民的生活需要基本的保障，且人民拥有劳动和使用生产资料的权利，这不仅有助于保持社会稳定，也能够给予人民发展自己善性的土壤。在这样背景下的民本精神，国家的经济发展归于人民，道德资本推动着国家经济建设。从当下的市场经济角度理解，就是得民心才能让经济发展充满动力，才能代表最广大人民的利益。孟子认为，统治者在治理国家时要真正体察民意，明民意的经济治理思想让经济发展充满了人情味，这一伦理精神顺应了经济的发展，符合时代的要求。

第二，树立以义制利的经济价值观。孟子思想中的"利"是指利益，即人的物质欲望和需求。孟子指出，人对利益的追求是人的共性，这是一种基于生理本能的欲望，但他同时提出，人自身更高的需求是"义"，"义"对于人们追求"利"具有规范和指导作用。具有独特价值的是，孟子并不谈抽象概念的义利关系，而是主张在具体的伦理境遇中予以探讨。只有将孟子提出的道德约束力与道德资本的概念相结合，才能得出符合经济伦理的经济价值观。这其中涉及道德约束和道德推动之间的辩证关系。不同主体需要在以义制利指导下确定自身的经济价值观。一是个人主体树立内在自觉的经济价值观。以义制利下的个人经济价值观是从自我内在"义"的需求出发，要求制约只顾眼前利益而不顾长远利益的经济活动者，强调树立正确的经济价值观，以道德的方式制约经济活动中的个人行为。二是监管主体树立权力自律的经济价值观。孟子提出没有道德约束的权力后患无穷，监管者如果将权力视为私有，人类社会将和弱肉强食的动物世界没有区别，拥有权力者将会无节制地滥用私权获取利益，这将大大阻碍经济活动的发展。只有权力使用者拥有相应的道德责任自觉，民生才会得以观照,才能体现监管者的道德尊严。从社会经济制度规范方面看,以义制利的经济观要求监管者更合理地使用权力资源。同时,以义制利的观念也要求权力本身以制度和道德规范约束,从而实现权力自律。

第三,履行经济和谐的经济活动准则。孟子认为,经济和谐准则的出发点是心灵和谐。在孟子看来,人类的经济活动是个人精神支配下的活动,而心灵是否和谐自然成了经济是否和谐的起点和动因。孟子充分认识到,人与自然和谐是经济和谐的支撑,人们在生产中应该尊重并热爱大自然,这与当今社会人与自然和谐发展的思想不谋而合。而经济和谐的最终归宿应是人际关系和谐。根据马克思主义原理,人的本质是社会关系的总和,经济发展的成果应当回归于人自身。诚然,孟子关于伦常之道的学说有其局限性,但是孟子的"五伦"和"四德"思想作为对人伦关系的精致论述,对当今社会仍具有重要启示意义。个人应该推己及人融入团体最后推及国家,应充分认识到自己是社会的一部分,只有将自利之心推及国家,每一个个体才能实现真正的人际关系和谐,并拥有真正的归属感。

宋元经济伦理思想史研究　张良,中国社会科学报,2021-01-12

宋元时期社会经济发展动向反映到思想意识形态领域,便是"理学"与"功利之学"之间的对立与斗争。前者以"北宋五子"(周敦颐、邵雍、张载、程颢、程颐)和南宋朱熹为代表,政治上比较保守,反对王安石变法;后者以北宋李觏、王安石和南宋陈亮、叶适为代表,主张变法图强,坚决抗击外族入侵。

可以说,宋元时期是中国历史上经济伦理思想争论激烈、交融互渗并取得大发展的时期。理学家通过援释老之学入于儒学,进一步完善了儒家思想的理论形态,使儒家德性主义经济伦理思想有了新的形态并取得统治地位。功利学派不仅是作为理学的对立物而产生的,同时也反映了这一时期社会经济发展的客观要求,预示着一种新的经济伦理思想走向将成为中国封建社会后期经济伦理思想史中的主流。

宋元时期经济伦理思想演进呈现出以下特征:第一,宋元经济伦理思想的发展具有儒释道互补、德性主义与功利主义冲突并有所融合的特点。道教、佛教成为宋元时期经济伦理思想的有机组成部分。同时,儒家学派中也有功利主义的代表,如王安石、李觏和许衡等。第二,"义利王霸之辨"是宋元时期经济伦理思想的最大特色。程朱理学所代表的德性主义经济伦理思想将义形而上学化,并作为唯一的行为价值取向;"功利学派"与之相反,认为道德与功利并非截然对立。第三,儒家理学极端性的德性主义经济伦理思想出现。以程朱理学经济伦理思想为代表,主张存义去利,与儒家的一般主张"重义轻利""贵义贱利"具有显著区别。第四,新功利主义是宋元时期经济伦理思想的又一大特色。它是一种比较完整意义上功利主义的理论表述,包括王安石、李觏具有明显儒学印记的功利主义经济伦理思想,以及陈亮和叶适等地道的功利主义思想。

朱熹的"义利、理欲"之辨。欲了解其义利观,必须先了解他的"天理"观。他将"义利之辨"与"理欲之辨"相提并论,说:"义利之说,乃儒者第一要义。""理欲之辨"的重心在于主体内在的道德觉悟,重在明天理;"义利之辨"则重在主体外在的道德行为,重在"行"礼。"理欲之辨"较之于"义利之辨"具有逻辑上的优先性。朱熹的"义利、理欲"之辨较之于二程(程颢、程颐)而言有所发展和扬弃,特别是他对"人欲"的界定使得"天理"与人的感性需要之间的统一成为可能。在朱熹对道义论的强调中也实际蕴含着一种对功利的考量,甚至可以说,朱熹道义论是一种讲究功利最大化的功利主义。

李觏是中国封建社会后期新功利主义经济伦理思想的先驱。首先,他主张"利欲可言"的义利统一论。自然人性论是其经济伦理思想的哲学基础。使自然人性与伦理道德之间维持一种合理的张力,是李觏人性论的最主要特征。其次,他主张"平土"以"强本"的生产伦理。"平土"之"平"无疑具有土地公平分配的含义,但其实现的具体方案却既有行政的手段,又有经济杠杆的作用。再次,他主张"损上益下"的消费伦理观。主张"节用"必须近乎"人情",必须符合"损上益下"之道。最后,他主张"抑末"与"去冗"的职业伦理。他对商业的看法有别于笼统的"重本抑末"论。由此,他确立了"不劳动者不得食"这一重要经济伦理学观念。

王安石发展了新功利主义经济伦理思想。首先,他主张"性情一也"的人性论,这不同于理学的人性二重论,亦非韩愈以来非常流行的"性三品"说,而是从自然人性论的角度对道德与物质之间的关系做了一种辩证的说明,既强调经济对道德的决定作用,又看到了道德对于经济的反作用。其次,他主张"以义理财"的新功利主义观。在消费伦理方面,他主张以义理财,包括"生财之道",也包括"理财"的正当方式,并提出了具有伦理正当性和现实操作性的具体方法,体现了一种"义利统一"的功利主义价值取向。

明清经济伦理思想史研究 徐逸霏,中国社会科学报,2021-01-12

明清时期是中国经济社会发展的变迁期,其经济伦理思想发展大致可以分为三个阶段。

明初至明朝中叶:中国传统经济伦理思想的顶峰期。在经济伦理思想层面,维护小农经济和大地主阶级利益的思想家们继续秉承封建社会的道德要求,强调天理高于人欲,国家高于个人,要求人们存理养性,把仁义礼智从外在的行为要求深入到内心的道德良知。

明末清初:中国传统经济伦理思想的批判期。明末清初,封建社会农民与地主阶级的固有矛盾日趋尖锐,新兴的市民阶层随着资本主义萌芽而初步形成,这使得反封建斗争成为明末清初的主要社会运动。这一时期的经济伦理思想具有强烈的启蒙意义,思想家们逐步认可一种以人道主义为基础的自然经济与商品经济相结合的经济社会。

清朝中后期:中国资本主义经济伦理思想的萌芽期。进入清朝中后期,资本主义力量开始快速崛起,一方面是在枪炮掩护下的帝国主义商品经济全面入侵,形成强大的外国资本主义力量;另一方面是官商合办形式下的民族资本主义经济缓慢发展,形成一定的民族资本主义力量。在这一时期,维新派思想家们借鉴了西方市场经济思想家的思想,在经济伦理思想方面猛烈批判封建社会的自然经济。

明清社会是中国封建社会的末期,也是中国资本主义社会的萌芽期,这就决定了明清时期的经济伦理思想具有以下主要特征。

第一,由"德性主义"的经济伦理转向"功利主义"的经济伦理。为适应商业化浪潮和士商互动的社会结构性变化,功利论应运而生,它蕴藏着小商品经济与自然经济的冲突,个体主体与道德主体的矛盾,以理欲之辩和公私之辩为主要内容的价值抉择赋予功利论新的时代内涵:一是伸张人欲,二是肯定私利,三是倡导公正,四是重视世功。

第二,儒商精神构成了明清社会最为核心的商业精神。明清时期,具有中国特色的商业伦理体系开始形成,其核心理念由"义"与"和"构成:一方面追求义为利本,强调"义财";另一方面主张和厚生财,并以此为基础发展出了商业道德规范、商人职业素质和商人价值诉求。

第三,以追求国家富强为目的,主张农工商全面发展,强调采取有利于国家经济发展的一系列经济措施。在经济伦理思想上,新兴经济的思想家一方面秉承了传统儒学的思想,承认发展农业对于中国经济发展的本体意义;另一方面又借鉴了西方学者的思想,强调工商业对于中国富强的重要意义。在此基础上,明清的思想家以富国利民为标准,重新衡量诸如生产、赋税、消费、分配等经济现象。

明代中叶,中国经济社会发展具有两大特点:一是地主与农民之间的矛盾持续紧张,二是在江南地区出现了资本主义萌芽。作为开明的士大夫代表,王守仁在坚守中国传统经济伦理思想基础上,为缓解地主农民矛盾的各项经济措施提供伦理辩护,并为新生的商品经济提供一定的道德论证。

作为地主阶级的反叛者和新兴市民阶层的思想代表,李贽极力否定传统封建经济思想的义利观和"重本抑末"思想,极力维护市民阶层和工商业者的利益,从而促使传统经济伦理向启蒙经济伦理转型。他将个人的功利上升为社会功利,提出关注现实民生、为民理财为治国之本,并从两个方面论述了经济与道德的关系:第一,对于个人来说,利就是义,"正义就是谋利,不谋利就不是正其义","穿衣吃饭,即是人伦物理";第二,在社会中,个人之私必须走向天下之私,"率性之真,推而广之,与天下为公,乃谓之道"。

此外,作为民族资产阶级的思想代言人,康有为、梁启超和严复从中国的实际情况出发,借鉴西方先进的经济发展经验,也为发展民族资本主义走上国富民强之路提供了经济伦理论证。

民国经济伦理思想史研究　刘祥苑,中国社会科学报,2021-01-12

中华民国是中国历史上短暂而重要的承上启下时期。中国经济、政治、社会和思想文化出现了新旧大交替,发生了中华文明五千年未有的巨大变革。这一时期的主要特征在军事、政治方面主要体现为内战、革命和外敌的入侵,在经济、社会、知识和文化领域主要体现为变革和发展。在这一历史背景下,民国时期经济伦理思想同样呈现出激烈的斗争和强劲的变革态势。民国时期经济、政治和文化的错综复杂,决定了这一时期经济伦理思想的演变表现出新旧杂陈、中外混合的状态。

从纵向的历史维度看,民国时期工业经济不断冲击农业经济,商品化进程进一步加快,促使中国传统社会的生产方式和生活方式发生改变,传统儒家伦理思想的根基被动摇,传统的家族伦理关系被打破。鸦片战争后西方功利主义思想的传入和传播、辛亥革命时期资产阶级革命派对封建主义旧道德、旧礼俗的批判、"五四"新文化运动时期激进民主派倡导的道德革命对封建旧道德的批判和建立"个人本位主义"新道德的倡导、新民主主义革命时期中国共产党对旧道德和伦理学说的批判及对马克思主义伦理思想的研究和宣传,在很大程度上动摇了根深蒂固的重农轻商、安土重迁、信任互助等传统经济价值观,自我意识、合作意识、契约意识等现代经济伦理观开始萌芽并日益强化。

从横向的区域维度看,民国时期经济伦理的演变呈现出极大的区域差异性。一方面,鸦片战争后商品经济的发展和西方功利主义思想的影响大多作用于沿海城市,尤其是以江浙为代表的近代资本主义工商业和民族工业发祥地。而在广大内陆地区,尤其是边远农村和少数民族地区,现代经济伦理观的辐射和影响十分微弱。另一方面,民国时期国民党统治区和共产党红色政权区的经济道德状况和经济伦理关系呈现出巨大差异。国民党统治区主要提倡以"礼义廉耻"为核心的、经过改装的中国传统道德。还通过发起"新生活运动",以实践的方式改造国民的日常道德生活状态,尽管产生了一定的积极影响,但由于其虚伪性、形式化等问题和脱离社会制度的变革空谈道德改造,从整体上来说收效甚微。而中国共产党推进了区域内以全心全意为人民服务为宗旨、以集体主义为核心的新道德的建立。尤其值得一提的是,土地革命以"耕者有其田"的土地政策推翻了封建伦理制度的经济基础,为平等、互助、合作等新型经济道德规范和伦理关系提供了生长点。抗日战争时期的大生产运动,增强了官兵和百姓的劳动观念和自立精神,形成的"自己动手,丰衣足食"的南泥湾精神,至今仍有深远影响。

总体上看,民国经济伦理思想呈现出传统意识受到一定挤压、现代理念不断生长的基本特征,二者既有矛盾与冲突的一面,又有共生与融合的一面。具体而言,这一特征在生产、交换、分配、消费四个方面都有所体现:第一,生产伦理。恋土重农、安土重迁、勤勉耐劳的传统生产伦理观与重商兴业、理性务实、敬业自律的现代生产伦理观并存。第二,交换伦理。基于熟人社会的特殊信任与互助互惠的传统交换伦理观与基于陌生人社会的普遍信任与契约规则的现代交换伦理观并存。第三,分配伦理。基于家庭(家族)关系和等级秩序的传统分配伦理观和基于个人劳动和平等关系的现代分配伦理观并存。第四,消费伦理。节制欲望、崇尚节俭、遵从习俗的传统消费伦理观与合理节欲、俭奢有度、反对迷信的现代消费伦理观并存。

胡适是实用主义哲学在中国的代表,其伦理思想是实用主义哲学在伦理学方面的应用。总体上看,胡适对封建旧道德、旧礼教的批判有其积极意义,但其实用主义伦理思想和改良主义的道德主张仍存在很大的局限性和不彻底性。

李大钊是马克思主义伦理思想在中国的最早传播者。他最早运用马克思主义的唯物史观研究道德的起源、本质和发展规律,为我国马克思主义伦理学的建立做出了开创性贡献。

孙中山三民主义经济伦理思想研究 陆雯,中国社会科学报,2021-01-12

孙中山的经济伦理思想主要体现为三民主义经济伦理,将民生视为所有经济活动之目的,将民族独立视为德性经济之根本,将民权视为德性经济之保证,从而建立民有、民治、民享的自由平等博爱的共和社会。

民生主义经济伦理思想围绕对社会经济与伦理道德之间关系的分析展开。孙中山从"平均地权"和"节制资本"两个角度阐述了民生主义经济伦理的具体内涵,"平均地权"旨在经济权益平等,反对剥削。孙中山明确提出:"我们要怎么样能够保障农民的权利,要怎么样令农民自己才可以多得收成,那便是关于平均地权的问题。"平均地权体现在"耕者有其田"上,孙中山认为,革命的目的就在于实现耕者有其田,这是实现经济权益平等的必然选择。同时,要想实现耕者有其田,先要实现土地公有,以此提高农民地位,消除其与商人和官员经济权益的不平等。"节制资本"旨在消除垄断,防止经济上独占专横现象的产生。在孙中山看来,私人资本家发展的结果必然生成阶级的不平均,民众无法平等享受发展成果,因此应当节制。同时,国家资本的发展对实现民富国强具有重要意义,"国家以所生之利,举便民之事,我民即共享其利"。国家资本的发展在于实业的振兴,通过国家实业的兴起繁荣社会经济,从而实现国家发达。

民族主义经济伦理主要体现在爱国主义精神和各民族团结互助思想上。中国要想强盛,各民族必先真正实现民族平等和团结,通过政府帮扶,使得弱小民族能迅速自决自治;中国如果强盛,必要肩负强大民族之责任,通过济弱扶倾,避免世界上其他民族再遭遇和中华民族一样悲惨的命运,这就体现了孙中山"互助"的经济伦理思想。互助不仅是人类的天性所在,也是社会经济发展的必要手段。孙中山反对社会达尔文主义者将竞争视为人的本性,他认为竞争是物种本性,互助是人的天性,现阶段人性出现竞争完全是因为人并未得到完全进化,随着经济的发展和道德的进步,人互助之心将愈发发达,进而实现"民生畅遂"的大同世界。在经济发展中,如果简单地将竞争视为基本原则,那么必然导致兽性取代人性,强权取代公正。因此,提倡互助、反对竞争实质上就是对帝国主义的野蛮侵略给予理论上的反驳。

民权主义经济伦理表现在权利的平等上,其最高实现表现为"天下为公"。孙中山强调,当个人的权利与集体需要产生矛盾时,个人必须以"为公"为先,以共同利益和大家之利益为第一追求目标,个人在必要时要自觉牺牲部分权利来维护国家和人民的利益,"非为一人求幸福,必须存牺牲自己个人之幸福,以求国家之幸福的心志"。"牺牲意识"不仅反映了民权主义经济伦理的道德标准,也为当时资产阶级民主革命的实际需要做出了理论指导。中华民国成立后,两千多年的封建君主专制制度不复存在,人民群众成了国家的主人,那么为官者手中的权力就应当为维护和实现人民的权利而服务,孙中山将"牺牲意识"进一步发展为"服务众人"的新道德,即"天下为公",就是一切为了人民权利的最高表现。天下为公具体体现在人民权利的自由和平等上,没有权利自由,丧失权利平等,那么所谓的民权也就是一句空话。孙中山认为,"只有实现四万万人一切平等,国民之权利义务无有贵贱之差,贫富之别。轻重厚薄,无稍不均",才能最大限度地激发人民革命热情和生产激情,才能真正实现国民平等。

孙中山三民主义经济伦理在结合中国传统的基础上对传统资产阶级伦理思想进行大胆改革和发展,以独特的视角和功能唤醒民众对公正、平等、自由、和谐共同体的向往。其经济伦理思想中对权利平等的强调、分配公平的探索、国家富强的突出、民众生活的关怀至今仍具有重要的时代启迪意义。

不平等如何阻碍经济增长　　文迪,社会科学报,2021-01-14

近年来,西方发达国家经济增长率明显放缓,与此同时,贫富差距不断扩大、社会不平等导致的阶级固化又造成了严重的社会问题。

随着新自由主义时代的没落,两个有数据支撑的现象进入我们的视线:一是自1980年以来,收入和财富不平等现象持续加剧,尤其是在美国,这一现象更为明显;二是自2000年以来,发达国家的生产率增长明显放缓。第一个现象激发了广大学者的深入研究,国民收入核算所包含的指标得以扩大,收入分配措施明确纳入其中,由此产生了越来越多的经济学研究成果。第二个现象也引发了大量学者的广泛研究,学者们提出了一系列各自不同的解释,但并非完全相互排斥。

一、两种新的经济学分析工具

现在,经济学家兰斯·泰勒(Lance Taylor)在土耳其内夫谢希尔大学厄兹勒姆·厄默尔(Özlem Ömer)的协助下,对各种观点进行了有效整合归纳,从全新的视角对以上话题进行了讨论。长期以来,不仅人们意识到,而且统计数据也已经证实,富人比穷人更能存钱。原因很明显,富人有能力进行储蓄和投资,而那些低收入人群必须花掉他们所有收入才能勉强维持基本的生活水平。收入最高的前1%人口可以积蓄总收入的50%,在获得资本收益之前,这些人就已经获得了社会家庭总收入的18%,所获取的财富比例已然不合理,而投资回报收入又进一步加剧了这种不平等。以上现象反映了巴黎经济学院的托马斯·皮凯蒂(Thomas Piketty)关于贫富差距的著名观点:随时间的推移,当投资回报率大于经济增长率时,贫富差距现象就会加剧。泰勒还将分配动力学理论带入到了凯恩斯主义关于如何确定国民收入分配的核心。无论整个经济中储蓄规模如何,国民总收入将取决于转化为投资的储蓄、政府购买和净出口。

二、警惕"逆刘易斯经济"现象

泰勒和厄默尔紧随经济历史学家彼得·特明(Peter Temin)之后,指出美国出现"逆刘易斯经济",即越来越多的劳动力沦落到低增长、低生产率、低薪酬经济领域中。同时,他们指出,不平等的加剧和生产率增长的放缓是互相联系的。

三、利用政策工具创新劳动力监管

由于社会劳动力议价能力的减弱,工资在国民收入总值中所占的比例下降了,到目前为止,"逆刘易斯经济"导致了收入、财富和权力的集中,毫无疑问,这也在政治领域造成溢出效应。

为了勾勒出一条路径,能够把美国停滞、固化的经济拉回到更具包容性和活力的状态,泰勒通过梳理数据制作了分析模型。他提出,要从实质上减少美国的收入和财富不平等现象,要确保通货膨胀因素调整后的实际工资增长速度切实比生产率增长快。尽管人工智能发展的速度比世人普遍担心的要慢,但由人工智能驱动的自动化依然对经济产生了比较大的影响,这就需要公共政策发挥作用。泰勒指出,美国迫切需要在收入、资本所得税和更强有力的税收执法方面制定工作规划,同时也需要在劳动力市场监管方面进行创新,例如为包括"零工经济"在内的员工提高最低薪资水平,为劳动力提供更大的集体谈判空间。此外,要扩大由政府承保的医疗保险范围,将失业保险范围扩大到受保范围以外的某些职业以及非全日制职业,为大学生提供免费资助或学费补贴。泰勒理论中最重要的一点,是与"滴漏经济学"理论恰恰相反的,他认为不平等的减少会使得经济不断增长、生产力不断提高。

稀缺医疗资源的分配伦理　甘绍平,道德与文明,2021(2)

医疗资源的分配问题涉及宏观、中观、微观、再微观多个层面,本文以

"稀缺医疗资源的分配伦理"为主题,集中关注最为微观层面的伤病患者在诊断与医治层面所遭遇到的资源分配上的道德困境。本文所述的稀缺医疗资源有两种含义:一是常态社会中器官移植手术所需的人体器官;二是战时或灾难情况下,伤病患者所急需的救生物品。前者在任何时刻都是稀少的、珍贵的,后者往往是在特定条件下,才成为稀缺之物。稀缺医疗资源的分配问题,具有规范性的特征,奠立在价值判断的基础之上,故属于伦理学的研究对象。

一、稀缺医疗资源的公正分配:同等者同等对待,不同等者不同对待

稀缺医疗资源分配的首要原则,就是公正。第一,同等者同等对待。就稀缺医疗资源的分配而言,这就意味着,社会中所有的成员,由于在人格尊严和基本权利的拥有上没有差异,故而都应享有同等的医疗待遇,并且不论这些资源是丰富还是稀缺。第二,不同等者不同对待。当医疗资源极度缺乏以致不可能做出平均分配之时,则需要根据当事人身体的医学指征来决定资源的去留。医学指征上的紧迫性构成了稀缺医疗资源分配时压倒性的参照标准,这取决于宪法所确定的对处于危急状态的人的生命予以优先性救援与保护的基本原则。

二、分配上公正原则的运用仅仅关涉医学标准,完全排除对年龄等其他个体或社会因素的考量

在稀缺医疗资源的分配问题上,公正原则要求我们对同等者应同等对待,同时,也要求我们对不同等者应不同对待。对患者做出这一区别对待的唯一理据是医学指征上的紧迫性以及与之相关联的效果预期,而非当事人个体状态的其他因素。这一点是由每一个人在人格尊严和生命权利拥有上的地位平等所导致的生命价值之无差异性原则所决定的。这一原则严禁社会对人的生命依照贡献大小、生存质量、预期寿命等标准进行评价。

三、医学指征中的"紧迫性"与"效果预期",仅针对患者自己,而不适用于与他人的比较

按照公正原则所包含着的不同等者不同对待的理念,稀缺医疗资源只能依照医学指征分配给最具需求的伤患者。医学指征是由两项构成的,一是紧迫性,二是效果预期。而这两项医学标准的应用都是针对某一当事人的,都是关涉其生命质量的,不是针对与他人的比较的,也不考虑所谓社会效益。当紧迫性与效果预期两项标准发生不可调和的冲突之时,紧迫性因素就要让位于效果预期。在稀缺资源的分配问题上,个体权利及机会平等之优先原则与功利主义原则正相对立。基本权利之平等原则严禁对生命价值做出区分。功利主义着眼于资源对于患者群体整体益处的最大化。

值得特别指出的是,稀缺的医疗资源,对于所有需求者而言都意味着生存的机会。这意味着医疗资源的分配原则是以个体权利平等为价值底蕴的,并且是反功利主义的。只有在极为特殊的如战争、灾难等紧急的情况下,所有的人化为单纯的生命总体(个体生命的数量加上寿命总量)的组成部分,此时对稀缺医疗资源的分配,就是诉诸能救多少就救多少的直觉性的瞬间计算,即着眼于功利主义所倡导的当事人生命利益总量的极大化,这一整体益处的是否优化取决于被救人数以及被救人寿命的总量是否最大化。

商业与道德:对斯密、弗里德曼和德鲁克观点的分析 原理,道德与文明,2021(2)

商业活动是否需要道德考量,企业应不应该或应该如何承担社会责任,这是自20世纪70年代以来学术界关注和讨论的焦点。本文选取亚当·斯密、米尔顿·弗里德曼和彼得·德鲁克的观点进行分析研究。这三位学者分别来自经济和管理领域,他们是在商业道德和企业社会责任方面饱受争议的人物。本文将从人性观、商业的合道德性和企业的社会责任三个方面对这三位学者的观点进行解读、分析和比较,以获取理解商业与道德问题的另一种角度。

一、关于"人性"的看法

斯密既认为人类的本性是追求私利,同时也认为"同情"是人类所共有的天性,个体在追求自我利益的同时,必须兼顾他人和社会的整体利益。弗里德曼继承了斯密有关个体自利的观点,为个体的自利心进行辩护,指出自利心的存在带来了人与人之间自发的互动和交往,并由此产生了人类社会的一切活动。与斯密和弗里德曼持有对人性明确的看法不同,德鲁克在其著作中从未明确回答"人性究竟为何",他认为人性是多变的。德鲁克相信人的行为主要受情境的影响,而不仅仅取决于某种确定的"人性",大多数人的行为只是对情境做出的被动反应。

二、商业社会的合道德性

斯密从道德哲学的层面对商业和商业社会的正当性进行了辩护,因为不管是经济秩序、伦理秩序还是法律秩序,都具有相同的人性基础,都源于人们所共有的道德能力同情,因此,市场本身必然是社会道德秩序的一部分。弗里德曼继承了斯密有关自由市场的观点,并将"自由"看作商业社会的最高价值和终极的善,认为基于自由才能确立组织社会的其他原则。德鲁克明确表示,企业是市场中人们通过分工合作和交换来使社会资源发挥更大作用的"人"的集合,其目的是"使人的力量更有生产力"。同时,他还主张企业是由人构成的社会器官,它的意义和价值必然指向人和社会,因而它必然要遵循符合社会的普遍伦理标准。

三、企业如何承担社会责任

最初,斯密相信市场自身的伦理调节作用,认为通过市场这只"看不见的手"的调节,人们将在道德的基础上进行交易和交往。斯密晚年试图发展某种具有美德伦理色彩的实践道德论来适应商业社会的新趋势。弗里德曼认为,企业的社会责任就是在法律和基本的道德规则约束下追求利润。这意味着企业管理者要为企业赚取利润,同时服从那些保证其他利益相关者不受侵害的道德准则。德鲁克主张企业管理者的首要任务是提高经济绩效,首要职责是对其企业负责,企业承担社会责任必须考虑其能力和职权的限度,也就是一切以不妨碍企业的主要任务和使命为前提。同时,德鲁克指出,管理者在做决策的时候也应该认真考虑每项决策和行动可能对社会带来的影响,将承担社会责任与公司的竞争力和服务、技能等联系起来,努力去提升公众的福利,增强社会的安定和谐。

四、结论

通过上述三个方面对斯密、弗里德曼和德鲁克观点的分析和比较,我们可以发现,他们都没有摒弃商业中的道德因素,以及"人"永远是一切学问所要关注和关怀的核心。三位学者的观点既有联系又有一些区别,但不管如何,他们都没有认为企业活动与伦理道德无关,而是从人的本性、商业活动的本质和企业利润的本质等出发,提供了一种现实的、贴近企业实践的视角去理解商业与道德的关系。

黑格尔对康德财产权思想的批判与重建——从抽象道德法则到伦理实体规则　陈颖,道德与文明,2021(2)

关于财产权和自由的争论是西方近代以来权利学说的核心,它也促使我们思考如何构建一个国家,并在一种合理的条件下生活。无论是西方学者还是国内学者都认为,解读康德,尤其是黑格尔的法哲学思想对人类理解现代世界、研究马克思主义社会政治理论以及批判自由主义权利学说等具有重要的意义。总的来看,康德首先从人类理性的角度为财产权和文明国家的构建奠定了先验的合法性基础,构建了关于财产权的普遍性道德原则。黑格尔继承了康德对财产权的先验解读,但明确区分了权利的道德原则和伦理实体规则。黑格尔对康德财产权思想进行了批判与重建,他摒弃了以保护个人私有财产为目的的契约论国家观念,而强调作为公共性伦理秩序的理性国家。

一、康德法权观念提出的理论背景和主要特征

康德对启蒙和法国大革命进行了理性反思,对个人权利的探讨受到洛克、卢梭等人的启发。他延续了卢梭的理性人格和契约国家的道德观念,但为其确立了新的先验基础。康德一方面主张为个人权利寻找哲学依据,并在实践哲学中构建了一套关于自由意志的道德理论体系;另一方面则试图探讨国家权力的合法性问题。在康德这里,财产权是理性人格的自然权利,财产权原则就是从自由意志的自律性推演而来的先验道德义务。康德强调理性自由和道德义务的同一,认为财产权原则主要关涉到个人行为的内在动机。这种思想为公意的普遍性和权力的合法性提供了先验的基础。但是从普遍的形式如何能引出合规则性的内容,或者说,这种先验的道德义务如何与现实发生关系,并使现实合乎道德规则,康德似乎并未予以说明。

二、黑格尔对康德财产权思想的批判

其一,对康德财产权概念抽象性的批判。在康德看来,道德人格具有先验理性的自由能力。与之不同,黑格尔对理性人格做出了现实性的解释,并区分了抽象道德法则和伦理实体规则。黑格尔认为,真正的自由意志应该是作为伦理实体的人。但是,康德哲学的各项实践原则完全限于道德这一概念,没有具体的规定性。其二,对于康德财产权原则形式性的批判。针对康德关于财产权原则仅仅是形式上的合法性的观点,黑格尔认为,财产权原则不是形式性的道德原则,而是包含着实体性的内容。他认为康德的财产权法和国家观只是主体性原则的表达,并不具有真理性。其三,对康德法权思想非现实性的批判。康德的法权观念建立在特殊人格的基础上。黑格尔认为,康德的法权思想虽然将道德义务与人类理性看作绝对一致的,但却缺乏层次性和客观普遍性,因而是非现实性的。

三、黑格尔伦理实体视域中的财产权思想

黑格尔主要是在公共性伦理实体的视阈中考察个人财产权。黑格尔认为,财产权是自由意志在抽象法阶段通过占有外部实在物而给自己的直接定在,它所以合乎理性不在于满足需要,而在于扬弃人格的纯粹主观性。财产的私人所有权是"道德法"阶段市民社会中的根本性问题。进而黑格

尔指出,市民社会的利己原则还要求更好地实现单个人的特殊福利,因而需要确立更加具体的、能够恰当处理人与外在物之间以及人与人之间关系的财产权原则。在黑格尔看来,真正的国家超出了主观意见和偏好,它不以个人的权利和自由为前提,也不以保护个人财产为目的,它存在的根本意义在于自由本质的实现。

在黑格尔这里,抽象财产权本身只涉及合法性问题,它存在的意义只在于它是自由意志摆脱主观性、走向现实性的必然要求。只有发生实际的占有时,实体法律和财产制度在正义性问题上才变得有意义。因为此时财产权才有具体的内容(特殊的财产福利),特殊人格也才开始作为财产所有人与他人发生关系。黑格尔还非常敏锐地指出,当财产在现实中被私人占有时会导致许多问题,但这些问题仅靠私人财产权法以及契约性国家制度是无法从根本上解决的。因为此时特殊性和普遍性并没有实现真正的统一,而这种统一需要在理性国家中才能实现。

四、黑格尔财产权思想的启示与局限性

首先,黑格尔关于财产权的思想提醒我们,不仅要关注人类自由的超越性维度,还要认识到将国家权力归为维护私有财产的观念的狭隘性。其次,黑格尔在一定程度上揭示了市民社会中私有财产权的不平等实质以及它在维护个人自由方面的虚假性。总的来看,黑格尔在德国思想史上第一次把握了市民社会的法在财产制度中所设定的自由。在此过程中,他批判了契约论国家及其维护的私有制。这对于政治哲学中关于个人自由与财产权利、国家制度与社会正义等问题的辨析,具有重要的启发意义。

不过,黑格尔的伦理实体规则依循国家的理性和逻辑的完善,它置现实的人于不顾,因而仍不能真正解决实际问题。马克思十分欣赏黑格尔对现代国家的论述,但认为黑格尔错误地对国家本质进行了唯心主义的解读。在马克思看来,国家并非形而上的理性,它是由市民社会所决定的。

论分配正义的局限性——基于弗里克"证言不正义"的思考 潘磊,伦理学研究,2021(2)

在《认知不正义》一书中,著名的女性主义学者米兰达·弗里克首次系统地讨论了认知领域的不正义现象。其中,"证言不正义"引起她特别的关注,其典型情形可被界定为"因身份偏见而导致的可信度贬损"。由其所导致的对特定群体及个人的不公对待,不仅剥夺了他们作为知识主体的资格,而且亦会导致人性的降格。但是,在分析其本质时,由于弗里克囿于主流的分配正义模式,她只能得出一个缺乏信息量的否定性论断:"证言不正义"并非认知资源的分配不均。为了推进此话题的讨论,如果利用社会批判理论的一些成果做出新的尝试,那么其结论将是:"证言不正义"本质上是一种独特的"承认"拒绝。

一、引言

作为一种社会动物,每个人都不可避免地要参与人际的认知互动:为他人提供知识并接受他人所提供的知识。理想情况下,听者所做出的可信度判断,应当是对相关证据的理性回应,这些证据作为一种可靠标识,与说者本人或者其隶属的群体所具有的总体信誉相关。不幸的是,现实的证言实践与上述理想仍相去甚远。弗里克在《认知不正义》一书中以一种全新的视角审视了这种不公,并首次将其定位为一种独特类型的不正义,即"认知不正义",具体到证言实践,它则以"证言不正义"的形式体现出来。

一、弗里克论"证言不正义"

弗里克在其著作的"导言"中明确指出,她的研究焦点是认知层面独特的不正义现象,它以两种特定的形式发生在人类的认知生活之中:一种是"证言不正义";另一种是"诠释不正义"。在认识论的意义上,弗里克之所以特别关注认知不正义现象,就是想将认识论的学者从概念分析的泥潭中拉出来,提醒他们关注现实的认知实践活动。从这方面看,我们可以将弗里克的讨论置于认识论的"实践转向"这一总体背景之下来考察。从"证言不正义"的成因来看,首先,弗里克所提出的"社会权力"概念是理解其成因的关键一环。所谓的社会权力是指"作为社会主体,人们所拥有的能够对社会世界中的事物走向产生影响的能力"。其次,弗里克进一步指出,"集体的社会想象"其实就是社会主体所普遍持有的一种心理联结,它存在于特定的社会群体与一定的特性之间。最后,这套思想观念一经固定,人们所普遍持有的心理联结最终也就落实为一套固化观念。在论及"证言不正义"的危害时,弗里克主要论证了"认知边缘化""内在的不正义"两点。

二、"证言不正义"与"认知物化"

与弗里克一样,克雷格对概念分析当道的分析认识论传统也展开了猛烈批评。他构想一种最低限的原初自然状态,然后刻画出人们在这种状态下最基本的认知需求;接下来,就可以锁定这些认知需求得到满足的典型情形,找出它们共有的标示性特征;最终,为了满足最基本的认知需求,发明一套原发性的概念工具以便于准确地识别出这些特征,这套概念工具就是知识概念的原型。由克雷格的研究我们可以发现,"信息来源"与"信息提供者"之间的不同,前者指的是人们可以从中获取各类信息的事物之状态,而后者则是指提供信息的认知行为人。克雷格认为为何赋予"良好的信息提供者"以额外的重要性的问题的答案可以从人类在认知层面所产生的合作需求中获取,且额外的重要的赋予也是人类的合作情境本身所具有的一种"特质"。这种"特质"要求我们必须要将信息提供者视为"我们人类的合作成员",这意味着:与单纯的信息来源不同,信息提供者"对询问者的困境具有某种同理心",这促使他们主动提供协助。克雷格将这种"情感上的涉入"称为"一个共同体之内的团队合作所具有的独特的心理特征",按照弗里克的解读,它反映的其实是一种看待人的"独特的伦理态度"。笔者认为,将一个人视为一个信息提供者所反映的"伦理态度",说到底就是要将其视为一个完整的人来对待。以康德式的区分为基础,我们便可以看出"信息来源"与"信息提供者"之间所具有的一种重要的道德差异,即将人视为信息来源的同时也视为具有认知主体性的信息提供者,抑或仅是信息来源。弗里克将说者所遭受的不公对待致使其理性能力受到严重摧毁,因而会导致一种内在的不正义的状况称为"人性的降格",即由"证言不正义"所导致的不公对待,将说者的地位由信息提供者降格为单纯的信息来源,也就是从主体降格为物体,而这在本质上就是一种认知层面的"物化"。

三、"认知物化"与"承认"拒绝

自卢卡奇提出其著名的物化批判理论之后,经由法兰克福学派的不断推进,"物化"已成为社会批判理论的一个核心概念。其中,阿克塞尔·霍耐特(Axel Honneth)的工作尤其值得关注,因为他首次系统地构建了卢卡奇本人并未阐明的物化现象背后的"原初实践",即一种先于认识的"承认",并将"物化"等同于"承认"的拒绝或遗忘,从而以承认理论中的社会存在论思维,重构了物化批判的规范根基。这一推进不仅在社会批判理论内部产生了深远影响,而且在笔者看来,它同样可以为我们审视人类的认知实践提供有益的启发。经过对霍耐特所提供的理论资源来推进上文的论证,最终表明:既然"证言不正义"是在认知层面"物化"他人,而"物化"又是对"承认"的拒绝,所以"证言不正义"本质上就是"承认"拒绝在认知层面的体现。

四、结语

对于由"证言不正义"所导致的"认知物化"究竟意味着什么的问题的思考已有了答案,即"认知物化"不过就是认知层面的"承认"拒绝,也就是说,它是一种扭曲的、病态的认知实践形式。这样一来,也就完成了全部的论证:既然"证言不正义"就是对说者的"认知物化";而后者又是对"承认"的拒绝,那么,"证言不正义"本质上也就是一种独特的"承认"拒绝。

财富共享的社会共构基础试析　易小明,伦理学研究,2021(2)

社会共构就是人们共同组成、构建人类社会。许多伦理学家把共构作为社会财富共享的一个基础,这其实是需要认真分析的。从现代应得理论的精神实质而言,贡献是应得的基石。但是,共构社会的贡献与生产产品的贡献是两种不同的贡献,它们也就分别对应着两种不同的分配,遵循着两个不同的分配正义原则——同一性正义原则与差异性正义原则,故而建构社会的贡献是不能成为分配劳动产品的主要直接依据的。同时,由于正义是人的正义,因此两正义原则通过人这个差异与同一的统一体而相互影响、相互渗透,所以,强调贡献与收入相对应的差异性经济分配中,也可以有一个基本生活需要品的平等提供之维。

一、共享的社会共构基础

罗尔斯的正义理论显然"可以被视作对基本平等原则的一种阐释",而他的社会合作理论,正是要为其平等价值奠基。罗尔斯的分配正义中之所以有重要的平等价值倾向,一个重要原因在于人们以社会合作的方式共构了社会。罗尔斯强调了个人活动得以展开的社会合作作为背景支持的重要性,他认为基于个人活动的应得的正义,其实是以社会制度的正义、以社会合作的存在为先行前提的。

但其实,将社会合作或社会共构作为共享的一个基本根据,某种意义上仍然没有逃出现代应得理论框架的基本精神,它只是具有了一个比个体活动更加宏阔的社会共存共建视野而已。从某种意义上可以说,罗尔斯在通过社会合作而反对个人应得时,其实仍然没有抽身出应得的基本精神,即它只是在一个更大的贡献—应得的框架之内说事,或者说是通过社会合作而论证共享,它其实也是先在地内含了贡献—应得的逻辑基础。

二、共构与平等共享

罗尔斯认为,所有社会价值都要平等地分配,他显然是特别强调共享的平等性维度的。可是,通过社会合作而反对分配不公或分配的巨大差异,也并不能直接导致分配平等。罗尔斯虽强调社会合作对于共享的奠基性意义,但他也认识到,由社会合作而致平等分配几乎是不可能的,他其实也主要是从社会契约的角度来具体论证他的平等原则。其一个重要视角是,之所以要平等原则,是因为在去掉各种偶然性差异的前提下人们会选择平等原则,他通过原初状态和无知之幕来论述他的倾向于平等的正义原则。原初状态和无知之幕都是为消除或隐匿各个人的具体多样的差异而设定的,都是为建立一个具有同一性的社会主体。但是贡献一词,本质上就是尊重和表现人之差异的标示语,平等分配论证一旦滑入贡献—应得的思想轨道,也就滑入了一个理论陷阱,就可能离平等目标越来越远。宣扬应平等分配基本权利是没有问题的,而问题在于选择贡献—应得去解释这种平等分配往往会误入歧途。

三、共构与基本物质需要品的平等共享

我们可以不把共构理解为一种贡献,不从贡献—应得的角度来分析这个问题。共构包括共识和共建,人们往往是根据其共识去共建社会的,共识是共建的引领,共建是共识的落实。共识的形成,不仅是物质家园建设的必备方面,也是精神家园建设的重要内容。这种观念性共识,又只能是平等分配基本权利的基础,而不能成为平等分配非基本权利的基础,更不能成为平等分配社会劳动产品的基础。

正义是人的正义,据此,人之间既产生和持存着需要维护的基于人的某种同一性的平等性原则,也产生和持存着需要维护的基于人的某种差异的差等性原则,且这两个原则相互并存、相对划域、相互渗透。两原则相互渗透的同时,它们又有一个基本适用领域的不同划分问题,因此平等的基本权利通过实质平等的社会要求和制度强力而具体化为某种经济平等时,就应当有一个合理的"度"的限制。

综上可见,把基本物质需要品的平等提供作为社会财富分配正义的一个重要组成部分,从经济自身的运作规律、从产品生成与获得的对应性、从基于行动之应得的角度来讲,这其实只是社会财富分配正义的一种"外在性"扩展。所以,一个好的分配正义原则,一定是兼顾着人的差异性与同一性之合理表现,兼顾着人的理想生活的多重诉求的。

分配正义的多元方案　李石,中国人民大学学报,2021(2)

一元分配正义主张将所有的社会益品在统一的原则下进行分配。与此相对,多元分配正义主张对于不同的社会益品应依据不同的分配原则进行分配。迈克尔·沃尔泽(Michael Walzer)和大卫·米勒(David Miller)对多元分配正义进行了论证。平等权利、按需分配、应得原则与市场交换这四种分配原则相互结合,构成一种可行的多元分配方案。多元分配方案的实现,一方面依赖于多元分配制度的确立,另一方面也有赖于社会中各行各业的人们坚守自身的职业道德。

一、简单平等与复合平等

一元主义的分配正义学说主张将所有种类的社会益品在同一原则下进行分配,其理论目标是实现单一原则规定下的平等,沃尔泽称之为"简单平等"。多元主义的分配正义学说主张在社会分配的不同领域应用不同的分配原则,每个人因不同的理由在不同的领域得到不同份额的社会益品。沃尔泽将多元分配原则主导下的平等称为"复合平等"。

为了实现以单一原则分配所有社会益品的目标,一元主义的分配正义理论必须首先将所有的社会益品统一在一个可以进行社会分配的变量之下。但是,一元的分配正义在现实的社会分配中很难有效地维护共同体成员之间一定限度内的平等。

沃尔泽分析了一元分配正义为何无法消除垄断、实现平等的原因。一方面,那些在某一领域分配到较多资源的社会成员,依据同一条分配原则,在别的分配领域也得到较大份额的分配,这必然会加剧不平等。另一方面,在自愿交换无处不在的背景下,那些善于进行市场竞争的社会成员将会获得越来越多的资源。

沃尔泽认为实现平等的关键在于两点:第一,在不同的分配领域应用不同的分配原则,使人们在不同的领域获得不同份额的各种社会益品。第二,阻止物品之间的非法交易,限制"支配性的善"。沃尔泽将自己的分配理想称为"复合平等",这种平等追求的不是单一领域分配的平等,而是在各领域各种分配原则的独立作用之下得到的各种分配结果的集合。

二、多元分配的两个理由

结合沃尔泽和米勒的论述,可以总结出进行多元分配的两个理由:第一,不同社会益品包含着不同的价值和意义,这决定了应采用不同的分配原则对它们进行分配。第二,人与人之间的多元关系,决定了应采用不同的原则进行多层次的社会分配。

首先,社会益品的多样性和复杂性以及其隐含的丰富的价值与意义,要求人们构建一种多元的分配方案。其次,支持多元分配理论的英国学者米勒为多元的社会分配提供了第二种理由。米勒认为,分配原则之所以应该是多元而不是一元,并不仅仅因为分配的社会益品不同,还因为在不同的分配"场域"中"人类关系的模式"不同。简单来说,人们身份的多元决定了社会分配应该是多元而非一元。

三、一种可行的多元分配方案

本文试图构建一种适应中国社会之分配现实的多元分配方案。该分配方案包括四条原则:(1) 公民权利平等分配;(2) 基本需要"按需分配";(3) 超出基本需要的资源由市场进行分配;(4) 超出"基本需要"的机会根据"应得原则"进行分配。

在上述多元分配方案下,每个社会成员最终分配到的东西都有不同的来源:一些东西是通过"按需分配"得到的,以确保人们能过上人之为人的"体面生活"。与此同时,"权利平等""按需分配""应得原则"和"市场交换"相互结合的多元分配方案还可以有效地限制各领域的过度市场化。对于中国社会的分配现实来说,一种基于平等权利、按需分配、自由市场和应得原则的多元分配方案将有利于维护社会公正、兼顾效率和平等,促进社会朝着共享发展、共同富裕的方向迈进。

从生产逻辑到资本逻辑:马克思正义思想的双重透视　魏传光,哲学动态,2021(3)

生产逻辑构成了历史唯物主义的基础。从物质生产出发考察正义,从生产实践出发解释正义观念,提出一定时期的正义观念应到当时的社会生产条件下去寻找根源,这标志着马克思正义思想实现了历史唯物主义转向,深度介入了对自由主义正义理论之思辨性和抽象性弊端的批判。但通过生产逻辑层面的透视,仍不能清晰地显现马克思正义思想对资产阶级正义观念之暂时性、过程性和相对性特点的揭示,甚至存在将资本主义生产关系超历史化、将自由主义正义观永恒化的风险。为了有效透视资产阶级正义理论的迷雾,马克思通过对资本逻辑的政治经济学批判,对资本逻辑的实体形态、关系形态和观念形态的非正义性展开了批判,揭示了资产阶级正义原则是历史性的而非超历史性的存在。

一、马克思正义思想建构的生产逻辑

马克思站在现实的基础上,从人直接的物质生产出发阐明正义观念的产生过程和产生基础,从生产实践出发解释正义观念,提出一定时期的正义观念应到当时的社会生产条件下去寻找根源。后来,马克思在《1857—1858年经济学手稿》中提出了"生产一般"概念,更加明确了正义的生产逻辑。通过生产逻辑,表面看马克思只是指明了一个事实,但对正义观念史来说,却具有里程碑式的意义。这一认识重置了物质生产与正义观念的关系,即物质生产是正义观念产生的历史基础,而不是以往人们所认识的正

义观念属于纯粹意识的领域。概言之,马克思用生产逻辑奠定了历史唯物主义正义思想的基础。

二、从生产逻辑到资本逻辑的深入推进

为了深化对马克思正义思想的理解,需要从生产逻辑深入到资本逻辑。究其原因,一是由于"资本"构成了资本主义社会一种决定性的"生产",资本逻辑也成为马克思思想成熟时期的重要主题;二是只有深入到资本逻辑批判之中,我们才能达至马克思对正义观念的社会性和历史性理解。在深层次的生产领域,存在着资本家强迫和暴力迫使工人去建立完全不平等交换的社会过程。问题的关键在于,资本主义是在工人意识不到强迫的情况下使工人服从于强制劳动,资本能够以雇佣劳动为借口在核心处掩盖统治关系。要想拨开这样的"正义迷雾",在生产逻辑层面是难以实现的,必须进入资本逻辑的特殊性之中。

三、资本逻辑批判中的正义思想

有学者认为,作为资本主义的总体性统治力量,"资本逻辑"具有"实体—关系—观念"三种形态。实际上,马克思正是从这三个方面展开对资本主义非正义逻辑的批判,进而建构了共产主义正义原则:一是对资本逻辑的实体形态(即生产资料的私人所有制)的非正义性展开批判,二是对资本逻辑的关系形态(即资产阶级社会生产关系)的非正义性展开批判,三是对资本逻辑的观念形态(即资本主义意识形态)的非正义性展开批判。马克思指出,正义观念也是一定的社会经济状况的产物,受时代制约,植根于社会经济生活过程。永恒正义只不过是资产阶级精心构筑的意识形态,可以用此建构永恒不变的私有财产权原则。

四、结语

马克思为了强调人类生产活动在历史上发挥的作用,创立了以生产逻辑为基础的历史唯物主义。通过生产逻辑,我们能够有效透视建立在社会契约论、自由个人想象基础上的资产阶级正义观的迷雾;通过资本逻辑,我们才能清晰地透视马克思正义思想的深层视野,即资产阶级社会和它的正义原则一样,都是历史性的而非超历史性的存在。基于生产逻辑和资本逻辑双重视域阐释马克思正义思想,具有现实和理论双重价值。

当代分配正义理论的三重超越　　柳平生,伦理学研究,2021(3)

分配正义理论是 20 世纪下半叶以来世界性的热点话题。与其他国家地区一样,我国在分配正义理论上取得巨大进展,公平正义和共同富裕作

为基本的正义原则逐渐成为普遍接受的价值共识。纵观改革开放四十余年的经济思想演进历程,这一正义共识的达成实际经历了三重超越:正义观念从效率优先转变为公平正义、分配原则从应得正义过渡到平等正义、目标诉求从功利效用提升为人的发展。

一、正义观念:从效率优先到公平正义

正义是一个跨学科的复杂概念,涉及经济学、哲学、法学、社会学等诸多领域。依据不同对象或范围,可以分为个人正义、共同体正义(或曰社群正义)、社会正义和全球正义等四个层次。分配正义又称"经济正义"或"社会正义",是指"以制度的方式来确认公民的权利和义务",以期在社会成员或不同群体之间合理分配资源、机会和利益等基本品,它主要与社会经济制度有关。从社会经济发展的实际历程看,效率标准或曰生产力标准均与改革开放初期迫切需要解放和发展生产力的时代要求相一致,有力地推动了经济体制由计划经济向市场经济的逐步转型。实践"效率优先"所取得的显著经济效果则"在客观上印证了发达的经济基础对于实现真正社会公正的极端重要性",亦说明了市场机制起着与社会正义相容的作用。然而更进一步的考察表明,发达的经济基础虽然确为社会正义的实现提供了必需的途径和手段,但还不是社会正义实现本身。进入21世纪以来,如何缩小贫富差距、遏制两极分化,以期保障全体公民公平共享经济发展成果的问题,开始成为能否实现社会正义的核心问题。作为社会整体意义上的基本原则,"公平正义是中国特色社会主义的内在要求","共同富裕是中国特色社会主义的根本原则"。与此同时,还要更进一步在经济改革和社会变迁过程中,让全体民众拥有"平等参与、平等发展"的制度性保障,使其拥有充分的自由发展空间。

二、分配原则:从应得正义到平等正义

不同正义观念会形成不同的分配原则,正义观念从效率优先(或生产力标准)到公平正义的转变,大大扩展了人们思考问题的视野,使分配正义原则的构建有了更加广阔的空间和余地。在向市场经济转型的经济背景下,从市场经济的现实出发构建分配正义原则是一个自然而然的选择。市场经济条件下,"应得是市场经济最重要的伦理原则",且在市场经济条件下实行应得正义是必要的且正当的。但市场机制本身并不完美,它实际上还存在诸多缺陷。鉴于出现的缺陷,要实现公平正义,社会分配领域中还需要引入另一个正义原则:平等原则。平等正义的构建思路是:既要弥补市场机制的上述缺憾,又不能损害市场竞争所带来的经济效率和创造活力。学界在分配领域从应得原则出发,进而提升到平等原则的思维轨迹,其背后体现出公平正义理念的两个相互支撑的基点——财富创造和利益协调。

三、目标诉求:从功利效用到人的发展

从道德哲学的角度看,改革初期为人们看重的"效率优先"理念实际上是一种功利最大化的效用原则。功利效用原则作为一种价值评判标准,有其非常优越的一面,然而也必须看到,将效用原则作为评价社会经济运行效果的唯一标准也存在忽视根本性价值因素或另一些同等重要的社会发展目标的问题。更严重的是,当效用原则"忽略权利、自由以及其他非效用因素"时,很容易将人的发展置于与经济利益的权衡之中,这会导致作为主体的人的地位被大大降低,有时可能因为效用最大化而牺牲人的发展,作为主体的人有可能从发展的目的降格为经济增长的工具,即生产是目的,人是手段。这显然是不可取的,故而对其进行反思,认识到人不仅是经济发展的动力,更应是经济发展的目的和价值体现。当人们的理念转换为公平正义观念,将人的发展作为经济发展的最终目标时,就可以有效克服和弥补效用原则的上述不足。

四、正义理论三重超越的因由:道德可欲与实践可行

综上所述,改革开放四十余年来,当代中国的分配正义理论取得了重大进步,实现了三重超越:正义观念从效率优先转变为公平正义,分配原则从应得正义过渡到平等正义,目标诉求从功利效用提升到人的发展。当代分配正义理论之所以能实现三重超越,既有外因更有内因。通观我国学界构建分配正义理论的整个过程,可以发现它实际遵循了两条原则,即道德可欲性和实践可行性。当代分配正义理论是在社会经济运行的实践需要中不断向前发展的,与经济发展过程结伴而行、相互促进。当代中国的正义实践促使人们进行积极的理论探讨,在理论认识提高后又回到现实中去实践。"现实—理论—实践"是当代分配正义理论得以推进的探索路径。

节俭消费伦理的时代意蕴　何建华,伦理学研究,2021(3)

节俭消费是人类消费伦理的基本准则。与传统节俭消费伦理基于生产力水平低下而一味强调人们需要压抑自己的欲望不同,现代节俭消费伦理是一种自由自主的消费观,它是现代人基于生态文明时代对资源合理使用的客观需要和对人的生理需求的科学认识基础上对现代社会消费问题进行深刻反思而提出的理性的适度的文明消费观。在现时代,倡导节俭消

费伦理观,积极探讨既节约自然资源又能促进人的自我实现的消费方式和生活方式,对于促进人的自由全面发展和经济、社会、生态的可持续发展,至关重要。

一、节俭:人类消费伦理的基本准则

消费是与人类生存的本质和源泉紧密相关的,是满足人的需求和欲望的过程。需求和欲望不能消灭,甚至不能完全控制它,但可以认识和节制。节制是人类控制需求和欲望的有效手段,也是人类伦理活动的基本准则。纵观中外思想发展史,许多思想家都明确地提出了节制的美德,虽然不同时代思想家对节制美德的内涵有不同的看法,但节制一直是人类消费生活的基本道德准则。在中国古代,许多思想家都主张节俭消费,强调"崇俭黜奢",将节俭归之于善,将奢侈归之于恶。在西方,节制是著名的古希腊"四德"之一。近代资本主义发展初期,为了适应资本原始积累和资本主义生产力的发展,资产阶级思想家们普遍推崇节俭的消费理念,把节俭作为人类的美德,作为推动资本主义发展的动力之一。

二、现代节俭消费伦理的基本内涵

消费成为现代社会的中心概念。在消费社会,人们的生活、认同感及自我观念逐渐不再以工作、生产为核心,而是以消费为生活世界的轴心。人们为了消费而消费,购物和消费成了消费社会的最高原则。故而在现时代,加强对消费伦理研究,倡导文明、理性的节俭消费观,正确引导现代人的消费方式和生活方式,对于消费促进人的自由全面发展和经济、社会、环境可持续发展,至关重要。节俭消费观是具体的历史的;在现时代,节俭消费观具有新的时代内涵。现代节俭消费主要是强调反浪费,强调对资源的保护和合理使用,是生态文明时代一种自主的适度的理性消费观。

三、大力倡导现代节俭消费观

现代节俭消费事关每个人的生存和幸福,事关人类、社会和自然的可持续发展。必须在强调有机、均衡、可持续发展的同时,加强消费观教育,大力倡导一种以节俭为荣、浪费为耻的使用物质资源的新道德。其一,树立科学的生活质量观。人生的目的不是消费,而是幸福,是生活的效益和享受,即生活质量的提高;其二,培育自主的生活方式;其三,发挥信仰和价值观在引导节俭消费中的作用;其四,发展绿色产业,健全市场利益机制;其五,将节俭消费纳入法制轨道;其六,营造节制的社会文化氛围,培养消费伦理人格。

可持续性发展：发展伦理观的深刻革命与价值重构　　乔法容,伦理学研究,2021(3)

可持续性发展深蕴伦理意义。作为一种新的道德思维和道德评价维度,它引导以市场力量为单一导向、以资本增殖为内在冲动的不可持续的发展观,转变为以生态法则与以人为中心相统一、人与自然和谐共生的绿色发展观,避免单一的以经济增长速度、物质财富积累总量为判断发展标准的道德评价话语体系,摒弃传统粗放的经济增长方式、急功近利的短期主义价值观,确立人与自然和谐共存的生命共同体意识,建构面向未来的、整体的、系统的道德思维和评价尺度,以发展伦理观的深刻变革导引社会、企业、个体更加自觉地创造人与自然和谐相处的高质量发展和高品质生活。

一、不可持续发展观缘何长期存在

进入21世纪,人类面临比以往任何时期都更加严峻的生态危机,是世界乃至各国发展进程中必须解决的根本性难题。经过研究发现,不可持续发展观的主要表现有三个方面:第一,在经济发展与评价层面,"唯GDP至上"的发展观曾在一个时期内占主导地位;第二,粗放的经济增长方式;第三,个别企业、公司层面存在的短视行为和利润至上价值观。进而对不可持续发展观存在的主要原因进行分析,主要有三点:首先,满足快速积聚财富的资本本性,不惜牺牲同代人的利益甚至后代人的利益是其主因;其次,人类认知能力的局限性,是不可持续发展观存在的又一原因;最后,选择经济发展方式的目的与道德观缺陷也是重要原因。

二、伦理意义下的可持续性发展的主要内涵

可持续发展观包含可持续发展目标,但不限于此。可持续发展观扬弃人类中心主义和生态中心主义,建构起评价经济社会与自然的伦理关系以及发展的伦理维度。可持续性伦理的主要内涵或要求包括:建立在人类活动与自然界普遍联系理论基础上的整体性道德思维,建立在人类活动与自然界和谐共生规律基础上的短期利益与长远利益相统一的伦理意识,建立在与自然界善意合作基础上的高质量发展与高品质生活有机统一的发展价值观。

三、可持续性伦理怎样导向实践行动

可持续性伦理引导人类认识什么是发展,应当怎样发展;可持续性伦理也警示人类,在当代资源与环境的制约下,缺乏绿色可持续的发展,是没有出路的。习近平提出:"推动形成绿色发展方式和生活方式,是发展观的一场深刻革命。"这些论述启迪我们,除了增强认知经济规律、社会规律与自然界的发展规律之外,还需要有制度、观念方面的深刻变革与行动。首先,可持续性伦理要求从宏观上确立一种以生态法则为导向的、人与自然相协调的绿色发展观,为经济社会活动提供行动指南。其次,可持续性伦理要求生产组织(企业、公司)选择绿色生产方式。最后,可持续性伦理要求公民选择绿色的生活方式和行为方式。可持续性发展伦理既具有鲜明的理想性特征,又具有强烈的现实性诉求,绿色经济社会与生态文明建设就是将其统一转化为时代性实践运动的具体展现。

论孟子"义利之辨"展开的基础及其政治走向　　肖永明、黄有年,孔子研究,2021(3)

孟子"义利之辨"的展开有赖于两大基础,一个是现实基础,另一个是理论基础。现实基础是,战国时期诸侯国之间进行大规模的兼并战争,各国的统治者都想快速扩张自己的经济实力和军事实力;理论基础是儒家的"心性论"和"天人论"。其中,孟子本人的心性论和天人论是核心理论。孟子"义利之辨"的最终政治走向是"仁政",也即"王道政治"。从"义利之辨"出发,孟子的王道政治侧重于"仁义"这个价值要求,忽略了根本的政治制度的设计和安排,无法对统治者做出有效的限制。正常的政治实践要求价值理性与工具理性应该达到一定程度的平衡,而不是顾此失彼。总而言之,虽然孟子的"义利之辨"可以从理论上推导出"王道政治",张扬价值理性,但是在现实的政治实践中往往会遇到诸多困难。

一、"义利"问题的追溯及孟子的论述

学者们从伦理道德维度对孟子"义利之辨"的论述深入而可贵,对"义利之辨"所依靠的相关理论则论述得并不充分。除此之外,"义利之辨"在孟子这里不仅仅是一个伦理道德命题,还是一个政治命题。从以上两个陈述中得来的疑问是:孟子的"义利之辨"是由哪些理论来作支撑的?其政治走向又是若何?概括言之,第一,孟子"义利之辨"背后有强大的逻辑和理论依据,它们分别是心性论和天人论。这是孟子"义利之辨"得以展开的理论基础。第二,孟子"义利之辨"的政治走向是"仁政",即"王道政治"。这可以在《孟子》文本中找到依据。孟子认为,已经很长时间没有"王者"出来了,各国君主纷纷"假力"成霸,很有必要打消这些统治者对"力"的迷信、对"利"的追逐。孟子的"义利之辨"正是由此而发。

二、孟子"义利之辩"展开的基础

孟子对"利"与"仁义"都有一定的预设。尤其是在"仁义"方面,孟子认为"仁义"是不离日用伦常的,但是却又常常被人们所忽略,所以他要"求其放心"。在这个意义上,孟子"义利之辩"得以充分的展开,它背后的支撑理论也慢慢地显露出来。在这个过程中可以发现,所谓"义利之辩"不是孤立地产生的,而是跟孟子所生活的时代、思想以及人物有着密切的联系。当然,"义利之辩"的展开亦跟孟子自身理论修养关系密切。

三、"义利之辩"的政治走向

孟子明白地宣告:"先王有不忍人之心,斯有不忍人之政矣。以不忍人之心,行不忍人之政,治天下可运之掌上。"(《孟子·公孙丑上》)"不忍人之政"强调"仁义"在先,故而"利"就必然遭到"后置"。因此可以说,孟子"义利之辩"的最终政治走向是"王政""不忍人之政",即"王道政治"。孟子理想中的"王道政治",有以下几个重要方面:其一,期待道德之王;其二,"明其政刑"与"尊贤";其三,设教化民。

四、结语

虽然孟子的"义利之辩"可以从理论上推导出"王道政治",张扬价值理性,但是在现实的政治实践中往往会遇到诸多挫折。当然,如何来看待价值理性和工具理性在理论方面的互动,如何将这两方面的内容融贯进现实中,这都是颇费考量的事情。此外,孟子"义利之辩"蕴含着对"利"进行如何分配的问题,怎么样分配"利"才是"合宜"的?这值得人们去深入探讨。

儒家经济思想的"自由放任"倾向　孔祥来,孔子研究,2021(3)

儒家思想曾深刻影响了西方"自由放任主义"的内涵,而其本身在经济上也存在着鲜明的"自由放任"倾向。这种倾向主要表现在四个方面:一是儒家承认人之自利心的存在,并认可人们积极追求物质财富的行为;二是遵从劳动分工,认为不同分工共同促进社会发展,反对干预人们自然形成的分工;三是反对限制商品流通的任何税收政策,主张发展自由贸易;四是反对政府直接从事生产经营活动,主张限制税收进而限制政府开支和规模。这些鲜明的"自由放任"倾向,与强烈的伦理取向,共同构成了儒家经济思想的重要特征。

一、引言

本文的目的,不在于提出新观点,也不在于发现新材料,而在于努力用旧材料论证一个较少为人们注意的老观点,尽可能全面地去展示儒家经济思想"自由放任"倾向的具体内容。正如盛洪所说,"自由放任"的深层含义是"遵从自然的秩序,遵从自然秩序演化出来的结果"。遵从自然秩序,遵从自然秩序的演化结果,必然意味着要尊重个体追求物质财富的努力,尊重因个体差异而产生的劳动分工,保障自由贸易,减少政府的干预。这些正是现代"自由放任主义"的基本内容。本文即从这几个方面切入,详细考察儒家经济思想的"自由放任"倾向。基于篇幅限制,本文的考察范围主要限制在先秦时期。

二、儒家式的"经纪人"

儒家一向重视"义利之辨",自然不是相信个体追求自身利益最大化的行为必然能促进社会的整体利益,但儒家之所以重视"义利之辨",也正是基于对个体之自利心的深刻洞察。首先,儒家承认追求物质财富是人的基本情欲。其次,儒家认可甚至鼓励人们追求物质财富的行为。很多人批评儒家强调"义利之辨",限制了人们的物质欲求,但儒家却认为礼义这一套源自先王的自然法则,恰恰是成全人们的物质欲求的。所以,儒家政治以富民为首务,而富民就是任民自富。但是,儒家之"富民"绝不是通过国家力量直接为人民分配财富,而是主张采取放任的政策,让每个人自己去实现自己的利益。

三、儒家的劳动分工思想

劳动分工之成为必要,即使不是因为个体天赋才能的差异,也是由于个体天赋才能的局限性,即由于个体满足自己多样化欲求之能力的局限性,因而不得不进行分工合作。儒家对劳动分工带来的经济效益有清楚的认识,因而充分尊重这种自然秩序演化的结果。儒家十分重视脑力劳动和体力劳动的分工,认为脑力劳动也同样创造价值。士、农、工、商——不同分工共同推动社会经济发展。陈焕章已经指出,根据孔门的经济理论,人们普遍享有迁移的自由和选择职业的自由,享有选择生产经营活动的自由。

四、儒家的自由贸易思想

劳动分工意味着生产专门化,意味着生产率的提高,意味着个体的多方面欲求可以得到更好的满足,但同时也意味着一个人无法完全依靠自己的劳动产品生存下去,因而不能独占自己的劳动产品,必须用自己生产的剩余产品去交换他人生产的剩余产品,于是贸易成为必然。"自由放任主义"主张自由贸易,即取消对贸易的任何阻碍,推动商品在国内与国际市场上自由流通。自由贸易有利于优势互补,儒家对优势互补原理尚无清楚认识,但对贸易带来的物质生活的丰富却有深刻的体验,因而坚决地主张自由贸易,反对征收商税。

五、儒家式的"小政府"

放任人们自由地从事经济活动,必然意味着减少政府的干预。"自由放任主义"认为政府管得越少越好——管得少的政府就是"小政府"。儒家主张"因民之所利而利之",实际上也是强调政府不应该直接参与到经济活动中去,追求的正是一种"小政府"的模式。在社会层面,"小共体本位"是儒家抵御"大政府"的有力武器;而在经济层面,儒家则通过限制政府的收入与开支,从而客观上约束了政府权力和规模扩张。在中国古代,尤其是先秦时期,为政者和政府之间并没有严格的界限,为政者的行为往往就是政府的行为。

发掘良好生态的经济价值　林智钦,人民日报,2021-03-26

绿水青山就是金山银山的理念,是习近平生态文明思想的重要内容,为推动绿色发展提供了行动指南。"十四五"时期,推动我国绿色发展迈上新台阶,需要牢固树立绿水青山就是金山银山的理念,按照《中华人民共和国国民经济和社会发展第十四个五年规划和2035年远景目标纲要》关于"推动经济社会发展全面绿色转型"的重大部署,以生态产业化、产业生态化为途径加快构建绿色产业体系,探索生态产品价值实现路径,发掘良好生态中蕴含的经济价值,推动生态与经济双赢,实现人与自然和谐共生。

构建生态与经济双赢的制度政策体系。牢固树立绿水青山就是金山银山的理念,将其融入生态文明制度体系和政策体系建设,推进生态环境治理体系和治理能力现代化,促进生态系统良性循环。探索建立以生态优先、绿色发展为导向的经济社会发展考核评价体系,完善生态文明建设目标考核指标设置。构建源头严防、过程严管、后果严惩的全过程监管体系,健全生态环境监测网络和预警机制,形成强有力的生态文明制度执行机制、监控机制、动力机制。完善自然资源资产负债表编制、领导干部自然资源资产离任审计制度等,实行真正意义上的"绿色核算",实现自然资源资产保值增值。进一步完善社会主义市场经济体制,健全主要由市场决定价格的机制,建立健全充分反映市场供求和资源稀缺程度、体现生态价值和环境损害成本的资源价格机制。

加快构建绿色产业体系。发展壮大绿色产业,更好实现百姓富、生态美的有机统一。建立健全生态产品价值实现机制,探索建立自然资源资产产权制度和有偿使用等制度体系,推进排污权、碳排放权等市场化交易,建立健全稳定的财政资金投入机制和"谁污染、谁付费"的市场化投入机制,增加生态产品和服务有效供给。利用自然优势发展特色产业,因地制宜壮大"美丽经济",发展绿色金融,支持绿色技术创新,推进清洁生产,推进重点行业和重要领域绿色化改造。大力发展增加清新空气、清澈水质、清洁环境的绿色低碳产业和节能环保产业,增加绿色、有机、地理标志农产品供给;大力推进能源供给侧结构性改革,发展绿色低碳能源,建设清洁、低碳、安全、高效的能源供给体系;推动制造业向智能化、绿色化转变,使中国制造业成为全球制造业绿色发展的重要参与者、贡献者、引领者。

探索生态产品价值实现路径。深刻认识生态环境保护蕴含的潜在消费需求,以及这些需求可能激发的供给、形成的经济增长点,坚持保护优先、合理利用,坚持在发展中保护、在保护中发展,彻底摒弃以牺牲生态环境换取一时一地经济增长的做法。建立生态环境保护者受益、使用者付费、破坏者赔偿的利益导向机制,探索政府主导、企业和社会各界参与、市场化运作、可持续的生态产品价值实现路径。全面建立生态补偿制度,健全区际利益补偿机制和纵向生态补偿机制,有针对性地挖掘区域各类生态价值,探索实物产品中的生态价值和附着在实物产品上的生态服务价值转化路径,总结各地探索生态产品价值转化的成功经验,促进生态价值向经济价值转化。发挥乡村生态资源丰富的优势,吸引资本、技术、人才等要素向乡村流动,促进乡村生态产品价值实现。

荀子的"应得"概念——基于"子发立功辞赏"案例的分析 东方朔,道德与文明,2021(4)

在当代道德哲学和政治哲学中,"应得"概念常常被看作既是一个道德观念,也是一种分配公正(正义)的原则。不过,在作为分配原则的问题上,政治哲学家们对"应得"概念的持论却颇不相同。本文不在正面意义上讨论"应得"或"反应得"理论所牵涉的诸多问题,而是在承认和接受"应得"这个概念的前提下,尝试运用"应得"概念来分析《荀子·强国》篇有关"子发立功辞赏"的案例,并从中揭示和呈现出荀子对分配公正问题的一些特殊思考。

一、"应得"与"子发立功辞赏"

通过对主要的"应得"判断的分析,并结合《荀子》一书的文本,可以归纳出两点:第一,"子发立功辞赏"的案例,如果用"应得"式的公式来表示的话,可以表述为:子发(A)基于战功(P)而应得奖赏(B),此一表述在形式规定上符合作为分配公正的"应得"判断的基本要求;第二,奖赏(B)就其内容(功名、爵位、俸禄、粮饷等)上看,无非包括物质和精神两个方面,与"应得"判断规定中的B("奖金、报酬、收入、升迁、荣誉、赞赏、承认,等等")相类似。换言之,将"子发立功辞赏"的案例从形式到内容上纳入"应得"的分配公正的范畴内来讨论,应当具有理论的合理性和正当性。

二、子发凭什么"受赏"?

从《荀子》一书给出的文本看,子发之所以受赏是基于他的战功。子发受赏满足以下条件:战功是因子发而有的,子发有意去实现和完成此一战争的胜利。因此,"子发'应得'奖赏"这一判断不仅体现出分配的公正,具有道德的激励作用,而且也会使这个世界变得更加美好。此外,子发受赏不仅仅只是个人道德意愿的选择问题,也不是单独某一个人的做法,而是历代圣王治国的原则,也是治理国家必须遵循的大法。作为一般的德行意义的奖赏,子发有理由推辞,但作为治国原则和大法的要求,子发没有理由推辞。

三、"子发辞赏"的理由

在子发的说辞里,此一战争的获胜是由一些外在的客观因素造成的,因"运气"而获得战争的胜利,不需要也没有理由受赏。因此,奖赏对他而言就不属于"应得",他不能因此而受赏。应当拒绝将"子发只是'碰巧'担当了战争最高统率角色"的可能解释理解为一种"环境运气"的这种"假设",因为即便子发基于只是碰巧担任了战争最高统率的"运气"的假设成立,子发因已有的战功接受奖赏也符合"应得"概念。因此,子发虽然自己提出了"不应得"奖赏的理由,但这种所谓的"理由"并不是一个合适的、好的理由。

四、作为分配原则的"应得"

子发受赏的理由体现出作为分配原则的"应得"。作为具体的"应得"判断常常指代制度性的事实,例如,当我们说"子发应该得赏"时,它意味着"应该得赏"的背后已经有相应的适当的制度作前提。因此,我们的"应得"判断常常是由已有的制度所孕育和蕴含的,"子发应该得赏"作为一种制度性的分配原则置于荀子的整体思想中。在荀子那里,作为"应得"的赏(罚)已显然不仅仅只是一种道德的含义,而是将赏(罚)视为国家治理体系中的一项公正的分配原则来对待的。

五、"应得"、平等与公正

荀子主张或赞成"应得"理论,那么,荀子是一个反平等主义者吗?荀子的"应得"主张与他的差等分配原则两者之间是相互一致的,同样具有"反平等"的特点。换言之,荀子的"差等"与"应得"主张与平等的分配原则是对立的。不过,在荀子看来,人虽然有职业、等级、贵贱等的差别,并会因这种差别而有"应得"的厚薄,但这些差别不是僵死的、固定不变的。因此,实际上,他认为机会是向所有人开放的,这符合公开性、普遍性和形式公正的要求。

六、结语

依荀子,子发接不接受奖赏已经不是单纯个人的道德意愿问题,而是涉及治国的"道、法"问题,涉及先王所制定的分配制度能否有效地发挥作用的重大问题。因此,在荀子看来,子发辞赏意味着先王制定的分配制度的失败,而这是荀子无论如何都不能接受的。若由此进而推之,所谓奖赏,若作为德行意义而言,人们自可以推辞;但若作为分配的制度和法令而言,则任何一个人都没有理由推辞,此一判断当是一个可普遍化的判断。

《墨经》"利"之辨析　　武云,伦理学研究,2021(4)

西方学者往往倾向于对《墨经》中说明"利"这个重要概念的文本"利,所得而喜也"作快乐主义式的解读,认为墨家在此是把"喜"或"快乐"等同于"利",或者作为"利"以及道德正当性的标准。但实际上,墨家在此处只是对"利"进行了语义和元伦理学层面的说明,并非在表达任何一种道德上的规范性立场。快乐主义式的解读对《墨经》甚至整个《墨子》文本包含的对元伦理学和规范伦理学层面加以区分的意图认识不足,与《墨子》其他地方明确表达的规范性立场不一致,其错误在很大程度上源自将西方规范伦理学的框架套用于早期中国哲学的这一常见但却值得商榷的做法。

一、快乐主义式的解读

学者们易于对《墨经》中对"利"的这条解释——"利,所得而喜也"(后文简称A26)——作快乐主义式的解读,如万百安(Van Norden)、葛瑞汉(A.C Graham)和方克涛(Chris Fraser)。本文论证指出,墨家此处并未表达快乐主义的规范性立场,而是试图在语义和元伦理学层面对"利"这一语词、概念加以解释,基本不涉及实质的规范性道德立场。本文所主张的这种解读具有的优势在于,它更符合前期墨家文本中已经开始体现的对核心伦理学术语做两个层面划分的意识,也更符合《墨经》的语境和特点,还与墨家在《墨子》文本其他地方表达的关于"利"的规范性立场能够更清晰地保持融贯。

二、两个层面的区分

早期墨家著作中体现出对元伦理学和规范伦理学立场两个层面加以区分的意图。墨家对"利"这一语词的运用也不例外。基于其规范性立场，他们提倡"交相利""兴利除害""兴天下之利"，但对"窃异室以利其室""贼人以利其身""乱其家以利其家"这些明确加以反对、谴责的求"利"行为及其所得的"利"，依然用"利"来指称。墨家在元伦理学和规范伦理学两种不同层面使用核心术语的现象，对于我们理解《墨经》对"利"所做的定义是有意义的。

三、《墨经》的语境

我们发现，《墨经》更明确体现了上一节指出的对两种层面做区分的意识。《墨经》很大程度上延续了前期墨家对其自身的规范性立场和元伦理学层面进行区分的意图。在此，墨家观察到，人们是在就"利"这个主题进行争辩，他们关于"利"的语义理解本身仍然具有统一性，只是关于"利"应当是什么存在分歧罢了。墨家正是在这种无争议、共同的语义层面用"所得而喜"来描述"利"。而且这种描述和定义在很大程度上可以看作对日常语言中人们如何指称"利"所进行的一种语义说明。这种语义说明与人们将某种事物视为"利"的判断在道德上是对是错、是否可接受是两回事。

四、规范性立场的融贯性

从墨家文本在规范性立场上的融贯性来看，快乐主义的解读是不妥的。我们发现，快乐主义的规范性立场与墨家在其他地方表达的规范性立场具有明显的不一致甚至相冲突。第一，墨家在其他地方并没有将"利"归结为快乐。第二，他们也没有以快乐作为道德正当性的标准。将 A26 视为墨家在语义而非规范性层面对"利"做出的解释，那么，不融贯的问题基本就不存在了。而且，我们还能更好地理解墨家的"是非利害之辩"的本质，在于按照"是非"的规范性标准对于"利害"进行质的意义上的判断。

五、"利，所得而喜也"与"所欲之谓善"

深究学者们易于将 A26 视为快乐主义的规范性立场的表达的原因，可能涉及中西哲学的差异。我们倾向于将 A26 解读为墨家在语义和元伦理学层面对"利"进行定义，它并不说明墨家在此持有快乐主义的规范性立场，甚至并不涉及墨家的任何规范性立场。另外，以"可欲性"在元伦理学层面解释道德不仅是墨家而且也是整个早期中国哲学一个颇具特色的做法,它并不说明这些学说采取了与义务论相对立的规范性立场。大而言之,直接套用西方规范伦理学的概念和框架的做法可能会导致忽视甚至误解中国哲学自身的特质,这是值得反思和商榷的。

全球气候责任与结构性非正义　　孙丰云,伦理学研究,2021(4)

全球气候正在发生剧烈而迅速的变化。全球气候变化关系到如何以最公平的方式来处理由此造成的负担,因此它不仅是个纯粹的气候问题,而且还是一个重要的伦理问题。本文通过对严格道德责任(Strict Moral Responsibility)概念的分析,发现无论是将气候变化归因为个人责任还是集体责任,都会面临难以克服的障碍,可以认为它超越了传统道德伦理观的界限,从而呼唤一种全新的思想,至少应该期许更能符合人们道德直觉的新责任观。为此,笔者借鉴了艾瑞斯·杨的"结构性非正义"理论对全球气候责任进行新的诠释,旨在揭示气候责任是基于社会联系模型的前瞻性责任,这种诠释不是对传统观点的否定和替代,而是一种更易被明察的补充。

一、一个严肃的伦理挑战

该如何对全球气候变化进行道德评价?杰米森认为,传统的道德价值体系在应用到全球气候责任上存在重大的缺陷。加德纳指出了气候变化存在三个方面的道德问题:全球性问题、代际问题和因果关系问题。气候责任是对传统责任伦理的巨大挑战。气候变化所产生的影响在未来会比现在更大,而未来又充满了不确定性。在不确定性下讨论责任伦理绝非易事,甚至可以说传统责任伦理是失败的。

二、气候责任难以归责

毋庸置疑,人类对全球气候变化负有责任是有道理的,问题在于,找不到一个清晰的道德规范能够明确个人或集体承担相应的道德责任。而在应对气候变化的国际政策谈判中确切地需要个人责任或集体责任规范,以便明确个人或集体的地位和它们相应的义务,这是实践所亟须的。

三、基于宏观视角的"结构性非正义"

1. 什么是社会结构

在沃格尔看来,当今世界以资本主义为中心的社会结构出现了问题。沃格尔强调,人们应该理解世界是如何从人类自身的实践中产生的,因此就应该通过"分散决策程序"来改变人们的实践,进而承担起责任。环境问题是由社会结构产生的集体行动引起的,而社会结构本身又是集体行动的结果。由于生产、分配和消费会对环境产生影响,因此全球气候变化不仅是市场结构异化的结果,也是权力、暴力和不平等的结果。

2. 气候变化是社会结构性问题

气候变化应该作为社会结构问题而不单纯是个人或集体行动问题对待。从社会结构的角度来看,气候变化不是一个随机的偶然事件,而是社会结构"正常"运行的结果。气候变化与社会结构密切相关,有两个原因:第一,社会结构的观点让我们清晰地回溯责任的不同分配方式,这反过来又会影响我们看待气候的预防性责任;第二,社会结构使不同时间、不同地点、不同人的社会活动结合在一起,因此"纯粹"的道德责任将会由于基于视角的差异而显得不同,社会结构和集体行动的差异也就显而易见了。

3. 结构性非正义和社会联系模型

大量现象表明,气候变化本身就是一种结构性非正义。艾瑞斯·杨为解释结构性非正义提出了"社会联系模型"。根据社会联系模型,结构性非正义并不意味着个人不负责,而是因为在现有的社会结构中,我们无法对个人追究责任。也许个人对整个历史和由此产生的结构没有直接的因果责任,但我们仍然把个人置于一个不应得的特权地位,由此产生的责任不仅仅是个人道德责任的重新分配,也应是找出如何改变非正义的社会结构以及如何在个人的实践中不支持它们。

四、结语

基于结构性非正义视角的全球气候变化分析告诉我们,不能先验地说没有人负有责任,甚至没有人有错。社会联系模型使得以一种更简明的方式讨论气候责任成为可能,而不是让那些权力较小的人作为观众,看着气候变化所造成的灾难,然后辩论承担或不承担责任。社会结构视角并不意味着道德责任与个人责任无关,而是强调道德行为不是在真空中存在的。个人不仅成为与他人有关的主体,而且成为与文化、经济和制度有关的主体,从而担负相应的责任。

《资本论》及其手稿中的正义观释解　付文军,伦理学研究,2021(4)

正义问题是马克思政治哲学的核心议题。学界围绕"塔克—伍德命题"而展开的讨论貌似呈现了一个矛盾着的马克思和矛盾着的马克思正义论的形象。在唯物史观和政治经济学批判的"复调语境"中,马克思正义观的本真面貌得以呈现。具体说来,马克思向我们展示了根基于生产领域的、具体的、历史的实质正义。马克思不仅完成了对正义问题的哲学省思,还从经济学的视角展开了对正义问题的批判性阐发。他通过对工资问题的经济学解释而揭开了平等交易的"幻象",通过对剩余价值率的公式化呈现而交出了劳动力受剥削的"铁证",通过对资本主义占有规律的深层解剖而洞悉了资本主义虚假正义的"根由"。正基于此,马克思完成了对超越性、批判性的"高阶正义"的理论期许和擘画。总之,《资本论》及其手稿呈现了一种独一无二的正义观,它堪称马克思的"正义论"。

一、正义问题的历史唯物主义阐释

正义的栖居之域:生产的还是分配的?在马克思的视域中,直截了当地确证了生产和分配的关联:"分配本身是生产的产物。"分配、交换和消费领域的"问题"都是由生产所决定的,若是聚焦于前者去探析公平正义问题,显然是无法把握住问题根本的,也无法切实有效地破解正义难题。

正义的理论性质:抽象的还是具体的?在对"原则决定现实"的思辨主张和"永恒正义"的形而上学思维的历史性批判中呈现出正义的具体性和历史性。一方面,正义范畴作为社会关系的抽象表达,是生产关系的理论表现。另一方面,马克思以历史的眼光和辩证的视域瓦解了"永恒正义"的立论根基,继而将正义视为具体的、历史的存在。

正义的理论转向:形式的还是实质的?针对资本主义的正义幻象,马克思直戳造成幻象的根由——资本主义生产方式的不正义。实质性的正义必须是合乎人性的,也是各种矛盾得以化解的理想正义。只有在实质性的正义中,在社会调节生产的理想社会中,每一个人都可以在"任何部门内发展"并依凭自己的兴趣和才能选择所喜爱的职业。

二、正义问题的政治经济学剖解

工资:平等交易的幻象。特殊的生产方式创造了特殊的分配方式——工资制。马克思准确地戳破了资本主义工资所塑造的平等的"神话"。工资并不是货币所有者和劳动力占有者在劳动力商品市场上的平等交易。此外,工资也不是工人劳动创造价值的全部。工人的所劳与所得并不成正比,他们劳动得越多反而失去得也越多,受到的剥削越深重。

剩余价值率:劳动力受剥削的铁证。马克思深入到资本主义生产方式内部,精准地找到了资本增殖和获利的"源泉",并在对剩余价值的全面分析中直观地呈现了劳动力遭剥削的程度。资本所彰显的关系并不是什么平等、正义的关系,而是一种强制性的关系。马克思对资本主义生产方式的批判是实质性的,对资本主义形式正义的驳斥也是彻底的。

资本占有规律:虚假正义的根由。在资本主义生产方式中,资本逻辑的展开是资本主义优越性的体现。在资本主义生产过程中,原来的商品生产规律就转变成了资本主义生产规律,原本的商品所有权规律也就为资本主义的占有规律所替代。正是因为资本主义的占有规律,才产生了权力异化和剥夺工人的事实。

三、"高阶正义"的理论擘画与超越特质

马克思的正义观是高于思辨哲学和古典经济学的,他的正义观带有强烈的批判性和超越性。"高阶正义"即实现共产主义正义的正义论。未来的"高阶正义"决不单单是那种围绕着生产资料和生活资料的均等、齐一的分配,而是一种全新的合目的性和合规律性的社会结构安排,是一种更为合乎人性的"自由个性"模式。同时,这样的"高阶正义"也是可以实现的,马克思从物质世界和精神世界展开了双重求索。就物质层面来说,"高阶正义"的达成需要有雄厚的经济基础和现实的阶级基础。

在《资本论》及其手稿中,马克思确定了正义问题的唯物史观理解范式,并勘察了正义问题的经济根基。马克思携《资本论》及其手稿"出场",就标示着他要通过经济的方式来阐释、化解政治难题,也标示着他要通过揭示政治和经济的内在关联而理据充分地说明资本主义制度的"自我摧毁",亦标示着他要践履"改变世界"的政治哲学宣言。

古代徽商的"贾而好儒" 刘金祥,学习时报,2021-04-02

徽商是我国古代著名的商人群体,始终恪守"诚信为本、以义取利"的经营理念,与晋商、浙商、粤商共同构成中国古代四大商帮。迄今为止的众多研究成果表明,"贾而好儒"是徽商的重要特色和主要价值追求。徽商们或者"先儒后贾",或者"先贾后儒",抑或"亦贾亦儒","贾"与"儒"的有机统一和高度融汇,是众多徽商成为"儒商"的重要标志。

徽州人的宗族是以血缘关系作为纽带,以对一个祖先的尊奉作为核心,通过家族成员的不断叠加而逐步形成的。这种由家族成员叠加所建构起来的乡村社群,与著名社会学家费孝通先生所提出的中国传统乡土社会结构的差序格局是相对应的。由于"徽州中家以下皆无田可业",于是徽州人外出经商以图生计,这些在外经商的徽州人注重宗族的情感维系,主张奉行以"三纲五常"为重要内容的儒家伦理道德,儒家的伦理道德思想遂成为徽商的情感起点和价值归宿,也是支撑他们好儒立场的心理基础。

当万千徽商以好儒态度从事商业活动时,他们的行为深深根植于儒家伦理道德的认知体系中,所以他们便成为儒家思想在商业领域的倡领者和践行者,他们的商业行为自然地表现出"贾而好儒"的趋向和表征。千百年

来,徽商之所以"贾而好儒",其原因主要有两个方面。一是商业发展的内在需要。徽商要厘清商品与货币的逻辑关系,必须学习和谙熟商业知识,统筹兼顾商业与其他行业的联系,这就需要像儒生参加科举考试一样注重学习。二是徽商完善自我品格的重要手段。古代徽州素有"礼让之国"的美誉,尤其在南宋著名理学家朱熹思想的熏染下,敬儒崇学的人文氛围日趋浓郁,其时很多徽商经过朱熹理学思想的潜移默化,加之许多人从小就接受了比较良好的儒学启蒙,儒家的价值观念和伦理道德,自然就成为徽商立身行事、从商事贾的思想指南。

徽商信守的经营信条是"讲道义、重诚信""诚信为本、以义取利",这也许就是他们经商成功的奥秘之所在。儒家思想博大精深,但其蕴含的以义统利、以义取利的思想始终为徽商所秉持和恪守,徽商的"见利思义、以义为利"的义利观不仅来源于儒家思想,而且为儒家思想注入了新的内涵。

马克思商品拜物教批判的伦理向度　　赵佳佳,道德与文明,2021(5)

"批判"是马克思哲学的主要基调,对马克思伦理向度的探求也要进入到其对资本主义生产关系批判的语境。在《资本论》中,马克思对"商品"进行了科学而深入的分析,他认为商品拜物教颠倒了人们对物的伦理认知,割裂了人与人的伦理关联,将资本主义社会的道德扭曲和价值沦丧充分地暴露出来,让宗教的虚幻伦理和抽象的形上伦理失去了神秘外衣,这彰显了马克思商品拜物教批判具有的深刻而鲜明的伦理向度。

一、马克思商品拜物教批判伦理向度的总体特质

马克思对商品拜物教的伦理批判不是一种以"结构、系统和关系"为逻辑框架的科学主义的实证立场,也不是一种"空洞的、抽象的"人道主义立场。因为,以实证主义或抽象人道主义的态度和方法无力挖掘商品拜物教产生的根源,更没有能力揭露资本主义制度的本质。因此,内蕴着价值、伦理、道德原则的历史唯物主义是马克思批判商品拜物教的革命武器。马克思站在人类解放的价值立场上,根植于现实的个人原则,在历史唯物主义的解释框内进行伦理批判。

二、马克思商品拜物教批判伦理向度的基本环节

马克思商品拜物教批判具有三个基本环节:其一,生产者认为商品似乎是物的自然属性,针对这一观点,立起"人化世界"的伦理向度;其二,这种所谓的自然属性似乎具有超自然的神秘性,针对这一观点,立起"现实历史"的伦理向度;其三,这种所谓的神秘性似乎支配着生产者的命运,针对这一观点,立起"人的自由和个性"的伦理向度。

三、马克思商品拜物教批判伦理向度的现实意义

马克思商品拜物教批判伦理向度的理论主题是扶正"一般的抽象"对"现实的个人"的颠倒,这一主题蕴含着重要的现实意义。从方法论角度看,"人类历史的动物时期"充斥的各种虚幻崇拜和信仰,其本真面目就是历史活动的具体产物;从结论层面看,马克思通过对资本主义制度的批判,揭示了商品拜物教导致伦理幻象的实质是对人与人之间社会关系的虚幻;从价值层面看,社会主义市场经济虽然依然存在拜物教现象,但要在"人的自由和个性"伦理价值实践中现实地扬弃它。

功利论及其交易伦理观 李欣隆,南京师大学报(社会科学版),2021(5)

功利论或功利主义是具有长久与广泛社会影响的伦理学说。归类概述古典功利论的核心思想,梳理条陈现代功利主义的主要流派及其伦理主张,缕析功利主义在质疑与辩驳中的思想发展脉络,是全面把握功利主义伦理思想的基础。基于功利主义的思想主旨,凝练概括功利论交易伦理观的主要特征,既是交易伦理学深化研究的重要方面,也是新时代正确评价交易行为道德性的前提。

一、古典功利论的核心思想

边沁在吸收休谟的"功利"思想以及普利斯特利(Priestly)《政府论》中的"最大多数人的最大幸福"短语基础上,创立了他的功利主义伦理学说。第一,边沁从人的苦乐原理出发,对"最大多数人的最大幸福"原则进行了论证。第二,边沁把"最大多数人的最大幸福"原则作为社会个体与政府行为遵循与评价的道德标准。第三,边沁论述了苦乐的计算与行为的选择。第四,边沁把"最大多数人的最大幸福原则"贯彻到政治和立法中。

穆勒继承和发展了边沁的功利主义思想。第一,穆勒提出了快乐具有量和质相区别的思想,认为人们快乐的质量是人优于动物的重要特征。第二,穆勒通过对"功利主义"概念的准确表达,为"功利主义"做了辩护,证成了功利主义与利己主义尤其是极端利己主义的区别。第三,穆勒在坚持"功利原则"和"最大多数人的最大幸福"原则的同时,肯定了利他行为的合理性,并提出了自我牺牲的必要性。第四,对于道德的约束力问题,穆勒主张内在制裁与外在制裁相统一。

二、现代功利主义的主要流派及其核心思想

现代功利主义因思想家们理论侧重点不同,产生了行动功利主义与准

则功利主义两大流派。二者的主要区别在于,行动功利主义依据"最大多数人的最大幸福"的道德原则对行为后果进行直接道德判断,准则功利主义用此原则衡量行为所遵循规则的正当性。

在行动功利主义者看来,人们无论是在行为选择中还是在行为评价中,依据和标准是行为结果的最大化效用或功利。行动功利主义的这一核心思想,常常忽视"常识道德准则"和"正义"原则的普遍性和重要性。在功利与正义的关系问题上,行动功利主义态度鲜明地表示,要坚持功利原则的优先性。

准则功利主义主张,应该把功利原则或效用原则作为行为的普遍道德准则,强调遵守道德规则的重要性,反对为了追求履行规则之外的更大利益而舍弃遵守规则的做法。

三、功利论蕴含的交易伦理思想

功利主义由于与市场经济的利益价值取向最为密切,是影响人们交易经济活动的重要伦理学说。其蕴含的交易伦理思想,可以从四个方面进行概括。

第一,功利主义肯定人们遵守交易道德动机的功利性。在功利主义者看来,由于交易行为是不同社会成员或社会组织之间以彼此的利益满足为目的的社会交往行为,因此,交易行为动机的功利性是鲜明的,而且也是允许的。只要交易行为的结果有助于实现"最大多数人的最大幸福",增加了交易双方的福祉,那就是道德的行为。第二,功利主义强调交易行为利益获取的正义性。交易双方都是为了满足自身利益才去实施交易活动的,但交易所获利益,要基于双方正当权利和利益的维护。第三,功利主义强调诚信原则的重要性。穆勒认为虚假失信行为不仅破坏人们之间的信任关系以及社会福利,而且瓦解人类文明与道德的基础。在布兰特看来,诚实、不说谎、遵守契约等都是自明的义务,需要人们普遍遵守,例外是有条件的,但这个条件绝不是个人利益最大化。第四,功利主义主张依靠内外制裁力维护交易伦理秩序。边沁主张对于那些违背诺言的非正义行为,必须给予法律上的惩处。穆勒也同样认为,对于那些违背承诺或侵占他人利益的非正义行为,必须要受到社会外在制裁力的惩罚。

功利论昭示了"利导行为"对交易伦理秩序形成的可行性。但交易伦理的建设,不能仅停留在功利论的行为合乎规则上,还要倡导交易者具有义务论的出于道德坚定性以及美德论所倡导的良善道德品德。

义、利不可以轻重论——儒家义利观考察　金富平,江淮论坛,2021(5)

儒家义利观一般被认为是重义轻利,但实际上,孔孟儒家认为义、利二者是异质的、不可通约的。这就是说,义、利在价值上是不能进行所谓的轻重比较的。儒家义利观之所以被认为是重义轻利,是因为混淆了义利观和义利之辨这两个实际上截然不同的概念。义利观是关于道德与物质利益关系问题的思想认识,儒家的义利观既不是重义轻利,也不是义利并重,而是见利思义;儒家义利之辨是心理动机上的怀义、怀利之辨,是儒家基本的修身实践功夫。对二者的辨析,有助于消除对儒家义、利价值观的误解,也有助于重新发现义利之辨在儒学中的重要意义。

一、义、利不可以轻重论

一般认为,轻、重是就价值而论的,重是重要或重视的意思,轻是不重要或轻视的意思。从价值上看,义、利各具独特的重要价值:义是人之为人的必要条件,利是满足人们生活需要的基础条件。对此,有以下几点可以明确:第一,义是性内之物,利是性外之物,故二者异质;第二,再大的利对义亦无可补益,故二者不可通约;第三,义可以生利。可见,义、利之间不是双向互通的,只能从义通往利,而不能从利通往义。既然义、利二者异质不可通约,那么在义、利之间显然就不能进行价值上的衡量比较,因为二者之间不存在一个统一的价值衡量标准。因此,凡是说义重利轻、利重义轻或义利并重者,都过于简单化了。

二、义利观与义利之辨的混淆

学界普遍将义利观混同于义利之辨,这是对义利之辨误解的最显在例证。义利观是关于道德与物质利益之间关系问题的主张、观点或看法,它属于思想观念领域。上述关于义、利价值关系的不同看法,即属于义利观层面的讨论。然而,义利之辨是修身实践领域的一项关键功夫,它虽然不能脱离思想观念层面,但远非思想观念层面可以涵盖。

义利之辨实际上是指怀义、怀利之辨,或者说是喻义、喻利之辨。义、利在这里不是价值论意义上的义、利,而是动机方式上的义心、利心。关于义利之辨,还有一个重要的问题必须做出说明,即义、利对立的问题。在义利之辨的内涵中,义、利分明是对立的。

三、儒家义利观和义利之辨的内涵

儒家义利观可以用孔子所说的"见利思义"来概括。"见得思义"即"见利思义"。"见利"是一种事实状态,处理这事要以义为准则,所见之利合乎道义的,就是应该得的;不合乎道义的,就是不应该得的。见利思义固然是对见利忘义的否定,但它也是对"一味弃利"的否定。见利思义并不否定利,更没有将义、利在价值上对立起来,它承认义、利各具独特的重要价值,都是不可或缺的。见利思义与重义轻利无论在语义上,还是在行为指向上,都是截然不同的。

前文已述,义利之辨是宋代理学家在孟子义利之说基础上的深化和细化。孟子义利之说的核心思想是"要怀义,不要怀利",这一思想所包含的重要意义有多个层面。怀利的结果非但没有利反而有害,怀义的结果则未尝不利,这是"要怀义,不要怀利"思想所包含的第一层意义。这一层含义与西周以来的"义以建利"思想是一致的。"要怀义,不要怀利"这一思想所蕴含的第二层重要意义是它可修身成德。

资本伦理学是门独立学科吗?　　李志祥,中国社会科学报,2021-05-26

作为现代社会迅速崛起的"新贵名流",资本既因可能促进社会繁荣而广受欢迎,又因可能制造社会问题而备受警惕。能否将资本纳入人类道德和法律的轨道,使资本成为推动和保障社会发展的积极力量,始终是现代社会重要的课题。《资本伦理学》(余达淮著,中国社会科学出版社2020年10月版)聚焦资本的伦理制约问题,首次提出"资本伦理学"概念,并尝试建立资本伦理学学科。该书思考的重要问题是资本伦理学能否成为一门独立的学科。

一、资本能否具有道德?

要想成为一门独立的学科,其必要前提是"资本伦理"这个核心概念必须成立;而这个核心概念能否成立,取决于资本能否具有或者分享道德。资本可以通过两条途径具有道德:途径之一是"外灌"。在这条途径中,道德是外在于资本的规范,通过外灌进入资本内部。"外灌"之所以可能,是因为资本存于社会之中,必然受到各种社会因素的制约,包括现有的社会制度和人们的道德观念。途径之二是"内引"。在这条途径中,道德是内在于资本的要求,通过内引从资本内部生长出来。"内引"之所以可能,是因为资本作为一种独立的社会力量,其自我实现必然要求与之相应的规范,如公平、信用、服务等。在这个问题上,该书的贡献在于确认了资本的善恶双重本性,进而找到了资本与道德结合的可能途径,即道德规约可以通过影响资本利润的方式进入资本,从而为资本伦理概念奠定了坚实根基。

二、成为独立学科是否必要？

资本伦理学能否成为一门独立的学科,还要取决于它是否具有成为一门独立学科的必要性。资本伦理学首先与资本学、经济学联系密切。而资本伦理学既要体现资本的运行规律,也要体现社会的伦理要求,会从内外两个方面对资本进行双重伦理限制。该书提出的资本伦理六大解读模式,其共同本质就在于对资本本身进行批判性解读。从这个意义上说,只有将资本伦理学从经济学中独立出来,才能真正挖掘资本的伦理意义及其道德规制。资本伦理学与企业伦理学及经济伦理学关系更为密切。资本伦理学是经济学与伦理学的交叉学科,从本质上说更偏向于伦理学。资本伦理学与企业(家)伦理学各有其特殊的对象和要求,因而需要作为彼此独立的学科才能得到更好发展。

三、成为独立学科有无可能？

资本伦理学就是一门关于资本伦理的学科,其研究对象只能是资本伦理,即资本在运行过程中所体现出来的伦理特质。展开来说,可以区分为三个方面。一是由资本运行引发的伦理关系,包括资本与自然的伦理关系、资本与社会的伦理关系以及资本与人的伦理关系。二是资本运行应遵循的道德要求,包括资本本体的道德检视和资本运作中的伦理制约。三是资本运行所需要的社会道德环境,包括相关人员的道德观念以及社会制度的伦理水准。资本伦理学的基本问题是资本与道德的关系问题,因为一方面它是一切资本伦理问题产生的根基,另一方面它同时贯穿在所有的资本伦理问题之中。

作为一门独立的学科,资本伦理学必须具有相对完整的核心范畴体系。书中分析了四对核心范畴,分别涉及资本的四重伦理关系。"剥削"与"贫困"涉及资本与劳动者的伦理关系,"服务"与"信用"涉及资本与消费者的伦理关系,"自由"与"时间"涉及资本与自然的伦理关系,"共享"与"发展"涉及资本与社会的伦理关系。从总体上看,这四对范畴基本上涵盖了资本伦理的全部重要方面,构建起一个具有内在联系、相对完整的范畴体系。

要成为一门独立学科,资本伦理学需要做到三点:第一,要有更强烈的学科意识;第二,要有更明确的概念界定;第三,要有更系统的伦理规范。显然,资本所应遵循的伦理原则和道德规范应是带有资本适用性的伦理原则和道德规范,即真正适用于资本实现过程的伦理原则和规范。

资本逻辑的现代审视与道德批判　阳旸、刘姝雯，伦理学研究，2021(6)

资本逻辑内含人与人之间的关系，内在天然具有道德属性，虽然其道德属性蕴含积极因素，但马克思对资本逻辑的伦理道德批判否定了资本无限追求剩余价值、无止境汲取利润与自我增殖中支配各种生产要素、剥削与异化生产者的社会意识形态。资本逻辑"去道德化"的趋势突破法律、违背道德，驱使人依自利与贪婪的本性而行动，导致公德秩序、精神基础与文化逻辑被侵蚀、瓦解与重塑。现代金融资本主义的出现更是助长资本逻辑扩张权力，支配现代社会的运行和发展，加剧两极分化以及价值关系的颠倒与扭曲，造成生态破坏、经济危机、道德滑坡等问题。因此，应当坚持以人为本，以社会和谐思想驾驭资本逻辑，建立同我国社会主义市场经济相适应的道德规范与法律制度体系来约束资本逻辑。

一、资本逻辑的分析和反思

资本并非纯粹的"恶"，它不是"非道德"的，本身与伦理紧密相关。从20世纪70年代开始，资本逻辑从实体经济产业资本运行与循环框架中跳出来，衍生出新的表现形态，即金融化。这种特殊形态的资本逻辑从更深层次上将生产关系与生产力金融化为金融资本，使"人的需要"和"人的规定"让位于"资本的范畴"和"资本的属性"。因此，资本逻辑所蕴含的内在冲突在诱导和驱使人们争取利润最大化的同时也带来无数苦难，导致促进精神文明和社会道德前进的"积极属性"与追求利益攫取和价值增殖的"消极属性"之间产生了难以消弭的尖锐矛盾。

二、资本逻辑的道德批判

马克思从劳动二重性与剩余价值的理论线索、根据资本主义生产方式以及资产阶级社会的运行规律多层次展开对资本逻辑的分析与批判。资本逻辑是资本永无止境地追求自身利润最大化与价值无限增殖的趋势和规律，它支配各种物质资料与劳动力，愈发巩固其无法撼动的统治地位，控制整个经济社会的运行机制与发展过程，不断加剧社会分化，引发伦理道德与文化精神的各种矛盾。

马克思对资本逻辑的不道德消极属性做了全面深刻的伦理批判：第一，从动机、目标和机理上，资本的运营和发展都呈现了人性贪婪、恐惧、自私和粗暴等消极效应，也决定了资本逻辑的运转是侵犯他人权益的过程。第二，资本逻辑是促进资本不断实现自我增殖与无限扩张膨胀的社会意识形态，它的目标是无止境地攫取剩余价值，实现利润的最大化。第三，资本逻辑更加体现为金融资本的逻辑，演化为社会经济运行的基础规则、意识形态、价值尺度,作为一种无限扩张的权力,它支配着整个现代社会的运行和发展,体现人的自利与贪婪,排斥利他的伦理道德。

三、启示:资本逻辑的路径规制——一种伦理学的视野

资本逻辑在充分发挥推动生产力发展、促进物质财富积累的各种显著的积极效应的同时,其所带来的消极、不道德的影响更加需要引起重视,不可回避其现实存在,不可忽视它在政治、经济、文化、道德等领域的渗透与深化。一是以社会和谐思想驾驭资本逻辑,防止资本异化。在构建高水平的社会主义市场经济体制的过程中,资本逻辑只能是一种载体、一种方式、一种工具,要以伦理道德来驾驭资本逻辑,警惕、预防与遏制其所带来的负面消极影响。二是坚持以人为本,贯彻"属人"及"为人"的资本逻辑。我们应坚持以人为本,将"道德人"与"经济人"相统一,促进经济主体的内在道德观念和外部的道德实践充分形成,综合新时代社会主义市场经济发展的现实情况,不断完善平等、自由、共享的应有之义。三是以制度建设保障伦理道德对资本逻辑的约束。社会中的伦理道德规范需要有相应的制度保障才能真正约束资本逻辑。

因此,我们应继续构建与社会主义市场经济相适应的伦理道德体系,不断完善中国特色社会主义法律体系,加强制度建设,把资本逻辑关进中国特色社会主义经济制度的笼子里,在党的领导下通过经济的高质量发展满足人民日益增长的美好生活需要。

论马克思劳动价值论的政治哲学意蕴——从罗尔斯对马克思的质疑谈起 李无双、孙寿涛,求是学刊,2021(6)

在《政治哲学史讲义》中,罗尔斯将马克思劳动价值论驳斥为"不充分"且"多余"的,反对马克思在劳动价值论中对剥削的定义,主张分配正义优先于生产正义。而马克思劳动价值论理论内涵中有着丰富的政治哲学意蕴,"劳动是唯一的价值源泉"是马克思正义诉求及对资本主义批判的理论依据和逻辑起点。罗尔斯未能理解这一理论依据的真正要义所在,从而对马克思劳动价值论做出了有失偏颇的批判。

一、分配正义优先于生产正义:罗尔斯对马克思的批驳

罗尔斯对马克思劳动价值论所做出的两点"批驳",是与其针对资本主义社会正义的建构方案——分配正义方案紧密相关的。罗尔斯将分配正义作为社会正义的根本原则。因此,当他面对马克思劳动价值论所要求的生产正义时,便持否定和质疑的态度,主张分配正义优先于生产正义。与

作为产品分配前提的剩余劳动的生产存在状态相对,罗尔斯给予更多关注的是一种分配的正义制度安排。他对分配正义的强调,其实隐藏了他希望通过对收入、财富和劳动产品分配的制度调控,以使资本主义剩余价值分配的不正义得到些许匡正的意愿,或者说是使社会及其生产的非正义看起来不那么严重。罗尔斯轻视了分配正义背后的生产正义问题,这一轻视同时也导致了他对马克思劳动价值论的片面理解。

二、马克思劳动价值论的正义诉求:一种可能的政治哲学阐释

马克思劳动价值论通过论证劳动在生产当中的关键性作用,强调了生产资料为广大劳动者共同所有的必要性,同时揭示出,正是私有制使生产资料等生产要素无法为社会劳动者所平等自由地获取和使用,使劳动者无法进行自由自觉的劳动。而针对资本家及土地所有者在私有制下的"不劳而获",马克思在分配问题上给出了从"按劳分配"到"按需分配"的正义分配方案。

三、"劳动是唯一的价值源泉":对罗尔斯"批驳"的批驳

虽然罗尔斯从正义的角度对马克思劳动价值论进行了政治哲学层面的思考,将马克思劳动价值论的社会正义诉求总结为"人人平等地拥有获取和使用社会生产资料的权利,人人平等地拥有与他人合作制定公开民主的经济计划的权利,人人平等地分担社会工作",这对我们用现代视角去丰富对马克思劳动价值论的理解有着诸多益处。但罗尔斯在指出以上马克思劳动价值论的正义诉求后,转而又认为这种诉求所指涉的"完全共产主义社会是不值得欲求的",因为他认为"这样的社会不依赖人们的正义感",这在他看来是难以理解和接受的,从而他将社会正义的期望又寄托在人们的"正义感"这种典型的主观道德的说教上,得出与马克思唯物史观理论整体大相径庭的结论。社会正义的实现,或社会非正义的消除,不在于强调主观上虚无缥缈的正义感,而在于不断发展人类生产力,使现实经济和社会生活中人们之间不断发生的利益冲突和对立等一定社会历史发展阶段下的局限性问题,能随着"集体财富的一切源泉都充分涌流",即共产主义的最终实现而得到解决和克服。

行动伦理:论农业生产组织的社会基础 周飞舟、何奇峰,北京大学学报(哲学社会科学版),2021(6)

通过考察三个村庄的农业生产组织形式,分析家庭经营与规模经营的成功与失败之道,其中劳动力的雇佣、管理和监督是关键所在。家庭经营

的优势在于扎根于村庄的社会基础之上,充分利用了农民"内外有别"的行动伦理。经过案例的对比可知,外来企业的规模经营只要遵循这些伦理,也有可能通过"扎根"而获得成功。行动伦理也为中国特色的农业现代化道路提供了伦理资源。

一、农村生产组织的社会基础

家庭是生产和生活方式的核心,农民外出务工或返乡务农是一个复杂家庭结构分工决策的结果。首先,这种分工随着家庭结构变化而变化;其次,"家"随着家庭成员的分离而"撑开在城乡之间";最后,农村家庭进行农业生产时从事的产业类型、劳动投入和生产规模都与其家庭状况和家庭生活相匹配。家庭经营的韧性与中国文明的家庭本位文化密切相关,村庄的社会关系构成家庭经营的"社会基础"。"关系""人情"的深层基础不是社会交换的功能,而是一套基于家庭关系的伦理体系,徐宗阳称之为"内外有别"的行动伦理,即不同的关系对应不同的行动原则。

二、家庭经营的伦理基础

古嘉村香菇种植采用的是在政府和企业高投入前提下的"六统一分"模式,即"棚室、品种、菌棒、技术、品牌、销售"六个方面由企业统一负责,具体的生产经营环节由农户分户承包经营,这一模式取得了成功;而古嘉村的扶贫车间采取"保底+计件工资制度"则一直处于亏本经营状态,存在速度和质量的双重问题。两个案例的差异性充分说明了社会基础的作用:香菇种植案例中,家庭经营的合理性和效益在于建立在"帮忙"关系基础上的劳动,这种关系虽然无法监管,但有熟人间的行动伦理作保障,即亲戚、朋友和熟人间的互相体谅而非互相要求。而在纯粹的"雇佣"关系中,这种行动伦理就不会起作用,农民会待之以"外人"的伦理,这会带来各种各样的管理和监督问题。农业产业保留家庭经营为主的形式,不仅是出于扶贫减贫的需要,更重要的是能够充分发挥"社会基础"的作用,将生产组织形式扎根于农村的伦理基础之上,在很大程度上解决农村劳动力雇佣和管理的问题。

三、跨越家庭的生产组织

圆谷村百合种植户李海燕一家和其他十几户种植户自发形成了互助组,在百合种植和收获时,他们都会相互帮工,互助组中都是百合种植户及熟人,劳动过程一般是一天一户,组员之间讲究"自觉"。这种经营形式可以概括为"家庭经营+互助组",是家庭间一种有组织的合作形式,比古嘉村的"帮忙"更进一步。它最重要的特点就是避免将劳动交换变成"雇佣"

的市场性的关系,维持合作的最重要的因素是每个家庭是否能够自觉地遵循作为社会基础的行动伦理。

永红猕猴桃种植有限公司的负责人与农民喝酒,在谈判时接受了农民代表提出的获得更高分红收益的要求,打破了"内外有别"的伦理界限,最终与村民达成一致,以"保底(土地流转费)＋收益分红"的分配方式推动了土地流转工作。在管理这些村民方面,永红公司采取"网格化"的劳动力组织方式,"网格长＋班长＋农民"的方式实际上是通过层层叠叠的方式"扎根"到了村民的社会关系网络之中,劳动力的雇佣和监督也充分利用了"关系社会"中的行动伦理。

这两个案例表明,外来的农业产业组织"扎根"的过程,实际上是扎根于村庄的社会基础、融入农民的行动伦理的过程。

四、余论:农业现代化与传统伦理

现代化并非与传统社会结构和文化不相容,农业产业的家庭经营之所以能够解决农忙时期的劳动力雇佣和监督问题,是利用了农村中传统伦理的结果。中国特色的农业现代化道路应该是一条综合了家庭经营、家庭合作与规模经营等多元形式的社会主义道路,这条道路不但融合了中国人传统的行动伦理,而且有可能为中国特色的社会主义现代化道路提供伦理和价值的资源。

《孟子》首章与儒家义利之辨　杨海文,中国哲学史,2021(6)

直面政治资本对道德资本的傲慢,《孟子》首章设置并敞开的主题是义利之辨。它包括逻辑依次递进、含义逐渐展开的三个要点:一是坚守义以为上的原则,将道义当作最高原则;二是遵循先义后利的次序,将道义放在第一位,将利益放在第二位;三是追求义利双成的目的,不因道义而排斥利益,最终实现道义与利益的统一。《孟子》首章的义利之辨以道义论为特质、以原则政治为皈依、以理念利益为关切,是中国优秀传统文化的重要组成部分。《孟子》首章的"仁义"是守正创新先秦儒家集体智慧的理论结晶,并与《孟子》末章的"道统"首尾呼应,"道统"的"道"即是"仁义",使得义利观与道统论成为孟子思想的两大核心理念。

一、梁惠王之问:政治资本对道德资本的傲慢

正在走下坡路的梁惠王,其实根本不具备对孟子傲慢的本钱!这从他急迫地追问"不远千里而来,亦将有以利吾国乎",就可略见一斑。这个"利"字到底指什么?东汉思想家王充的《论衡·刺孟》曾说:"夫利有二:有货财之利,有安吉之利。惠王曰:'何以利吾国?'何以知不欲安吉之利,而孟子径难以货财之利也?"通俗而言,货财之利是指具体、有形的利益,可以用一串串数字来标识;安吉之利是指抽象、无形的利益,只能用一颗颗人心来表示。如果说货财之利是"1",安吉之利是"0",那么,"1"后面的"0"越多越好,一颗颗人心是一串串数字的切实保障。深入而言,货财之利是指物质利益,关涉财富的多与少、权力的大与小,属于利益政治;安吉之利是指理念利益,关涉拥有理想的信念、拥有正确的价值观,属于原则政治。只有以理念利益统帅并带动物质利益,利益政治与原则政治才能相得益彰、齐头并进。"货财之利""安吉之利"这对范畴有助于人们全面理解梁惠王脱口而出的"利"字,但王充显然误读了孟子不得不发的良苦用心。

二、孟子之答:"仁义"乃守正创新之结晶

孟子来到满目疮痍的魏国,焦头烂额的梁惠王最想从他那里得到立竿见影的社会治理方案。因此,"亦将有以利吾国乎"的"利"字,虽然含有安吉之利的成分,但更是赤裸裸的货财之利。针对政治资本的傲慢无礼,道德资本必然予以回击。孟子的回击是《孟子》首章的文字主体与思想主题之所在。

三、通观《孟子》:义利观与道统论的首尾呼应

"义利之辨"的"义",既要广义地解读为道义,这是从中国思想史看;更要狭义地解读为仁义,这是从《孟子》首章看。与"利"对言的"仁义",是孟子守正创新先秦儒家集体智慧并且水到渠成的理论结晶。它既关涉《孟子》首章的义利观、义利之辨,又关涉《孟子》末章的道统论、道统之传,仁义即道,道即仁义。基于道统论的"道"就是义利观的"仁义",义利之辨的"仁义"就是道统之传的"道",《孟子》一书得以匠心独运、首尾呼应,首章是功利与道义相互博弈的开局之篇,末章是仁义之道世代相传的收官之作,义利观与道统论因而成为孟子思想的两大核心理念。回到周广业那个大胆的猜测,这两章曾经位于原稿本《尽心下篇》的一头一尾,传世本则将它们调整为《孟子》的一首一末。尽管这个思想史秘密不可能得到验证,但它将永远温暖并激励着《孟子》承前启后、继往开来的一代代读者,尤其在对《孟子》首章掩卷遐思之际。

中国革命道德与新型经济伦理关系形成 张文君,中国社会科学报,2021-06-07

中国共产党在领导中国人民进行新民主主义革命的过程中,把马克思

主义与中国革命实际相结合,推动马克思主义伦理思想中国化,弘扬中华民族优秀道德传统,在生产关系的变革中促进新道德的生成与发展,从而形成了以实现社会主义和共产主义的崇高理想为最终目的、以全心全意为人民服务为核心、以集体主义为基本原则的中国革命道德。中国革命道德中包含丰富的新型经济道德思想,对红色政权区域的经济社会建设发挥了积极的作用。

从1949年新中国成立至今的70多年,是中国近现代史上最为辉煌的时期。全心全意为人民服务是中国革命道德的宗旨和核心。1939年,毛泽东就提出以是否"为人民服务"作为区别革命道德和一切剥削阶级道德的根本分界线。正是因为确立了"全心全意为人民服务"的宗旨,从根本上解决了"为什么人的问题",才能培养"毫不利己、专门利人"的精神,才能使广大党员和群众不断提升道德境界。"全心全意为人民服务"的宗旨和核心,决定了中国革命道德以集体主义为基本原则。"为人民服务"必然要求把人民的利益放在首位,这就必然要求以集体主义原则实现国家、集体和个人三者利益的统一。从根本上说,革命者的个人利益和集体利益是一致的,因为他们正是为了人民的利益而从事革命活动,他们的个人利益融于人民利益和革命利益之中。集体主义原则强调应当保障人民得到真实的利益,强调把人民群众的眼前利益与长远利益结合起来。在全心全意为人民服务的宗旨、核心和集体主义的原则基础上,中国共产党还在不同历史阶段倡导并形成了无私奉献、团结友爱、艰苦奋斗、谦虚诚实、勤俭节约等一系列革命道德规范。这些革命道德规范所体现的新型经济伦理观念,改变了人们的经济道德生活状况,也推动了新型经济伦理关系的建立。

刘少奇、周恩来、陈云对毛泽东的经济伦理思想进行了丰富和发展。刘少奇的经济伦理思想集中表现在他的"利益关系观"上。此外,他还提倡一种积极工作的劳动伦理观。周恩来深入阐述了毛泽东"为人民服务"和"为着大多数人民利益"的思想,提出正确处理集体利益和个人利益的关系,形成"公私两利"或"公私兼顾"的公私观。陈云进一步深化了毛泽东人民群众利益优先的思想,他的"建设有利于人民的社会主义经济"的论断,明确了经济发展的伦理本质。

毛泽东经济伦理思想研究　陆雯,中国社会科学报,2021-06-07

作为中国最早的一批无产阶级革命家,毛泽东坚持将马克思主义经济伦理思想与中国具体的革命和建设实践相结合,形成具有中国特色、适应中国国情的经济伦理思想。在民族矛盾和阶级矛盾交织、革命斗争和经济建设并举的复杂背景下,毛泽东从经济伦理视角对生产、分配、交换、消费四个经济活动环节进行了独特的阐释。

生产的目的是实现最大多数人的根本利益,毛泽东提倡"增产节约,为民造福"的生产伦理思想。第一,倡导勤劳耕耘,反对懒惰懈怠。不论在新民主主义革命时期还是社会主义经济建设时期,毛泽东都坚持劳动可贵、懒怠可耻的原则。第二,倡导节约型生产,反对盲目扩大生产。节约型生产包含三层含义,即节约人力物力、节约不必要开支、节约自然资源。第三,树立劳动榜样,激发劳动热情。人的道德精神、荣誉感和责任心对于促进劳动生产的发展具有重要的作用,对劳动英雄和模范工作者进行表彰,能够更好地发挥其在劳动生产中的带头作用。第四,生产的目的不仅在于满足人民的物质需要,还在于满足人民的精神需要。

分配的目的在于实现共同富裕,毛泽东提倡"按劳取酬、兼顾互利"的分配伦理思想。毛泽东在长期革命斗争和经济建设中指出:"平均主义的薪给制抹杀熟练劳动与非熟练劳动之间的差别,也抹杀了勤惰之间的差别,因而降低了劳动者的积极性,必须代之以计件累进工资制,方能鼓励劳动积极性,增加生产的数量和质量。"因此,他主张"按劳取酬"的分配原则,个人获得的分配资源应当与其付出劳动的数量和质量相匹配。同时,毛泽东也认识到,"在分配问题上,我们必须兼顾国家利益、集体利益和个人利益"。

交换的目的在于人民获取需要的使用价值。毛泽东肯定商品交换的正当性,提倡买卖公平的交换伦理。首先,毛泽东对于地主、资本家和奸商在交换过程中对劳动人民的剥削做出明确的批判,认为克扣斤两等买卖不公行为都是"昧良心"的。其次,毛泽东并不反对合法的商品交换,而是鼓励商品交换,适当发展资本主义经济。资本主义因素的发展目的在于实现社会主义因素的发展,这是"历史的必由之路"。最后,毛泽东强调买卖公平的交换伦理准则,强调在交换中必须保证"等价交换或近乎等价交换",既要保证交换中有利可寻,又要防止暴利的产生。

消费的目的是实现建设成果的共享,毛泽东向来反对享乐主义和禁欲主义消费,提倡勤俭节约的合理消费理念。毛泽东一生都奉行勤俭节约的思想,与群众同甘苦、共患难,不搞特殊化,而且他并不"独善其身",而是对子女及身边工作的同志都进行必要约束,防止他们陷入享乐主义旋涡。

邓小平经济伦理思想的基本原则　杨伟荣,中国社会科学报,2021-06-07

邓小平的经济伦理思想是邓小平理论的重要组成部分,其核心是研究和解决中国特色社会主义建设过程中义和利的关系问题。他运用马克思主义伦理学的基本原理,总结新中国成立以来社会主义建设的经验教训,以极具东方特色的"尚义贵利、义利相合"原则,科学地回答了社会主义市场经济条件下经济和道德两者谁是第一性、个人对待物质追求和精神追求应持什么态度、国家应如何统一物质文明和精神文明建设等一系列问题。他提出,社会主义应当充分肯定个人物质利益追求的正当性,同时倡导恪守社会主义道德规范,并且力争使两者完美地统一起来。这不仅为社会主义市场经济条件下加强物质文明和精神文明建设提供了理论指南,而且丰富和发展了马克思主义的伦理道德学说。

"因利致义",肯定个体物质追求的正当性。在他看来,"利"不仅包含劳动者个人在体力、智力的支出后获得的报酬,即属于个人正当物质利益的"小利",还包含个人在不损害他人和社会利益前提下获利的同时为社会创造财富、积聚整体利益的"大利";"义"则既内含个人利益与社会利益发生矛盾时,个人利益要服从社会整体利益的"大义",也内含国家要保护个人正当利益的"小义"。这就是说,不但个人要讲义,国家、集体也要对劳动者个人承担道义责任。

"以义制利",明确社会主义道德的规范性。邓小平的义利划分及其"因利致义"思维,决定了他在强调满足个人和局部利益这个"小利"的同时,必须兼顾国家和集体利益,实现共同富裕这个"大利"。当个人、集体、国家三者利益发生冲突时,个人应从全局出发,以民族大义为重,服从国家和集体利益。个人追求自身利益、追求先富的行为,不应损害他人、国家、集体利益,不应忘记共同富裕的目标,这实际是一种道义的约束。在追求物质利益的手段和一部分人实现先富的途径上,邓小平一再强调,允许和支持一部分人先富裕起来的前提条件是诚实劳动和合法经营。"义利相合",突出人类社会发展的全面性。邓小平坚持"两手抓,两手都要硬"的科学论断是对中国传统文化中义利统一思想的发展和升华,不仅赋予它新的内容,也使其获得新的表现形式。

综上所述,邓小平以"尚义贵利、义利相合"为基本原则的经济伦理思想,既是对社会主义建设实践经验的总结,又是对马克思主义伦理思想的新发展,充分展示了一名马克思主义者的唯物主义态度。邓小平经济伦理思想既是指导人们行为处世的观念和准则,又是指引社会主义市场经济健康发展的明灯。这一思想亦将随着新时代建设有中国特色社会主义的伟大实践而不断深入发展。

"中国梦"的经济伦理解读　尹娟,中国社会科学报,2021-06-07

党的十八大召开后,习近平总书记提出了"中国梦"重要思想和执政理念,"中国梦"就是"实现中华民族伟大复兴,就是中华民族近代以来最伟大的梦想"。"中国梦"既是经济的理想,也是伦理的理想;既是对社会经济发展目标的设计,也是经济社会追求至善的规划;既是当前中国社会发展的理想,也是习近平治国理政实践中重要的经济伦理理想。因此,"中国梦"必然具备丰富的经济伦理意蕴。"中国梦"包括三个层面的经济伦理目标追求,即国家富强、民族振兴和人民幸福,三者互为一体,相互支撑。

国家富强是首要的、根本性的。1949 年中华人民共和国成立后,尽管帝国主义国家仍在政治和经济等领域企图封锁和孤立我国,但在中国共产党领导下,我国已然成为世界上发展潜力最大的国家。改革开放后,我国开始逐步构建与完善中国特色社会主义市场经济体系,中国经济得到空前的快速发展,取得了举世瞩目的成就,中国逐渐走上富强的道路。当然,我们必须认识到,尽管我国经济发展速度和质量都达到了一定的高度,但是我国仍存在人均 GDP 较低、公共服务水平不足、社会保障水平不高等诸多问题,因此我们仍处于追求国家富强这一"中国梦"根本要素的道路上,仍要坚持和实现这一关键的经济伦理目标。

民族振兴是关键的、实质的。民族的强盛与否,直接影响国家是否兴盛、经济是否繁荣,决定着社会的秩序和文明。民族振兴包含三个方面:民族精神的振奋、民族道德境界的提升和民族能力的提高。昂扬的民族精神是民族振兴的重要体现,也是民族振兴的必然要素。道德是人自我完善的精神力量,是和谐社会构建的内在驱动力,一个优良的民族必然具备高尚的道德水准,拥有高尚道德水准的社会也必然能创造出美好幸福的生活。中国自古以来就被誉为礼仪之邦,其内在的精神核心就是德,高尚的道德水准正是几千年来中华民族孜孜不倦的追求。道德建设不仅是民族振兴的关键,更是治国理政的重要方略。

人民幸福是最终经济伦理追求。无论是国家的富强还是民族的振兴,其最终的落脚点都是人民幸福,其最终评判标准也是人民幸福。人民的幸福不仅是物质生活的改善,也包括精神需要的满足。在当前看来,"我们的人民热爱生活,期盼有更好的教育、更稳定的工作、更满意的收入、更可靠的社会保障、更高水平的医疗卫生服务、更舒适的居住条件、更优美的环境,期盼孩子们能成长得更好、工作得更好、生活得更好,这是民生之梦"。

构建共享发展体制,解决分配失衡　杨莲秀,社会科学报,2021-06-17

　　进一步解决由要素市场扭曲和垄断带来的收入差距过大和收入分配不公问题,需要着力完善按要素分配的体制机制。改革开放40多年来关于国家的收入分配理论和实践演进进程的研究表明,必须建立适合我国新时期中国特色社会主义的收入分配理论体系,并与之相应地建立和健全逐步缩小收入差距的机制。我国2020年全面建成小康社会以后,将逐步走向共同富裕的社会。从全面小康社会走向共同富裕必须解决发展不平衡问题,共同富裕的长期目标确立后,要建立共同富裕的制度和机制。

一、实践发展倒逼理论创新

　　纵观中西研究,基本上是孤立研究收入分配理论发展或该国收入分配改革实践,其内在规律性研究较弱,实践发展倒逼理论创新。从我国收入差距的变化趋势上看,不同来源的数据都显示,近几年基尼系数有了不同程度的下降,意味着收入差距有所缩小,这是一种积极的迹象。但是,基尼系数下降幅度非常有限。党的十九大报告对未来五年收入分配改革攻坚做了明确阐述,即"鼓励勤劳守法致富,扩大中等收入群体、增加低收入者收入、调节过高收入、取缔非法收入"。收入分配制度改革是一项长期而又艰巨的任务,既要有年度计划,也要有中长期规划。新发展阶段是我们党带领人民迎来从站起来、富起来到强起来历史性跨越的新阶段,我们要全面理解以推动高质量发展为主题的深刻内涵和重大意义,切实增强推动高质量发展的自觉性和坚定性,把高质量发展这一主题贯穿到"十四五"时期经济社会发展各领域和全过程。

二、实现共同富裕既是经济问题,也是政治问题

　　坚持把实现好、维护好、发展好最广大人民根本利益作为发展的出发点和落脚点,自觉主动解决地区差距、城乡差距、收入差距等问题,尽力而为、量力而行,健全基本公共服务体系,完善共建共治共享的社会治理制度,扎实推动共同富裕,不断增强人民群众的获得感、幸福感、安全感,促进人的全面发展和社会全面进步。进一步健全促进和维护社会公平正义,构建共享发展体制机制。

　　第一,持续提高低收入人群收入。根据官方的统计数据,全国收入差距的缩小主要是因为农村居民的收入增长超过了城镇居民收入增长,农村中贫困地区农民收入增长超过了非贫困地区。然而,这种情况的出现具有一定的短期性。

第二,扩大中等收入群体的规模。中等收入群体的扩大有助于缩小社会收入差距。扩大中等收入群体人口所占的比重主要依靠两个方面的转变:一是经济结构和就业结构的转变与升级,二是高等教育的大众化和高等教育质量的提升。

第三,采取有效的政策措施调节高收入。高收入有不同的来源渠道,也产生于不同的制度环境。对高收入不能一概而论,需要分为合理性的高收入和不合理性的高收入,并且对二者采取不同的政策措施。一般意义上来说,直接税有助于缩小收入差距,间接税会扩大收入差距。

经济学与伦理学分化的必然性　　张伟东,中国社会科学报,2021-07-27

众所周知,"现代经济学之父"亚当·斯密本是一名道德哲学教授,其著作《国富论》和《道德情操论》引发了争论不休的"斯密悖论":以利己心为核心的经济观和以同情心为核心的伦理观。就当代经济发展状况而言,"斯密悖论"已不再是理论问题,作为一个现实的经济伦理问题,它诘问着所有经济伦理学者:在"理性经济人"假设中实现道德谋划是否有必要且可能?阿马蒂亚·森认为,现代经济活动中道德谋划的失败主要是由经济学与伦理学分离后主流经济学祛伦理化造成的,这一过程肇始于马歇尔提出的经济学与伦理学的学科分化主张,发展于罗宾斯等人对于经济学祛伦理化的推动。

回顾这些"莫名其妙的原因",首先需要探究人们接受这一普遍观点的客观原因是什么。从经济学与伦理学长期发展的历史看,亚当·斯密在《国富论》中为现代经济发展的正当性提供了强有力的辩护。这一理论在当时是一种新型的处理经济关系的开端,被称为"无形的手"。某种程度上,这只"无形的手"确实不负众望,在调节社会生产、生活的道德关系中起到了至关重要的作用。正是生产关系的变化引发了道德规划的彻底变化以及人们对现代经济学理论的普遍接受。简而言之,这些理论与社会发展的实际是契合的,与人们的道德生活需要是一致的,这才是其得以普遍化的根本原因。

这里需要回到"斯密悖论",如果说经济学研究不再预设人的本质,那么应该如何看待亚当·斯密关于人性的假设?首先可以确凿地说,生产力的发展推动了行业分工,行业分工又推动了市场经济的产生和演进,而市场经济要求人必须进行一种自觉自利而不自觉利他的经济行为方式。其次回顾一下人类获得物质财富方式的变化。在现代社会中,道德和经济依然是纠缠在一起的,认同就成为一件重要的事情,故而斯密所谓"人生而有之的自利性",实质上不过是经济活动的客观要求,他的本意并不是将经济活动中的道德规范祛除,而是意在建立适用于现代经济活动的新的道德秩序。

但亚当·斯密建立的经济道德新秩序明显带有传统道德哲学的主观倾向——将人的道德本质预设为"同情",而这一特征与经济学追求效益的必然性之间存在不可避免的冲突。人的效能发挥与人的幸福生活息息相关,但二者又不是完全一致的。当效用和人的幸福发生冲突时,市场经济的竞争性必然要求经济活动牺牲个人的幸福,以增益个人的效能。同样,在20世纪80年代流行的经济学祛伦理化运动的实质也源自这一矛盾。"祛伦理化"的本质是重新建立服务于新兴经济活动的道德秩序。然而,当时的经济学家并没有认识到,虽然传统的道德秩序阻碍了经济活动,但道德秩序本身并非无意义,这导致"祛伦理化"带来灾难性后果以及当代经济伦理学的再次兴起。

总体而言,正是人类活动方式的客观变化引起了经济学与伦理学的学科变化。经济学与伦理学的关键分歧首先在于经济学的直接目的转变为效益;其次在于二者谁服务于谁;最后才是研究方式上的差别。就此而言,经济学与伦理学的学科分化以及研究方式的分野的根本原因是人类活动方式的变化——经济活动成为人类最重要的活动方式;直接原因是传统伦理学已经不能满足调节社会活动的需求。

唯物史观论域中的分配正义及历史生成逻辑　黄建军,中国社会科学, 2021(8)

分配正义并非仅指涉"得其应得"和"个人所有权",也并非仅是一条抽象的法权原则。分配正义归根到底是特定历史阶段生产方式的反映,是基于历史唯物主义所指涉的"物质生产方式"的事实原则和规范性价值,它与不同历史阶段的所有制形式、财产关系直接相关。马克思揭示"人的依赖关系"阶段的劳动所有权关系,批判"物的依赖性"阶段的资本正义和个人所有权,目的是倡扬"真正共同体"的按需分配正义和通达人的自我实现。只有从历史唯物主义和政治经济学批判所开创的哲学视角和理论视域中,才能真正理解分配正义的历史生成逻辑。中国的分配制度延展了马克思分配正义的层级和结构,既牢牢把握按劳分配的主动权,又有效抑制"资本逻辑"的负效应,从而使分配正义展现出特定历史阶段中的积极效应。

一、走向历史唯物主义的分配正义

马克思分配正义的独特之处正在于他从历史的实践逻辑中辨析正义的观念形态和实践意蕴。马克思在历史唯物主义的构境层面理解分配正义,具体表现为:一方面,马克思总是在历史演进的形态和逻辑次序中言说分配正义,他的分配正义往往指涉与生产方式相适应的历史性意蕴。另一方面,马克思的分配正义在实践意义上呈现出与人类历史发展形态相适应的生成次序。

二、分配正义的历史前阶与原生形态

在马克思"自然共同体"中,人们建构了一种"有组织的社会形式",即以共同体为纽带的社会生产模式,其在世界历史图景中可以划归为不同的形态,但最具典型的是亚细亚、古典古代和日耳曼所有制形式。这三种所有制形式在时间上并不接续,在空间上并不同质,但却是向市民社会过渡的三条核心线索。透过它们,我们可以管窥马克思"人的依赖关系"阶段分配正义的历史原型。

三、资本与劳动对立:分配正义的异化偏向

随着资本与劳动相对立的形成,基于财产权、所有权的分配正义成为市民社会诉诸的重要法权原则,也成为资产阶级推崇和依循的社会规范性价值。马克思通过对生产方式的考察,发现了法权正义的虚幻根基,从而对资本主义的分配正义进行了归谬和批判。资本与劳动的对立使得资本成为凌驾于劳动之上的抽象存在,从而在分配关系中使资本正义代替了劳动正义,资本正义成为资本家标榜的永恒法权。

四、超越资本逻辑:分配正义的重新出场与实践次序

与人类的生产方式和发展形态相适应,马克思的分配正义具有三个不同的历史位阶,也对应着三种实践序列:(1)前资本主义基于"劳动与所有"相统一的分配,这是分配正义的历史前阶和原生形态;(2)资本主义基于"资本与劳动"相对立的分配,这是分配正义的历史中阶和异化形态,这个阶段个人所有权取得了统治地位;(3)共产主义基于"重建个人所有制"和"人的自我实现"的分配,这是分配正义的历史高阶和复原形态。这个阶段又可以分为两个层级,即共产主义第一阶段基于贡献的分配和高级阶段基于需要的分配。

五、余论:当代中国分配正义的实践形态及现实效应

我们在分配正义的实践形态上依然处于马克思所揭示的"按劳分配"

的历史阶段,坚持在现有生产方式的基础上推行以按劳分配为主体、多种分配方式并存的分配制度,有效避免了资产阶级"法权"原则带来的局限,从而在实践中拓展了马克思分配正义的理论内涵。所以,从马克思分配正义的历史逻辑透视当代中国的分配实践,我们可以发现,中国现阶段的分配制度延展了马克思分配正义的层级和结构,我们实行各种分配相互并存但又牢牢把握按劳分配的主动权,从而使马克思主义的分配正义理论展现出了前所未有的积极效应,这种效应也是社会主义市场经济制度优势的集中体现。

劳动正义:劳动幸福不可或缺的价值支撑　毛勒堂,江汉论坛,2021(8)

劳动正义作为一种对人类劳动活动、劳动关系以及劳动方式是否合乎正义价值的批判反思性话语,在人类历史上早已有之。但劳动正义作为一个时代性的思想主题并予以课题化,乃是与近代市民社会的生成及其内在矛盾紧密相关。正是现代市民社会广泛存在的"劳动悖论"境况,构成现代劳动正义话语出场的存在论背景。对于何谓劳动正义,存在着诸如国民经济学、抽象伦理学和思辨形而上学等不同的劳动正义理解路数。在经济哲学视阈中,劳动正义是一个集哲学形而上和经济学形而下视野为一体、融经济合理性和价值合目的性为一炉且具有批判和超越精神的总体性范畴,其包含公平的劳动分配、平等的劳动关系、正义的劳动环境以及自主的劳动活动等基本价值主张。劳动正义对于成就劳动幸福意义重大,公平的劳动分配是劳动幸福之前提,平等的劳动关系是劳动幸福之条件,正义的劳动环境是劳动幸福之基础,自主的劳动活动是劳动幸福之关键,劳动正义因此构成劳动幸福不可或缺的价值支撑。

一、"劳动悖论":劳动正义课题化的存在论背景

当作为财富源泉的劳动造成劳动者的贫困,当作为人之自由自觉活动的劳动沦为一种异己的生命活动时,人类理性作为一种不甘堕落的思想力量和超越性诉求,自然引发对"劳动悖论"现象的合理性反思和合法性拷问。由此,劳动正义作为一种对现存劳动活动、劳动关系、劳动方式是否合乎正义价值的理性追问和价值审视,便获得了其有力出场和积极在场的现实根据,从而使劳动正义成为一个亟待探究的思想课题和现实任务。那么,何谓劳动正义?其包含着怎样的思想内核和价值旨趣?这是需要进一步探究的问题。

二、劳动正义:不同的话语路数及经济哲学的阐释

劳动正义是一个动态的历史的范畴,体现了对现存劳动状况的自觉批判精神,表征了对现有劳动状况的超越性诉求。而劳动正义所包含的这种批判和超越精神,集中体现了人永不满足于现状、永不滞留于现有的存在本性和自我创生精神。所以,在经济哲学视阈中,劳动正义是一个集哲学形而上和经济学形而下视野为一体、融经济合理性和价值合目的性为一炉且具有批判和超越精神的总体性范畴,包含着对公平劳动关系和合理劳动秩序的价值诉求,蕴含着对按劳分配、劳动平等、劳动矫正、劳动自主等价值的诉求,承载着创造劳动幸福的崇高使命。

三、劳动正义:成就劳动幸福不可或缺的价值支撑

其一,公平的劳动分配是劳动幸福得以可能的前提。其二,平等的劳动关系是劳动幸福得以可能的条件。其三,正义的劳动环境是劳动幸福得以可能的基础。其四,自主的劳动活动是劳动幸福得以可能的关键。

劳动正义与劳动幸福之间存在着深刻的价值关联,劳动幸福的实现有赖于劳动正义的价值支撑,需要劳动正义为之提供公平正义的劳动环境和制度供给。在一个没有公平、没有正义的劳动环境中,劳动幸福只能是镜中花、水中月。劳动正义是劳动幸福不可缺失的价值支撑,在建设人民美好生活的新时代中国,劳动正义必须坚定出场和坚实在场。

消费主义时代需要节俭美德吗? 陈伟宏,江西社会科学,2021(8)

作为一种社会文化思潮,消费主义深刻影响了人们的生活方式和价值观念。消费主义推崇对物质产品的挥霍性消费,不仅将人变成了物的奴仆,而且对生态环境带来了极大的压力。节俭美德是张弛有度的生活智慧,在人类可持续发展理念成为全球共识的背景下,节俭已从个人的、家庭的美德上升为一种人类整体的伦理,从一般日常消费生活的层面提升到社会和谐发展与人类生存境遇的层面。倡导和践行节俭美德不仅与个人生活质量的高低有关,而且关系整个人类命运共同体的未来发展前景。面对消费主义文化的广泛影响和全球生态环境危机的不断加剧,如何看待消费与经济社会发展、消费与人类美好生活需要之间的关系,就成为必须认真思考的重大问题,而走节俭型适度消费之路无疑是一种正确的选择。

一、节俭美德的内涵

自古以来,节俭就是中华民族传统美德的重要内容,是中国文化传统倡导的主流消费价值观。这一伦理主张体现在"崇俭黜奢"的财富观上,节俭为善,奢侈为恶。节俭的对象是物,它是中国传统道德的"待物之德"。节俭的"待物之德"是一种中道伦理,既不放纵个人的行为,又不过分苛刻地限制个人的适度消费。西方宗教伦理认为,节俭是一种美德。虽然不同的宗教伦理在财富观上存在差异,但在反对人们对物质财富无止境地占有和贪欲这一点上是共通的。在西方经济伦理思想中,现代经济学鼻祖亚当·斯密推崇节俭。在斯密看来,既然节俭能够促进国民财富的增加,那么节俭在经济学意义上就是一种美德,而挥霍与浪费则为罪恶。马克思主义经济伦理反对奢侈浪费,主张节俭消费。马克思充分肯定了消费在人类经济社会发展中的促进作用,认为适度消费是推动历史发展的重要动力,而以奢侈浪费为主要形式的过度消费则是否定人自身价值的异化行为。节俭美德是张弛有度的生活智慧。

二、关于消费与节俭的论争

对于节俭与消费的关系,有观点认为消费是推动中国经济快速发展的强劲动力,尤其是在当今商品过剩的情况下,应当大力倡导消费,不该倡导节俭美德,这便是所谓的"节俭过时论"。还有学者将消费与爱国主义结合起来,认为消费是一种爱国行为,是公民美德。如有学者提出"积极消费就是爱国,而爱国就是爱自己"。

消费主义时代关于"节俭是否过时"的理论论争,其焦点已然不只是节俭美德观是否具有当代价值的纯学术问题。虽然节俭消费或奢侈消费可以视为个人选择的生活方式和生活态度,但它们又是涉及经济社会发展和自然生态保护等事关人类生存的全局性实践议题。只要社会上有消费分化,总会有一部分人采取奢侈消费方式,这是消费层次分化的自然结果。但是,作为普遍的消费原则,是崇尚节俭消费还是放纵奢侈消费,却关乎经济社会发展之方向、道德风尚之良善和自然生态之保护等社会整体利益。可以认为,节俭美德并非过时,也不会过时,它是一种应世代相传下去的消费伦理。

三、走节俭型适度消费之路

极简主义是节俭型适度消费生活方式的一种形态。当代中国越来越多的人尤其是青年群体和精英阶层开始接受极简主义的价值观和生活方式,并在实践极简主义生活方式的过程中改变了原有的挥霍性消费价值观,转而自觉认同节俭消费观,在简化物质生活的同时,自觉提升对精神生活的追求。当代中国人对极简主义生活方式的主动实践,也是对中华优良传统消费文化的传承和弘扬。

中国共产党探索实现共同富裕的理论与实践逻辑　王颂吉、白永秀，贵州社会科学，2021(9)

建成共同富裕的共产主义社会是全世界共产党人的奋斗目标。在100年的实践中，中国共产党探索了一条既符合马克思主义基本原理又符合中国国情的共同富裕道路，其实践如下：第一，党带领人民通过武装革命翻身当家作主，为共同富裕建立政权基础；第二，党带领人民开展社会主义革命把劳动者组织起来，仿照苏联模式建设社会主义，为共同富裕构建制度基础和生产力条件；第三，党带领人民从社会主义初级阶段的国情出发实行改革开放，为共同富裕构建体制基础和生产力条件，人民生活水平总体达到小康；第四，党带领人民在新时代深化改革、扩大开放，到21世纪中叶基本实现中国人民共同富裕，为全人类共同富裕做出更大贡献。

一、共同富裕是共产党人的奋斗目标

贫富差距乃至两极分化是阶级社会的经济痼疾，为解决这一问题，中华民族自古以来就对共同富裕的理想社会孜孜以求，近代以来的国际共产主义运动也把实现共同富裕作为奋斗目标。中国从古代先贤的大同思想到农民起义中的"均贫富"理念，再到康有为的《大同书》，都对共同富裕充满向往。探索共同富裕的理想社会是中华优秀传统文化的重要组成部分，尽管共同富裕的美好愿望在阶级社会和落后的生产力基础上不可能实现，但它构成了中华民族的文化基因，这对"五四运动"之后先进的中国人接受马克思主义并在中国国情基础上探索实现共同富裕之路提供了文化沃土。

二、马克思主义经典作家关于共同富裕的理论逻辑

马克思主义经典作家尽管没有直接提出"共同富裕"这一概念，但他们阐释了实现共同富裕的理论逻辑。从马克思主义经典作家的理论探索和斯大林模式出发，他们关于实现共同富裕的一般理论逻辑如下：第一步，人民翻身当家作主，为共同富裕建立政权基础；第二步，经济落后国家的无产阶级政权利用新经济政策（商品货币关系）发展生产力，向社会主义过渡；第三步，在社会主义阶段把劳动者组织起来，实行单一公有制、计划经济和按劳分配，通过优先发展重工业和农业集体化发展生产力，为一国实现共同富裕构建经济制度基础和生产力条件；第四步，在共产主义社会最终实现全人类共同富裕。

三、中国共产党探索实现共同富裕的实践逻辑

100年来，中国共产党探索实现共同富裕的实践可梳理为以下四个阶段。第一阶段（1921年7月—1949年9月）：党带领人民通过武装革命翻身

当家作主,为共同富裕建立政权基础。第二阶段(1949年10月—1978年11月):党带领人民开展社会主义革命把劳动者组织起来,仿照苏联模式建设社会主义,为共同富裕构建制度基础和生产力条件。第三阶段(1978年12月—2012年10月):党带领人民从社会主义初级阶段的国情出发实行改革开放,为共同富裕构建体制基础和生产力条件,人民生活水平总体达到小康。第四阶段(2012年11月至今):党带领人民在新时代深化改革、扩大开放,到21世纪中叶基本实现中国人民共同富裕,为全人类共同富裕做出更大贡献。

在数字时代发挥好信用的独特价值　郭利华,光明日报,2021-09-07

党的十九届五中全会提出,要"弘扬诚信文化,推进诚信建设"。客观认识数字时代的信用价值,探索信用价值的发挥路径,是完善社会信用体系,推进诚信建设的重要内容。进入数字经济时代,伴随互联网技术和金融技术的不断进步,信用得以更好更准确地记录和度量,"好的信用"意味着更大的资源动员能力,信用的价值得到了进一步提升。

一、技术进步是信用价值得以提升的前提

信用文化是指在信用活动中形成的,反过来又对信用活动产生重要影响的价值观念和行为准则。我国传统的信用文化建立在"熟人社会"基础上,遵循传统道德伦理,通过血缘、婚姻、宗族等关系来维系。现代信用文化则与金融市场的发展程度紧密相连,体现的是市场经济的运行特点。现代信用文化和信用思维的形成,使人们逐渐认识到债券的等级、股票的定价都是对机构信用的衡量,是将企业信用转化为资金的手段,直接融资市场存在的意义就在于此。而认识到"信用消费可以体现出资源动员能力",借助各种实体和虚拟信用卡在各种线上线下消费场景的广泛使用,则大大扩展了信用消费的规模。

二、数字时代信用价值的多重体现

在数字化技术发展和信用文化进步的基础上,信用除了包括传统的道德范畴的"信任"以及经济范畴的"以还本付息为条件的借贷活动"之外,其价值还体现在以下多个方面。一是基于信用可以产生出更为"精准"的商业模式。基于大量的、高质量的信用数据,再加上云计算、区块链等技术,可以开发出覆盖面更大、精准度更高、相对风险更小的精准金融产品。二是信用作为隐性抵押物能够扩大交易范围。对交易各方而言,"好的信用"实际上起到了隐性抵押物的作用,能够提供稳定的预期,降低由于彼此间信息不对称所产生的交易成本,扩大交易范围。我们常用的信用融资、信用消费等业务,就是以无形的信用作为抵押所进行的金融资源的跨期配置。随着个人和企业生活经营场景不断被数字化,"好的信用"的经济价值也将不断凸显。

三、法律制度和行业规范是信用价值实现的重要保障

完善的社会信用制度是信用行业健康发展和信用价值实现的重要保障。对市场主体之间基于信用产生的经济行为,包括信用信息的获取、披露和共享,个人隐私保护,信用产权的界定及失信惩戒机制的构建,都需要通过法律法规来加以强制规范。目前,涉及信用的法律法规散布在民法、经济法、刑法等不同的部门法和各种行政法规中,尚未形成完整的法律体系,还需要进一步加以完善。

数字化时代对信用价值的深度认知将会极大彰显其应有的价值。在数字化技术和商业基础设施日益完备的前提下,对信用内涵和价值的认知会不断得以拓展,从企业视角看,移动互联网时代的企业数据沉淀可以多渠道刻画企业信用水平,更高效和低成本地减少信息不对称,解决中小企业融资难、融资贵问题。从个人视角看,好的信用是在未来社会生存和发展的通行证,是减少收入差距、加快资金流动的基础条件。从监管视角看,信用建设是推进基层社会治理创新、推进国家治理体系和治理能力现代化的重要抓手。总之,信用即资源,无论对个人还是企业都是如此。数字化时代不断加强对信用价值的深度认知,有助于进一步完善我国的社会信用体系。

对中国古代民本经济观的传承与超越　　叶坦、王昉,人民日报,2021-11-29

习近平总书记指出,新的征程上,必须"坚持把马克思主义基本原理同中国具体实际相结合、同中华优秀传统文化相结合"。中华文明在数千年的发展史中,以丰富的经济现象、经济实践与经济观念,孕育创造出长期领先世界的经济成就和经济思想,形成了一套独具特色的经济学说与理论。民本经济观是其中的重要内容,并在千载传承发展中不断显现其跨越时代的魅力和生命力。

一、中国古代民本经济观的基本理念

在古代中国,政治与经济密不可分,"经济"一词本意就是经世济民。中国古代民本经济观着眼于安邦定国,以"民生"为核心,以富民、养民为

基础。《尚书·五子之歌》中的"民惟邦本，本固邦宁"，就是对民本经济观的经典记载和阐述。

"富民"是中国古代民本经济观的重要内容，在中国经济思想史中，几乎各流派的学说对其都有体现。儒家学派开创者孔子就提出养民、富民、教民之说，富民就是要轻徭薄赋、藏富于民。孟子继承了孔子的富民思想，提出让老百姓治"恒产"。从今天的视角来看，治"恒产"就是强调富民要强化产权制度保障。"养民"是中国古代民本经济观的一个重要理念，这一理念在抵御自然灾害、抗灾救荒等方面表现得尤为突出。古代中国历来重视抵御各种灾害和备荒赈济，形成了独特的荒政制度。常平仓就是官府为储粮备荒、平稳粮价而设的粮仓。这些粮仓在丰年购粮储存，避免谷贱伤农；在灾年则卖出储粮，以稳定粮价、救荒赈灾，这种缓冲储备机制对后世影响深远。

二、中国古代民本经济观的发展演进

唐宋以后，随着商品经济的发展，民本经济观不仅得到传承，而且有了进一步发展。古代思想家们在继承富民、养民等理念的同时，将"民"的范围拓展到工商业者，提出工商业也是"本"，出现了具有鲜明时代特征的"四民皆本"等观点。其基本理念是：民间经济发展了，人民富裕了，国家根基才能稳固。

批判传统的重本（农）抑末（工商）论是古代民本经济观的一个重要发展，叶适提出"四民交致其用而后治化兴，抑末厚本，非正论也"。官办公共救济福利机构大量涌现，也是古代民本经济观发展的重要体现，如慈幼局、居养院等是收养弃婴孤儿、孤寡贫困老人的机构，施药局、安济坊等是慈善施药机构、福利医疗机构，等等。限制君权、抨击专制，注重经世致用，发展商品经济，是明清时期民本经济观演进的主要方向。黄宗羲是明清时期民本经济观发展的重要推动者，他提出"天下为主君为客"的思想，反对侵夺"民所自有之田"，主张发展保护民财的产权理念。

三、中国人民地位的根本变化和以人民为中心的发展思想的确立践行

古代民本经济观经过几千年的演进，其基本内涵有了一定程度的深化和拓展，但由于历史和社会条件的局限，在古代不可能真正做到以民为本。中国人民地位的根本变化和巨大提升，始自中华人民共和国成立。1954年颁布的新中国第一部宪法明确规定"中华人民共和国的一切权力属于人民"，在法律上确立了人民当家作主的地位。数千年来压迫和剥削人民的剥削阶级作为阶级已经被消灭，人民翻身成为国家的主人，这就在人民的地位上实现了对古代民本经济观的历史超越。此外,习近平总书记提出的以人民为中心的发展思想,在政治立场、价值导向等方面实现了对古代民本经济观的历史超越。

新的征程上,我们要始终坚持以人民为中心的发展思想,坚持人民主体地位,顺应人民群众对美好生活的向往,不断实现好、维护好、发展好最广大人民根本利益,做到发展为了人民、发展依靠人民、发展成果由人民共享,让人民群众获得感、幸福感、安全感更加充实、更有保障、更可持续。

从古代财税思想中汲取智慧　陈勇勤,人民日报,2021-11-29

财政随国家的产生而产生,是国家治理体系的重要组成部分。从先秦到明清,符合仁政的财政原则可归纳为"敛从其薄"(《左传·哀公十一年》)、"节用而爱人"(《论语·学而》)。前者针对财政收入,后者针对财政支出。中国古代思想家们认为,"夫农工商贾者,财之所自来也",既要养护财源,又要取财有度,税收必须"敛从其薄""彼有余而我取之",实现"其所有余",如此才能实现"农工商贾皆乐其业"。

取之于民、用之于民,是财政支出的一大原则。宋代王安石提出:"盖因天下之力以生天下之财,取天下之财以供天下之费。"在古代,财政支出除用于政府公职人员俸禄、军费等涉及国家治理和国家安全的事项外,还用于社会救助、公共事业支出等公共服务事项。比如,建立常平仓来调节粮价、应对粮荒;还有兴修水利、交通建筑、城市建设、赈济抚恤等项目,以及农田水利建设、江河治理、兴建内河航运工程、漕运等大工程。

维护公平正义一直是中国社会的重要价值追求,孔子就曾提出"不患寡而患不均"的政治主张。为了实现社会公平,中国古代思想家们强调税收制度的"至平""趣公"原则,希望通过发挥税收的杠杆作用来调节收入分配。《续资治通鉴长编》提出了"均天下之财,使百姓无贫"的政策主张,强调政府要承担起调节收入分配的职能。除了调节收入分配,古人还主张保障社会困难群体的生活。《管子·入国》中就记载了管仲治齐时提出的"老老、慈幼、恤孤、养疾、合独、问疾、通穷"等举措,这可以说是社会救助和优抚等制度的雏形。

受农业社会生产力发展水平、封建社会生产关系和封建专制思想等因素的制约,古人关于财税的很多美好愿景并未实现,但其中蕴含的智慧和理念对后世产生了深远影响。今天我国建立的社会主义国家财税制度,既牢牢坚持马克思主义的人民立场,也充分体现了我国古人关于财政要敛从其薄、节用而爱人和惜民之力、爱民之财、恤民之患、体民之心等原则和理想。2005年,我国全面免除了农业税,在中国延续2000多年的农业税正式成为历史,大大减轻了农民负担。

大数据时代的剥削与不正义　秦子忠,浙江社会科学,2021(12)

人工智能引发劳动就业领域的结构性变化,从而对马克思的剥削理论构成了挑战。马克思主义者回应这个挑战的一种进路,是要重构马克思的工作日概念,由此可以在工作领域与闲暇领域相互渗透、数字劳动全面渗入人类生活的大数据时代识别剥削的多重性及其不正义。

一、马克思视域中的剥削与不正义

马克思的剥削理论包含三个逻辑上不同的要件:(1)工人处于生产资料不平等分配的末端;(2)工人被迫按照别人的要求去工作;(3)工人被迫把剩余产品转让给他人。马克思的正义观作为一种受制于经济基础的意识形态上层建筑,基本义大致是某种平等观、给予每个人其所应得或者不偏不倚。这引出两个问题:一是上述三个要件中哪一个使得剥削是不正义的?二是大数据时代剥削及其与正义的关系问题有何变化?通过对马克思正义观的分析,可以得出(1)和(3)这两个要件使得剥削是不正义的。

二、人工智能改变了什么:资本主义剥削的变与不变

(一)剥削会消失吗?

人工智能对人类个体的取代可能有两种可预见的终极情况。情况1:人工智能在全领域取代人类的劳动力;情况2:人工智能取代体力和一部分脑力,而未被取代的脑力部分在人工智能的赋能下获得更强大的能力。在这两种情况下剥削都不存在,而第二种情况更符合马克思关于剥削消失过程中人类个体的处境。在现实层面,剥削结构的嬗变大致有三个阶段,人类当前乃至未来一段时间都处于第三阶段,即大数据时代资本家与工人的矛盾被遮蔽和转移的阶段。

(二)资本主义剥削的变与不变

对于人类个体意义上产生的原始数据是否具备价值的分析有两种进路。进路1:每个个体意义上的原始数据并不具备价值,但在数据工程师的处理下能够产生价值;进路2:每个个体意义上的原始数据是有价值的,只是这种价值被漠视了。这两种进路都承认大数据时代仍存在资本主义剥削。以标准表述的剥削为参照,在大数据时代下发生变化的是(2),工人从被迫按照别人的要求工作变成被迫按照一套程序的要求去工作;不变的是

(1)和(3),因此剥削与不正义的关系仍然不变。但是,(3)在内容上有所改变(剩余产品从物质产品延伸到非物质产品),并且工人的内涵也发生了改变,这致使大数据时代的剥削及其不正义变得更加隐蔽。

三、数字劳动、多重剥削与不正义

(一)数字技术与工作日概念的重构

工作领域与闲暇领域相分离,前者生产剩余价值,后者无关剩余价值生产。但由于生产劳动时间的溢出,工作领域与休闲领域的界限是模糊的或相互渗透的,工作日概念是否仍是一个解释力有效的概念有待考察。在前大数据时代,闲暇领域是非生产性的,在其中发生的各种各样活动不会产生剩余价值。而在大数据时代,数字技术使人类个体不论工作或闲暇都置身于数字信息中,参与原始数据的生产。因此,由于闲暇时间,在大数据时代也存在数字劳动并产生价值,但这部分价值或被忽视,或被数据公司、平台公司无偿占有。

(二)剥削的多重性与不正义

由于当前人类生活空间正处在数字化转型过程中,因此剥削的多重性体现为传统工作领域的剥削、数字化工作领域的剥削,以及数字化闲暇领域的剥削;并且,由于数字劳动自身的属性,这些剥削可能是叠加在一起的,因而剥削的多重性具有同时性。闲暇领域的剥削被遮蔽导致了一种悖论性现象,即先进技术正在缩短工作日的同时也缩短了剩余劳动时间,因此基于剥削的社会财富不平等分配应当有所收敛,但事实却是社会财富的不平等分配仍然极化发展。

四、结语

本文的现实意义在于给出一种正义性的理由支持施行全民基本收入方案以维护人类的尊严。当人类个体在未来被人工智能/机器人技术替代时,支持施行全民基本收入方案不是由于数据/平台资本家的慈善,也不是由于政府维持公共秩序的目标,而是由于每个人类个体应当免费享有其参与原始数据生产所对应的价值或等价物,不管这个参与过程是自觉的还不是不自觉的。

著作简介

企业社会责任与战略风险：理论与实证 　　王站杰、陈法杰，东北财经大学出版社，2021

为有效解决企业战略风险的防控问题，该书从利益相关者视角出发，将企业履行社会责任作为切入点，以"企业社会责任—伦理决策—战略风险"为研究主线，从理论与实证两方面入手，以六章的内容对企业社会责任与战略风险的关系进行了研究。首先，使用探索性及验证性因子分析对调研所得到的数据进行信度和效度的检验，其次，对研究变量之间的相关关系进行验证，接着，通过层级回归分析法，对所提出的32个假设进行逐层检验。最后，在数据分析的基础上进一步展开探讨。

第一章"绪论"主要从研究背景、研究目的与意义、研究内容与结构安排、技术路线与研究方法和研究创新点五方面进行阐述，在揭示了本研究主要分析我国企业社会责任履行与战略风险防控的关系等的基础上进行逻辑串联，归纳出研究的逻辑框架，并对本研究的贡献进行归纳和阐释。第二章"文献综述"以战略风险研究综述、企业社会责任研究综述、伦理决策研究综述和相关研究述评四部分构成。尤其是对国内外相关文献进行细致的总结与评述后，拓展了研究取得的成果及未来的研究空间。第三章"理论分析与研究假设"对本研究所采用的利益相关者理论、商业伦理理论、决策理论和风险管理理论进行了论述和梳理，在此基础上，构建了以企业社会责任为解释变量、伦理决策为调节变量和以战略风险为被解释变量的理论框架，并全面细致地分析了各变量之间的关系和提出研究的总体假设。第四章"问卷设计与量表开发"根据现有的研究所阐述的问卷设计的原则及规范和我国现实国情，对企业社会责任的量表进行了重新设计，对伦理决策、战略风险的量表进行了测度与修正以得到研究所要使用的初始的总体测量量表，并通过对小规模样本进行预测试、使用统计软件等最终形成该书所需的进行大规模研究的问卷，在问卷调研任务结束后，通过相关分析检验进行题项净化。第五章"数据分析与假设检验"对数据进行描述性统计分析，进一步验证了问卷的有效性和适用性。同时，对理论模型的主效应进行层次回归检验,探讨企业社会责任对战略风险的影响,并检验企业社会责任对战略风险不同维度的影响作用。同时,验证了企业履行社会责任与伦理决策的交互效应对战略风险的影响。最后,在汇总分析的基础上对模型进行总体性评价。第六章"研究结论与展望"主要对研究所得进行归纳和总结,并对研究结果予以说明,在充分阐述研究的理论创新和对管理实践的启示作用的基础上也指出了本研究的不足之处和可改进的方法与途径,以利于后续研究。

中国商业银行的道德责任及其养成研究 罗卓笔,中国财政经济出版社,2021

该书以中国商业银行道德责任为研究对象,以公司治理想理论为依据,试图展现在习近平新时代中国特色社会主义时代背景下,中国商业银行有哪些道德责任及其依据、履行现状、经验及问题等,力图为进一步提升我国商业银行履行道德责任的水平提供理论与实践的支持。

全书由八部分构成,"绪论"部分主要厘清了研究的对象、目的、思路、逻辑结构与研究现状等。主体部分由六章组成,第一章"核心概念与论题界定"主要是对商业银行的道德责任的概念和主要内涵进行了论述,认为流动性、盈利性与安全性是商业银行经营管理的基本原则,阐释了商业银行特定的社会权利、广泛的社会联结性、功能的系统重要性、一定的意志自由与行为能力是商业银行道德责任的生产逻辑。第二章"中国商业银行道德责任的理论基础与借鉴"主要以理论依据的阐述为主,梳理了马克思主义道德学说、中华民族优秀的传统道德理论和国外社会责任理论与实践的批判借鉴,应坚持以为人民服务为核心,以集体主义为原则,始终保持商业银行思想道德建设的社会主义方向。第三章"中国商业银行道德责任的构成及特征"阐述了商业银行道德责任的主要内容、类型与范围、调控机制和主要特征,认为履行道德责任的过程由尽责、问责和评价反馈三方面构成。第四章"中国商业银行道德责任现状评析"在对中国商业银行履行道德责任现状分析的基础上,归纳出中国商业银行履行道德责任的主要经验,并总结出中国商业银行履行道德责任存在的道德责任意识淡漠、道德责任行为偏差、道德责任治理不够和道德责任保障不足四方面的突出问题。第五章"中国商业银行道德责任问题原因及挑战分析"在分析第四章问题的基础上,从追求高额利润的欲望、道德责任观念的迷失、内控制度的责任失衡和机会主义思想的作祟四方面进行内因溯源,并从生存压力与挑战使然、利己主义风气的影响、政策法规引导不健全和银行道德监管的薄弱四方面阐述中国商业银行道德责任问题的外部原因,并总结出中国商业银行道德责任建设面临的挑战。第六章"中国商业银行道德责任养成机制探索"系统性地构建了我国商业银行道德责任的养成机制,主要由夯实商业银行道德责任的价值准则、强化商业银行履行道德责任的动力、增强商业银行履行道德责任的能力和健全商业银行道德责任行为的保障四方面构成。"结论与展望"部分提出商业银行道德责任的养成是一项系统工程,需要银行自身、政府和社会三方的强化沟通、深度互动才能实现。尽管面对多种挑战与未知,但马克思主义仍是帮助我们认识世界和改造世界的强大思想武器。唯有坚决拥护中国共产党的领导,立足社会主义本质要求,坚定马克思主义道德思想,坚持以盈利为基础才能更好应对挑战,实现银行业的稳定发展,为广大人民群众做出更大的贡献。

劳动整体性与分配正义 秦子忠,中国社会科学出版社,2021

正义的内容不是固定不变的,而永恒正义论与历史正义论的区别的根源不在于面对的正义条件的差异性,而在于是否承认面对的正义条件的流变性。马克思的正义理论恰是历史正义论的一种,其内涵是作为发展的正义,劳动是其衡量正义的尺度。

全书由八章和结语构成,思路清晰,以分配正义与劳动整体性为核心展开论述。第一章"引言"主要从马克思视角切入阐述分配正义,并试图说明社会主义需要道德辩护,同时,通过分析社会变迁及其中的人来说明从事相应的正义理论建构的重要性,并表示要运用超越极点分析方法论。第二章"人性与分配正义"主要从正义分配的依据、分配的核心内容、分配方式与社会制度的关系,有的放矢地剖析马克思之前的思想家有关正义分配理论的阐述。对于分配正义的历史考察分别基于德性、自利、公意、幸福与公平展开,并从现实的人与分配关系是被产生的入手,阐述马克思的超越性。第三章"正义的坐标:事实与规范之间",首先,探析关于正义条件的两种不同预设,并据此勾画出正义的两种范式。对照语境,本章阐释了历史正义论及其新任务。其次,基于探讨正义的可能性而展开正义的道德空间的论述。最后,运用唯物史观阐述马克思的正义观。第四章"资本主义是不正义的"从罗伯特·塔克和艾伦·伍德二人对于马克思正义概念理解而引发的争论入手引出本章议题,并区分了功能正义与条件正义。在论证了伍德因割裂了不正义与剥削的关系而有误导之嫌后,论证资本主义剥削是不正义的,以此揭示伍德命题的误导性根源。第五章"公有制与关系平等"试图以所有制形式入手,再现马克思分配正义的思想图景。从剩余价值的再生产、社会财富的两极化和阶级对抗的普遍化三方面阐述了私有制是不平等的生成逻辑后,试图论述公有制是一种新型的制度安排。第六章"分配原则与劳动整体性"旨在阐明按劳分配原则的现实化是社会历史通过按需分配原则的必经之路,其不可替代性就在于其确定了劳动的唯一性,而"唯一性"的基础是将劳动的整体性还给每一个人,并从天赋能力不同、劳动收入差别和家庭负担有别三方面阐述按劳分配的局限性。从劳动本身成为人的第一需要、自由全面发展成为人的生活方式和共同发展成为人的价值追求入手,论述了按需分配原则所需的一般条件。第七章"现实世界的分配困境与出路"先以瑞典和美国为例论述了资本主义的分配困境,认为此困境的根源在于其私有制体系无法兼顾公平与效率,并从贫穷的平均主义、主体身份下的贫富分化和劳动尺度的不可测度来阐述按劳分配的尴尬,并由此提出中国的双重任务。第八章"分配正义在中国:批判与建构"在考察李慧斌和姚大志两位先生的分配理论的基础上,对"中国需要什么样的分配理论"进行探索,并阐述了福利不断改善只是纠正不平等的结果和平等主义分配正义如何在现实制度中生成。最后从尺度与"弱势群体"的构成、解读"更好"的理念和实施"对待"的主体与方式三方面论述如何更好地对待弱势群体。"结语"部分在对该书内容进行总结的基础上,提出一大独特之处,即劳动整体性的概念,并对其内涵进行规定,在此基础上来为马克思的分配正义理论提供新的辩护。

伦理、理性与经济行为 [英]弗朗西斯科·法里纳、[英]弗兰克·哈恩、[英]斯特法诺·万努奇编,胡蓉译,上海财经大学出版社,2021

当代一些极具影响力的伦理方法倡导某些道德原则的决策理论基础或博弈理论基础,有些理论经济学家已经准备正式将理性决策的伦理层面考虑在内。该书从不同的角度详细分析了经济学和伦理学之间的联系,每一部分都是由研究此问题的著名学者的论文构成。

全书由导论和五部分组成。导论主要对各个部分的主要内容、核心观点进行概述,并表示理性选择、公平与伦理之间的相互作用是该书的共同主题。第一部分"基本议题"主要涉及伦理学、理性决策理论和规范经济学之间的基本问题。由《对伦理的几点经济思考》《道德与激励》《价值标准的权衡》《福利经济学的基础:效用、能力与实际原因研究》和《价值、理性与说服理论》五篇论文组成,主要是从不同角度对功利主义的范围和意义进行批判或辩护。其中森、卢克斯、哈恩和威廉斯(不是很明确)主要提供了批评功利主义的论据,而海萨尼则对功利主义原则进行了有力辩护。第二部分"功利主义的两种观点"提出了较普遍的支持功利主义伦理观的依据,由《经济分析与物品的构成:从偏好到最优的转移效用理论》和《结果主义决策理论与功利主义伦理》两篇论文构成,展示了关于功利主义伦理观的两种观点。第三部分"分配中的公平"阐述了平等主义原则的若干变体在一些具体的公平分割问题上的三种不同的应用,由《独立性和一致性检验:对公平分配的再思考》《考虑责任因素的平等主义机制》和《搭便车与租金共享:即使是大卫·高蒂尔也应该支持无条件的基本收入吗?》三篇论文组成。第四部分"理性决策的伦理维度"从《社会偏好,公平性以及非期望效用理论》《承诺与选择:论计划的合理性》和《理性配合》三篇论文入手,分别以公平问题中需要考虑的个人理性决策与社会选择条件之间的关系、动态选择中理性投入和互惠的范围,以及使协调状态成为可能的规则为重点展开论述。第五部分"战略互动与道德分析"进一步探讨了有效协调与其必要条件、伦理和理性互动等主题,《利他主义的动态进化方法》通过简单的一次性贡献博弈,分析了用进化方法为利他主义辩护的可能性。《社会道德和实施理论》以社会规范为研究重点,并对社会规范进行了可行性研究的相关调查。《论理性与道德》较赞同休谟式的观点,并进行了相关论述。

马克思主义视域下循环经济伦理研究　柴艳萍等,人民出版社,2021

该书全面阐述马克思循环经济伦理思想的同时,在总结中外循环经济实践模式和经验启示的基础上,凝练出新时代中国特色循环经济的基本架构,并勾画出循环经济的中国方案,提出了中国发展循环经济的对策、建议和措施。

全书由导论和八章内容构成。导论主要是从人与自然关系及其对抗的实质、人类经济形态的伦理反思及资本主义生产方式的转向、马克思循环经济思想及其与西方循环经济思想之区别、现代循环经济伦理思想及理解范式、循环经济深厚的伦理意蕴和循环经济国内外实践及中国方案构建六方面来论述。第一章"生态与文明共生共荣"先从原始文明——图腾文化与自然崇拜、农业文明——泛神论自然观、工业文明——征服论自然观和生态文明——和谐共生自然观四方面论述了自然观演变与文明形态变迁,并分析了生态理念与文明兴衰的内在联系、工业文明与全球性生态危机、生态与文明共生规律的自觉应用——循环经济。第二章"人类经济形态的生态伦理审视"先阐述了人类经历的三种基本经济形态:栖息于自然环境之中的原始经济、与自然环境共兴衰的农业经济和大规模破坏自然环境的工业经济,并分析了资本主义经济的理论基础和伦理反思。第三章"资本主义经济的生态转向"阐述了从"经济人"转向"生态社会人",从资本主义市场经济逐利的本性、经济利益最大化必然导致生态问题和经济发展应该追求综合效益最大化三方面论述从追求经济利益最大化转向综合效益最大化,并表示要以经济增长为核心转向以人与自然和谐为核心。第四章"马克思循环经济伦理思想"以马克思主义哲学的视角从马克思自然观与"自然价值论"批判、马克思循环经济思想的基本内容、马克思关于循环经济实现条件的论述和马克思循环经济伦理思想与西方循环经济伦理思想比较四方面进行了分析。第五章"现代循环经济伦理思想"阐述了西方循环经济构想、现代循环经济内涵及理解范式和现代循环经济的伦理特质。第六章"循环经济的伦理合理性证明"从规范伦理学论证方式及局限性、程序正义原则及评价和基本价值观的澄明是长期、首要的任务三方面论述了循环经济伦理作为应用伦理学的方法论规范,并在此基础上论述循环经济具有经济合理性、生态合理性与道德合理性。第七章"国内外循环经济实践及启示"主要从美国、日本和德国循环经济战略与实践及中国循环经济制度与实践进行分析,总结国内外循环经济实践的经验启示。第八章"循环经济发展战略的中国方案"在分析了循环经济在新时代的战略定位后,阐述了新时代中国特色循环经济的基本架构,并提出新时代推进循环经济实践的措施。

企业社会责任文化认同研究:基于主体间性视野　　颜冰,知识产权出版社,2021

全书站在本质主义立场上,探讨企业社会责任担责主体、认同主体、监督主体、扶助主体、反馈主体的深度对话与交往,通过划定企业文化边界及与社会多元文化的关系,对话社会文化的道德要求、增加对一般道德责任的认同,对话社会管理结构、加强社会责任实现的理性力量,确定企业担责的"就近原则"等维度,进而构建出"政府—企业—社会"互动的社会责任文化体系。

全书主要由八章内容组成,以目标作为考察责任文化认同状况的基本指标,将企业责任文化认同的过程具象化地表现,并指出企业责任文化认同的最终目的在于企业与个人责任目标的交叠。第一章"国内外研究文献述评"主要是从主体间性研究、企业社会责任研究和企业文化、组织文化及认同研究三方面对国内外现存文献进行梳理、评析,由此为后面的分析奠定了夯实的理论基础。第二章"西方哲学思维下的主体间性"认为主体间性作为西方哲学的一个范式日益渗透到多学科的研究中,因此更需要审慎考察主体性、主体间性的缘起、发展、视界差异与衔接关系,在对主体性思想的勃兴与衰落以及主体间性思想的诞生进行论述后,再从主体与他者、多元主体交往能力和交往理性与企业情境三方面阐述主体间性的核心维度。第三章"企业与社会责任的关联性"从"企业"的词源分析与内涵入手对"企业"这一概念进行了界定。在回答了"何谓企业"后阐述了企业的起源与本质,并从企业"法人"身份、企业"非道德性"神话和企业在经济与道德中的斡旋三方面阐述企业承担社会责任的可能与尝试。第四章"全球化交往与企业社会责任规制"在阐述了全球化与全球化交往和企业社会责任的内涵后,从"以生产守则运动、消费者运动和环境保护运动为契机的企业社会责任规制""全球化企业社会责任的披露、认证规制""各国对企业社会责任立法规制"和"主体间性视野中的企业社会责任的多元主体及交往"四方面论述了全球化背景下的企业社会责任规制。第五章"企业责任管理的多元张力与文化回应"主要从企业责任管理中多元要素的对抗与互动、企业内对离散失责状态的治理和文化管理对企业内责任状况的回应三方面加以论述。第六章"责任主体交往与责任文化认同"主要在论述企业交往中责任主体的遗失与回归、企业内社会责任主体交往形式与文化特质后,认为协商共识是责任文化认同的客体规定。第七章"以目标为旨归的企业责任文化认同"从社会认同理论简述和组织认同理论评析两方面对企业文化认同相关理论进行了解析,为企业情境中文化认同研究的展开进行了铺垫,认为可从目标分立阶段、目标匹配阶段和目标重构阶段来论述企业情境下责任文化认同层次。第八章"重建基于参与身份的社会责任文化"以叙事性方法的引入、基于成员"在场"的文化参与身份和责任文化参与身份的叙事性三方面论述叙事性与责任文化参与身份,并对文化参与的责任意义进行了诠释,并分析了"政府—企业—社会"社会责任文化体系。最后,基于主体间性视野中对企业社会责任文化认同问题的考察提出八个结论。

共生管理:重塑商业伦理和企业价值观 林立平,中国经济出版社,2021

该书是关于新型商业伦理和企业价值观方面的探索性著作,并不是直接教给读者如何管理企业的方法和技术,更多的是注重商业伦理和企业意义方面价值观的探讨与重构。该书中所提出的企业共生文化强调的是,企业首先应该做好自己,这本身就是最大的社会责任,也是最起码的商业道德。依据企业共生文化的理解,企业处理好与自然的关系、与人的关系以及与其他企业的关系,在此前提下企业自身还在保持绩效的生存运转,这说明企业在就业、纳税和环保方面都已经尽到了责任,而这些才是企业最本质的社会责任。处理好与自然的关系,意味着企业已经平衡好发展与环保的悖论瓶颈;实现了对人的尊重和以人为核心的价值主张,说明企业已经在个人与集体的协调关系方面,特别是在尊重个人权利关系上,已为社会做到了进步的示范;企业与企业能够自由自愿地相互合作,更进一步表明企业经营者已经在平等诚信的基础上维护和发展了市场秩序。企业共生文化认为,企业和社会的关系也是共生关系。企业本身即社会的组织细胞或器官,企业的良性运作就是对社会的稳定发展做出积极贡献。企业必须要承担社会责任,但同时也要防止把某些额外的社会责任变成企业负担。尤其在当前,一方面我们需要强调企业的社会责任,特别是在生态环保方面,但也应该看到尚处在青春期的中国企业更加迫切需要的是社会各界的理解、尊重、扶持和爱护。

全书分为上、中、下三篇,共有十章。上篇"灵魂的模样"(第一章到第四章),从生物多样性和文化多样性出发,首先探讨个性觉醒的时代特点,进而从生物学等多元视角对人类既自私又利他、既是天使也有心魔的"混合人性"展开论述,并由此质疑经济学、管理学的"人性假设",对"共生思想"的觉醒与发展进行了"考古"学阐释。中篇"价值与探索"(第五章到第七章),依据共生思想的价值判断,对经济领域的三大课题进行辨误性的商榷,即对"利润最大化"、"股权"治理结构、由"忠诚"引出的用人原则展开解惑式的探索。下篇"创想与文化"(第八章到第十章),结合实践经验,对企业联盟合作、共生型联邦组织、企业共生文化等,提出了建设性的创意构想。

政治经济学语境下的马克思正义观研究　高广旭,东南大学出版社,2021

该书以探讨马克思资本批判与正义批判的关系为主线,以分析马克思解读正义的方法、前提和枢纽为基础,旨在通过对马克思正义批判的显性逻辑、隐性逻辑和理论旨归考察的基础上澄清马克思正义观的思想内涵与真实意义。

全书由八部分构成,主要内容有六章。导论"政治经济学批判与马克思正义观研究的理论自觉"主要分析了国内外学界对马克思正义观的认识和研究路径,并表明该书的工作在于进行进一步的探索和尝试。第一章"总体性辩证法:马克思运思正义的方法"先阐述了《资本论》的"正义悖论"问题和历史唯物主义与正义的关系问题,并从什么是辩证法的"合理内核"、政治经济学批判与辩证法的互释、辩证法的总体性及其批判本质三方面阐述政治经济学批判与总体性辩证法,并论述了总体性辩证法与正义规范性的重构。第二章"财产权批判:马克思探讨正义的前提"先论述了现代性法权正义的支点——财产权,并从"生命"的权利和"贱民"的反抗两方面论述黑格尔的财产权批判及其正义观进路,从市民社会"要素"的批判和《资本论》的财产权批判两方面阐述马克思从权利到资本的批判视角的转换。最后分析了财产权批判、资本批判和私有制批判中的法权正义批判。第三章"劳动价值论:马克思解读正义的枢纽"先是从古典劳动概念到现代劳动概念、马克思对现代劳动概念的分析两方面阐述了正义何以与劳动相关,并进一步论述了剩余价值与正义的关系、正义与生产方式一致和马克思正义观的论域革命。第四章"超越资本正义:马克思正义批判的显性逻辑"以现代性正义观念的诞生及其困境为引,论述了《资本论》的资本批判与正义批判,并从正义批判中的现代政治批判和社会权力批判论述《资本论》正义批判的真实意蕴,并从《资本论》的社会伦理意蕴和对资本正义的社会伦理批判中提炼出马克思对资本正义的批判与超越。第五章"重建社会正义:马克思正义批判的隐性逻辑"从市民社会的历史嬗变和正义问题两方面论述了现代市民社会的诞生及其正义问题,并在分析市民社会正义问题的基础上,阐述了《资本论》语境中的市民社会批判,并阐述了《资本论》市民社会批判的"政治哲学"意义。第六章"革命何以可能:马克思正义批判的理论旨归"先分析了革命动机的"利益"与"道义"的二元抉择,并从"意识"与"结构"两方面论述革命主体的理论自觉,并从"政治革命"与"社会革命"、从"释放"到"解放"两方面进行革命旨归的当代阐释。结语"从反思马克思正义观到建构马克思正义理论"指出马克思正义观的政治经济学阐释从自觉建构马克思正义理论的理论内涵、理论方法、理论形态和理论旨趣四方面为马克思正义理论建构的理论自觉奠定了基础,并对前文加以总结。

银行业的文化、行为和道德　[英]弗雷德·贝尔,中国人民银行营业管理部青年翻译组译,中国金融出版社,2021

该书得到了特许银行家协会的认可,对学习银行业专业精神和道德规范的会员和学生来说是一份重要资源。它强调了专业精神对银行的重要性,并探讨了所有员工是如何在以客户为中心开展业务中发挥关键作用的。它采取了一种实用性的方法,旨在培养读者的能力,使读者能够认可并寻求在客户和机构间取得平衡的结果,能够了解声誉缺陷的影响并重视在工作场所中的个人影响。该书从对伦理思想主要分支的讨论,到对英国和国际法律法规的概述,涵盖了理论和实践。为了帮助读者加深理解,章节内容包含了活动和行业案例研究,以及延伸阅读和观看建议。该书对利益冲突、决策模型、专业机构的作用、公司治理、行为风险管理和2007—2008年全球金融危机进行了充分的、有参考性的论述,是金融专业人士的重要指南。书中内容的涵盖范围广泛,从银行业作为一个行业和一门学科的演变,到伦理学理论,还考虑了文化和行为如何影响客户体验,但没有假定的知识,它是为了给初次接触这一主题的学习者提供支持而编写的。

该书共有十章。第一章是"伦理学理论",不仅介绍了伦理学是描述和指导人们如何生活的基础,还介绍了伦理学的主要原则和伦理学理论的四个主要分支,并总结了它们的"优点"和"缺点"。第二章是"银行业的专业精神和职业道德",概述了专业精神在银行业发展过程中的重要性,并介绍了当今银行业面临的两项主要的道德挑战,即利益冲突和举报。第三章是"实践中的道德决策",该章考虑了道德决策方法,描述了其中涉及的主要步骤,主要内容包括:结构化得到的决策与其他任何结构化商业决策流程一样,都采用相同的总体方法;道德考量通常会包含许多标准,例如针对损害、公开性、可辩护性、可逆性、专业影响和组织影响的测试;已经为商业用途开发出许多道德决策过程,所有这些都可用于银行场景。第四章是"银行业简史",该章考虑了银行业的发展以及银行业如何应对各种金融危机,介绍了银行业道德的演变。第五章是"银行业的监管和立法概述",该章论述了因为银行在经济中的关键作用,所以银行需要遵守各式各样的立法和监管,并且尤其是由于以往的事件和错误,其监管负担与日俱增。第六章是"公司治理",该章考虑了道德领导和公司治理在英国的发展,参考了以前在公司失败后建立的那些主要的审查类机构。第七章是"银行业的行为与文化",该章讨论了银行业文化、行为和激励机制,这些因素之间的关系很复杂,并概述了文化转型面临的挑战。第八章是"行为风险管理",该章主要论述了银行业的行为风险管理。由于它关注的是银行如何对待客户,因此行为风险是包罗万象的,而且对所有公司来说都至关重要;公平对待客户应该是银行一切工作的核心;在新产品开发中建立良好的客户成果对所有公司来说都是至关重要的;产品生命周期的所有阶段都必须将客户成果作为重要的考虑因素;鉴于公司拥有客户数据的数量及敏感性,数据隐私是所有公司的首要责任;数据保护远不止是一项监管要求,世界上对数据处理的监管和审查越来越多,持有并保护客户数据的责任应该上升到道德层面。第九章是"企业社会责任与环境问题",该章主要考虑了银行经营所处的环境状况,并探讨了银行机构的社会责任义务。第十章是"伦理与科技",该章主要聚焦于科技对利益相关者的伦理影响,而不是科技将会做什么。该章首先简要讨论了科技的应用是如何演变的,然后讨论了科技对客户、员工和监管机构的影响,接着利用"信息时代的五个道德维度"模型,探讨了一些现在和未来必须解决的伦理问题。

经济新常态下中国道德经济发展研究　　周丹,经济科学出版社,2021

该书从中国经济建设的现实需要出发,在厘清道德经济概念、明确道德经济特征和系统考察道德经济兴起的理论背景和社会背景的基础上,以历史唯物主义方法为指导,开展对中国道德经济的研究和分析,旨在为推进中国道德经济的发展寻求解决之法。

全书由八部分内容组成,其中主要内容有六章,选取经济发展新常态下中国道德经济发展作为研究主题。导论分析了选题背景与研究意义,并对国内外研究现状进行文献梳理与评述,同时展示了研究思路、研究方法及创新点,并对不足之处进行反思。第一章"道德经济的界定及其理解"主要以厘清道德经济的内涵为主,并分析了道德与经济关系的历史运行轨迹和道德经济的特征,为全文提供了厚实的研究基础。第二章"道德经济的三种基本道德价值观"从追求效率、讲究信用和秉持公平三方面论述,认为效率是道德经济的基本规定,信用是道德经济的经济伦理价值取向,秉持公平是道德经济的道德维度。第三章"中国道德经济发展的经济社会背景"从信息社会的发展、社会组织的繁荣和生产性公众的壮大三方面阐述了当代社会道德经济兴起的基础,并表示当前中国进入经济发展新常态,以社会主义经济制度为前提,社会主义伦理价值使其获得精神合理性,构成经济发展的伦理动力,为经济发展提供价值定向,确保经济发展沿着正确的轨道前行。第四章"中国道德经济发展的经济主体"论述了中国道德经济发展应以市场经济为平台和以企业为主体的依据、意义与方法,认为企业要充分利用市场的自愿自发的激励机制,公有制企业和非公有制企业都要充分发挥自身潜能。第五章"中国道德经济发展的主导力量"从"作为一种政治制度的政府"入手,阐述了中国道德经济发展应该以政府为主导力量的依据、意义和方法,认为在经济新常态下,政府的主导责任为发挥公益性职能、维护公平正义和遵循新型"责任伦理"。第六章"中国道德经济发展的参与力量"阐述了当代社会"市场—政府—社会"的三维结构,并论述了要发动社会组织参与的依据、意义和方法,认为社会组织参与道德经济发展要充分发挥感召公众、说服人心的道德优越性,加强自我管理,积极发挥作用并提供社会公共服务。结语对中国道德经济发展进行了总体构建。在经济新常态下,中国经济走向道德经济应采取的逻辑是以企业为主体、由政府主导、社会组织参与,让企业、政府和社会组织在目标和功能上形成一个有机整体,在三者相互依存、相互支撑、相互补充、发挥各自作用的过程中实现道德经济的发展。

共享经济的道德风险治理　殷红,上海科学技术文献出版社,2021

该书针对共享经济领域道德风险的特征,基于大数据和区块链探索研究共享经济模式的道德风险防范和治理方法,对于解决当前共享经济的诚信问题,推动共享经济的健康发展具有重要意义。

全书分为四个部分:第一部分通过分析共享经济典型行业的道德风险表现,总结道德风险的特征,剖析道德风险产生的原因,提出治理道德风险的总体思路;共享经济通过网络平台将个体所拥有的闲置资源进行社会化利用,提高了社会资源的使用效率。信用是共享经济的基石,作为一种陌生人合作共享的商业模式,在平台责任界定不清、信用体系不健全及先行赔付机制缺乏等情况下,共享经济面临"监管难、取证难、维权难"的困境,极易诱发各类道德风险问题。如何有效治理共享经济中的道德风险,保障共享经济主体的利益,成为共享经济健康发展迫切需要解决的问题。第二部分在分析共享经济道德风险的特征的基础上,提出了针对共享经济道德风险治理的思路,深入研究了治理道德风险的三种机制,即声誉激励机制、信用保证机制和失信惩罚机制,并探讨了如何通过平台自律、第三方中介参与、政府监管来发挥这些机制的作用。第三部分基于大数据分析和区块链技术,探索治理共享经济道德风险的新模式和新思路;以共享单车模式为例,利用大数据分析方法分析了用户行为特征,提出了基于大数据的道德风险甄别方法和单车资源配置策略。另外,试图将区块链的思想应用到共享经济领域,探讨基于区块链的信用管理体系构建,主要利用区块链技术的特点,设计基于区块链的共享经济信用评价模型和分布式自主信用模型。第四部分研究政府在共享经济道德风险治理中的角色和定位,并基于此,从监管模式、监管方式和法律法规三个方面提出合理的政策建议。同时,还研究了共享经济中政府与市场的关系,构建了共享经济交易市场模型。

伦理学前沿

论文简介

新时代中国之治的伦理意蕴　王小锡,道德与文明,2021(1)

新时代中国之治,在其本质上是中国共产党之治,是适合中国国情的科学治理,它内含着中国共产党历来崇尚的马克思主义伦理精神即伦理层面的应该之治,而这种伦理应该的治理,依据的是社会主义制度,依靠的是人民的拥护和支持,依托的是德、法并举方略,依存的是人与自然和谐共生的生态环境,依傍的是人类命运共同体的发展。这充分展示了新时代中国之治的内在特质和本质特征。

一、民主集中、聚力筑梦的制度伦理

新时代中国之治的根本依据是社会主义制度。社会主义制度具有四个方面的重要作用:第一,它可以确保广大民意的科学集中和充分张扬。国家的现代化治理是全民意志的治理,领导者或管理者的治理理念是对广大民众合理诉求的满足与彰显。现代化的国家治理是全民意志的治理,全民意志的治理是真正的民主和集中的体现。第二,它可以促使全体国民形成协调一致的合力。社会主义制度是真正的民主制度,能在发挥每一个国民意愿和能力的同时协调和组织全体国民的力量并形成合力,实现全国重大决策目标、重大发展目标和重大事件解决目标,这是国家治理中最根本的道德标志。第三,它坚持包容、共建、共享,积聚发展动力。真正的民主集中的社会制度,应该是包容的制度、共建共享的制度。包容是制度的前提,共建是制度的要求,共享是制度的本质。从本质上来讲,实现包容性发展就是要在发展理念上彰显以人民利益为重的伦理理念。

二、以人民为中心的民本伦理

坚持以人民为中心是中国之治的成功经验与独特优势,也是新时代中国之治的核心理念,更是新时代社会治理伦理的根本要求。以人民为中心的民本伦理包括三个方面:第一,坚持人民的主体地位。中国共产党始终坚持人民的中心地位和主体地位,保障人民的平等权利。一方面,必须紧紧依靠人民治国理政,管理社会;另一方面,治理过程中要接受人民群众的检验和监督,真正拿出人民满意和支持的高效的社会治理主张和行动。第二,坚持人民利益至上。中国共产党始终把人民立场作为根本政治立场,把人民利益摆在至高无上的地位,将人民对经济、政治、文化、生活、生态五大方面的切实利益诉求始终贯穿于治理的全过程。第三,切实保障民生。中国共产党要在坚决维护人民利益的同时,不断增强人民的获得感、幸福感和安全感,不断推进全体人民共同富裕。

三、法、德共治的社会治理伦理

新时代中国之治的特色方略和辩证手段是法、德并举。法、德共治的社会治理伦理要求包括三个方面:第一,通过法治保障社会的公平正义。国家治理的基本前提是实行法治,社会主义法治在其本质上是人民意志之治。人民既是法治的主体又是法治的客体,人民自觉遵纪守法的前提是法治的公平正义得到保障。第二,通过道德力量推动国家的治理。在国家治理过程中,我们要努力实现中华传统美德的创造性转化、创新性发展,引导人们向往和追求讲道德、尊道德、守道德的生活,引导广大党员、干部做到以信念、人格、实干立身。第三,通过道德滋养孕育良法。要在道德体系中体现法治要求,努力使道德体系同社会主义法律规范相衔接、相协调、相促进;要培养道德高尚的司法者,坚持法律面前人人平等,在坚持公正、平等的基础上完善法治社会。

四、人与自然和谐共生的生态环境伦理

新时代中国之治的重要手段和目的理应包括个人、自然、社会以及自然与社会处于最佳的理性生存状态。人与自然和谐共生的生态环境伦理包括两个方面:第一,"生态应当"三维度是国家治理的应有之义。"自然生态应当"是指自然界中的一切生物及其在一定环境中的相互关系与生存状态;"社会生态应当"是指人和社会关系处在最理性状态;"自然与社会生态应当"是指人与自然、社会和自然实现真正的和谐共生关系。第二,生态文明建设之应当。生态文明建设之应当及其成效是国家治理的一个重要领域或重要考量指标,蕴含着人类如何对待自然、社会和自然与社会的问题,是国家道德、社会道德和个人道德问题的集中体现。促进人与自然和谐共生,应该尊重自然发展的规律,遵循人类社会历史发展的规律,在社会凝聚力不断增强和生产力水平不断提高的情况下,坚定不移走绿色低碳循环发展之路。

五、人类命运共同体的国际伦理

新时代中国之治离不开人类共同价值的张扬与国际和平环境的改善。

人类命运共同体的国际伦理包括三个方面：第一，互相尊重，包容共存。当今世界，和平与发展早已成为各国相处的根本准则。有平等才有真诚的互相尊重，才有真诚的交流互鉴，才有真诚的包容、合作与发展。第二，和衷共济，合作共赢。无论是在各国发展问题上，还是在应对国际公共安全问题上，和衷共济都是唯一的道路，只有以此为前提，才能实现真正的合作共赢。第三，大国担当，奉献世界。承担大国责任，促进国际和平与发展，构建人类命运共同体，是我国的一贯主张。

"伦理"话语体系及其中国密码　樊浩，道德与文明，2021(1)

"伦理"，是中国文化最具标识性的基本话语之一，具有特殊的文化基因和文明染色体意义。中国文化的"伦理"是由四个结构形成的话语体系："伦"—"理"—居"伦"由"理"—伦理世界"。

一、"伦"："国—家"文明的伦理实体

一言概之，"伦"是具有世俗终极关怀意义、入世而超越的实体，是"国—家"文明路径和文明体系中伦理实体的中国话语。具体而言，"伦"是"合"与"分"的实体；是无上帝的终极关怀，有温度的"道"和"逻各斯"；是"国—家"文明的独特话语与独特传统。

二、"伦"之"理"

（1）"伦理"之"理"是"伦"之"理"。狭义的"伦"之"理"只是内在于"伦"的原理、规律，以及对于伦理的自觉和行动，其问题意识和文化参照是西方道德哲学的所谓"理性"之"理"。广义的"伦"之"理"是指中国文化的"理"有其特殊的传统。"伦"之"理"或"伦理"之"理"，既是一种伦理思维或"伦"思维，也是一种哲学思维的特殊范式。

（2）以"治玉"释"理"的文化信息。关于"理"的解释，中国学术研究中引用最多的是《说文解字》中的"理，治玉也。从玉，里声"。以"治玉"说"理"，潜在两大"中国密码"。其一，对人性的尊重和信任。其二，人性是"璞"，只是具有善的种子与可能，由性而善，由璞而玉必须经过"治"的工夫，于是中国伦理便由"治玉"延伸为"治身"，再延伸为"治天下"。

（3）良知理性。当代对"伦"之"理"的诠释已经离不开理性的参照，但如果一定要说"理"是某种理性，只能说它是一种"良知理性"。良知是一种"伦"之知或伦理之知，与理性无关。因此"伦"之"理"在相当意义上不仅不是理性，不需要理性，而且如孟子所说的那样从根本上排斥理性。"伦"之"理"是良知，必须是良知，也只是良知。

(4) 情理主义。"伦"之"理"的良知既不是西方式的理性主义,也不是西方式的情感主义,如果一定要将它归于某种理论形态,那就是中国式的情理主义。"伦"之"理"是良知,"伦"是"良","理"是"知",无论"伦"之"理"还是"良"之"知",都是情理主义中国形态的话语和理论。

三、居"伦"由"理"

(1) 安伦尽分。"安伦"是伦理认同,"尽分"是道德自由,"安伦尽分"不仅意味着伦理认同与道德自由的统一,而且意味着伦理处于优先地位。"安伦""安分"是"居伦",即将个体置于伦理共同体中;"尽分""守己"是"由理",即"伦理上对他要求的普遍的"的"正直"。"居伦由理"的精髓是"伦理上的造诣"。

(2) 修己安人。"居伦"的要义是"安伦"。"安"和"安伦"涵盖从"安身"到"安心"的整个人生及其过程,由此"安伦"便从"己"转向"人",不仅"安己",而且"安人"。"安人"不仅是一种伦理关怀和伦理情怀,也是一种伦理境界,因为"安人"必须以"修己"为前提。"安人"既是"修己"的伦理境界,也是"修己"的伦理正果。

(3) "角色伦理"抑或"大学之道"?在中国伦理传统中,个人在伦理关系和伦理实体中承担多重角色,不同伦理角色的复合及其不断切换才是"居伦"的要义,由此所获得的行为合理性便是所谓"由理"。个体作为各种伦理角色的总和而成为"伦理人","居伦"的目标就是要达到这种"执中"而"时中"的中庸境界。

四、"伦—理"世界

伦理世界是"伦"—"理"合一的世界。其一,"家"的伦理本位意义。中国"国—家"文明的要义,不仅是"家国一体",更重要的是"由家及国",家对于国有本位和范型的伦理地位。其二,民族伦理实体的"中华"气息。中国文化的"伦"和"伦—理世界"都携带"中华民族"的基因信息,在"中华"伦理世界中内在着超越家族、超越种族的建构伦理实体的精神基因。中国伦理型文化的精髓是"厚德载物",而不是征服性、宰制性的"宰物"。其三,"天下":伦理实体的"中国境界"。在文明的历史进程中,"天下"是"国—家"文明体系中独特而必然的伦理话语,也是伦理世界的中国顶层设计,是最高伦理实体的概念。其四,个体在伦理世界中的命运。在伦理世界中,个体的命运是"修","修身"的要义是超越自己的个别性而达到伦理的普遍性。

"伦"—"理"—居"伦"由"理"—伦理世界,形成"伦理"话语及其文化传统的特殊精神气质,这就是:"伦理"地思考;"在一起"而"成为人";"有家园"并"守家园"。同时也具有特殊的文明史意义:缔造了一种特殊的文明形态和文化形态,即伦理型文化形态;建构了一种理论形态,即伦理道德一体、伦理优先的精神哲学形态,使中国文明不仅是礼义之邦,而且是伦理学的故乡;提供了一种伦理世界观,即"以伦理看待世界"。

中国乡村治理的伦理审视 刘昂,道德与文明,2021(1)

乡村是中国社会的基础,乡村治理状况将直接影响国家治理体系和治理能力现代化的进程。伴随社会转型的持续深入,乡村在得到发展的同时,其治理主体、机制和目标不断受到传统与现代的交互影响,亟待伦理价值的规范和指引。

一、乡村治理实践及其伦理困境

近年来,笔者通过调研了解到,面对谁来治理、如何治理、治理成效等问题,乡村在治理主体、治理机制和治理目标方面有了明显改善。然而,伴随乡村社会转型的持续推进,一些村庄在提升治理水平的同时也面临着伦理困境。谁来治理是治理能否取得成效的关键。如何治理是治理能否取得成效的核心。"治理有效"作为乡村振兴战略的总目标之一,对乡村治理提出了更高要求。总体上看,当前乡村治理实践中既有值得肯定的一面,也存在亟须解决的伦理问题。在治理主体方面,具有政治权威意义的村庄干部取代以家族族长和乡绅为代表的道德权威,成为乡村治理的主要力量,但难以激发村民的主体性。在治理机制方面,政策法规代替村规民约成为乡村治理的主要依据,村庄"地方性道德知识"的独特作用难以凸显。在治理目标方面,强调经济发展的同时,在一定程度上忽视了村庄的伦理道德建设的重要性。

二、乡村治理现状的伦理成因

当前乡村治理状况主要由村民个体、乡村社会、国家政权三个方面的因素共同制约而成。由此,针对这一现状进行伦理分析,需要从"个体—社会—国家"三维视角展开阐释。当前,在社会化大生产背景下,小农伦理生存的物质条件虽有所改变,但其作为一种道德观念和道德习惯仍有一定的延续性。小农伦理中的自私狭隘、随意散漫等缺陷,不利于村民主体价值的发挥,对乡村治理具有消极阻碍作用。一方面,小农作为小生产者,他们的生产方式较为单一、社会交往较为简单,容易形成自私、狭隘的伦理观念。另一方面,生产和生活环境的分散,为小农日常自由而散漫的行为提供了温床。值得注意的是,小农伦理并非完全是一种负面评价,其中蕴含着的勤劳节俭、艰苦朴素等伦理思想,至今仍具有现实意义。村庄伦理共同体建立在血缘和地缘基础之上,每个人都具有特定的伦理角色,彼此守望相助、互相依存,具有共同的价值取向和道德诉求。当前,由于村民共同的生活环境、特定的伦理角色以及统一的价值信念不断淡化,乡村伦理共同体逐渐式微,从而消解了村规民约的效力、道德权威的地位和道德评判的价值。共同的生活是乡村伦理共同体的基础。特定的伦理角色是乡村伦理共同体的关键。统一的价值信念是乡村伦理共同体的内核。我国的现代国家建构是一个从传统到现代的历史转型过程,包含了一体化和民主化两个方面的伦理任务,由此,促进了乡村治理主体、机制以及目标的伦理转向。行政下乡是现代国家建构一体化的重要举措。法治建设是现代国家建构民主化的重要内容。发展经济是现代国家建构的必然选择。

三、完善乡村治理的道德实践

乡村治,百姓安,国家稳。良好的乡村治理是多方协调运作的结果,完善乡村治理离不开伦理道德的参与。针对当前乡村治理现状及其伦理成因,可以从构建村庄公共道德平台、提升乡村德治水平、追求村民美好生活三个方面着手,以此增强村庄内生动力,完善乡村治理体系,实现村庄善治。构建公共道德平台是凝聚个体力量、发挥主体价值的重要途径。内容建设是构建村庄公共道德平台的基础。形式建设是构建村庄公共道德平台的关键。参与有所收获是村庄公共道德平台建设的目标。党的十九大报告提出"健全自治、法治、德治相结合的乡村治理体系",为德治参与乡村治理提供了重要政治依据。当前,加强村庄德治内容建设,需要对传统道德资源进行梳理。此外,村庄应当充分挖掘"地方性道德知识"。良好的德治水平离不开道德权威的参与。当前,发挥德治在乡村治理中的优势,必须重塑村庄道德权威。第一,培养个体道德水平。第二,营造村庄道德文化氛围。第三,提供必要的制度保障。实现村民的美好生活是乡村治理的价值旨归,其内含着村民对经济、政治、文化、社会、环境等各方面的期待与诉求。追求村民的美好生活,一方面要促进个体"全面而自由的发展",克服小农伦理的缺陷;另一方面要提升乡村整体实力,破除经济在村庄发展中的主导性地位。

本体概念的含义及其与"道""德"的关系　江畅,湖北大学学报(哲学社会科学版),2021(1)

本体是本体论研究的对象,哲学家们用以表达此对象的术语不尽相同,但只有将"本体"作为本体论的基本对象性概念才是理由最充足的。本体是由具有本然本质规定性和规律性的本原个体构成的具有本然本质规定性和规律性的开放本原系统。本体是与本性、本质关系密切的概念,本体就是本然本质,而本性是本然本质中的独特本质。本然本质本体观实质上是一种道德本体观,它与中国古典道德本体观相通,但也存在着区别。其根本区别在于,古典道德本体观把"道"看作一种内在于天地万物之中的客观实在,宇宙万物都是它的体现,或者说宇宙万物禀赋了它;本然本质本体观则把本体看作哲学家的一种思辨构想和设定,它不是客观实在,而是一种思想实在,只有当具有思想真实性的本然本质在现实事物中得到体现时,它才从思想实在转变成了客观实在。

一、有关"本体"的术语辨析

本体论使用较多的概念主要有七个。"始基"是本体论中最早使用的概念,指的是宇宙万物由它产生、灭亡后又复归于它的那种本原事物或本原要素。"存在"指的是所有事物的最一般的共同规定性,是对本体构想的一个层次或方面,不等同于本体。"生存"作为本体概念主要是存在主义者使用的。"存在主义"一词是以"生存"作为词根生成的,"生存"指的是人的存在,人的存在是先于本质的。"形式"或"理念"是事物的普遍性即所谓共相,但它不只是指个体事物的共相,也指个体事物属性的共相。"实体"就其本义而言就是指作为其他东西的基础、基质或主体的那种东西,但实际上哲学家在很不相同的意义上使用"实体"。"本体"的英文 noumenon 来自希腊文,大致的意思是"被思想的某物"或"思想活动的对象"。"实在"概念是本体论构想和设定本体时所追求的目标,本体论哲学家希望他所构想和设定的本体是最真实的。

二、本体的一般含义

第一,本体是本原意义上的事物状态,而不是现实意义上的事物状态,是"本然",而不是"实然"。第二,本原事物指的是事物的必备本质(即本然本质),包括事物的相同本质,也包括事物的个别本质或特殊本质。第三,本体不是某一种本原个体事物,而是由不同本原个体事物构成的本原系统,本原个体事物只是构成本体的元素。第四,构成本原系统的本原个体是构成本体的实体。本体不是个体的相同性质,也不是构成个体的共同要素,而是具有相同性质和各别个性的本原事物。

三、本体与本性、本质

本性与本体的关系在于,本性作为本然本质是本体的一个层次,是使不同本原个体相区别、使不同本原系统相区别的特殊本然本质。两者的关系：本性作为本然本质是潜在的本质，而本质是得到现实化的本性。本体与本质的关系更为密切。本体就是事物的综合本质，只不过不是通常意义上的本质，而是本体意义上的本质，即它不是指事物的已备本质，而是指事物的必备本质。从本体论看，本体、本质、本性三者之间的关系是，本体就是本然本质，而本性是本然本质中的独特本质。

四、作为本体的"道"及其体现的"德"

本文提出的本然本质本体观实质上是一种道德本体观，它与中国的古典道德本体观是相通的，但也存在重大差异：第一，古典道德本体观把"道"看作一种内在于天地万物之中的客观实在，本然本质本体观的本体不是客观实在，而是一种思想实在。第二，古典道德本体观的"道"是一种单一的最普遍的共性本质，本然本质本体观则把本体视为一种本原系统。第三，古典道德本体观具有天地万物的始基性质，是天地万物得以产生的源头。本然本质本体观的本体实际上是一种思想构想，只具有现实世界及其事物必须具备的本质的含义。第四，古典道德本体观把天地万物的繁荣都视为道之体现即"德"，本然本质本体观具有古典道德本体观所不具有的两种意义。

人工代理的道德责任何以可能？——基于"道德问责"和"虚拟责任"的反思　王亮，大连理工大学学报（社会科学版），2022(1)

关于人工代理是否具有道德责任的纷争主要分为两种观点：一种是否定人工代理具有道德责任；另一种是肯定人工代理具有道德责任。然而，肯定派要想有更为充分的说服力，就必须要直面问题本身，即从可能性和现实性上来回答人工代理的道德"追责"问题，弗洛里迪和桑德斯的人工代理"道德问责"理论以及科克尔伯格的"虚拟责任"理论为肯定派提供了很好的借鉴。

一、"抽象性层次"下的人工代理：道德责任的分离

1. "抽象性层次"方法的妙用

经过"抽象性层次"方法抽取出来的"可观察量"对于某一定义有稳定和兼容作用，这样一来，它就能解决"代理"定义的模糊性、易变性或复杂性问题。

2. 道德责任可分离的人工代理

命题"O"：具备能够引起道德上的善或恶的能力的代理，都可以称为道德代理。而随着人工代理的形成而产生的"人工恶"也是一种道德上的恶,因此结合命题"O"可以推断,人工代理可以称为道德代理。弗洛里迪和桑德斯从人工代理的"意向性""自由"和"道德责任"三方面对可能的反对意见进行回应,最终通过对道德问责和道德责任的区分,合理地解决了人工代理的道德责任困境,也使得相关责任的分配更加清晰。

二、基于外观伦理的"虚拟责任"

1. 外观伦理方法下的"自由"和"意向性"的悬置

科克尔伯格悬置了"自由"和"意向性"问题,原因在于传统的应用伦理学方法无法合理地阐释具体情境中的人机交互道德问题,而且也忽视了人机交互对于增进人类福祉的美德伦理问题,因此他转向了"外观伦理"。"外观",就是指"表现""样子"等可以为对方所体验、描述和把握的特性。

2. "虚拟责任":人机交互情境下的新型道德责任

在人机交互过程中,"虚拟责任"取代了传统的道德责任,成为"维持我们的道德实践"的根据。科克尔伯格认为对"虚拟责任"进行"追责"应遵循一种"虚拟惩罚",其实现必须同时具备两个条件:第一,人工代理要具有能表现出"不愉快"的能力和外观;第二,"虚拟惩罚"要达到假戏真做的效果。

3. 从"抽象性层次"到"外观伦理":人工代理道德责任研究路径的异同

弗洛里迪和桑德斯与科克尔伯格对人工代理的道德责任研究有三点不同之处:第一,采用的方法不同;第二,对"自由"和"意向性"的处理方式不同;第三,对人工代理能否承担道德责任的回答不同。通过上述的比较分析可以看出,"自由"和"意向性"是人工代理道德责任研究中的核心问题,对这一问题的不同处理方式直接决定了人工代理道德责任不同的研究路径。

三、传统道德责任的基石:"自由"和"意向性"

一般来说,若要能承担道德责任,必须具备两个基本条件——"自由"和"意向性"。一方面,是否出于意愿是一种自由意志的体现;另一方面,当行为人对某一不道德的行为后果是有意为之的,他应当要对这一行为后果承担道德责任,这种责任或者归因于"直接意向性",或者归因于"间接意向性"。

四、传统道德责任基石的动摇:从质疑到改变

1. 对"自由"与"意向性"的质疑

尽管上述的一些理论明显强调了"自由"和"意向性"是人工代理能够承担道德责任的前提,但是在某些情况下,经常会出现一些不满足该前提

的道德责任事实。对"自由"和"意向性"的质疑不仅来自具体生活情境,也来自神经科学的视角。

2. 现代技术场域下的道德责任

现代科学技术引起了传统道德责任观的改变,主要体现在两方面:第一,技术的发展和应用加速推进了道德的"物转向"。第二,在现代科技的深远影响下,道德责任实现了"远距离"延伸。

五、结语

既要看到对人工代理进行道德"追责"的理论可能性,又要认识到理论成为现实的过程不是一蹴而就的。因此,我们不能因为要对人工代理进行"追责"而忽视了人类自身的道德责任,而是需要发挥"完全道德能动体"的作用。

论"动物权利"之道德实践的优先级　孙亚君,自然辩证法通讯,2021(1)

作为一种新的伦理学,汤姆·里根的"动物权利"具有巨大的意义,因为,它不仅仅是一场革命性的进路,也是一个系统性体系,即本体、价值与实践之间的有机联系性。但是,在权利论庞大的实践体系中,不同实践主张之间的优先级关系是模糊的。这为权利论的道德实践带来了不确定性。因此,本文通过考察"动物权利"之系统内部的有机联系性,来阐明不同实践主张之间在道德考量层面的优先级关系。这种实践主张间的比较既包括在"消极"意义上的道德义务,也包括在"积极"意义上的实践原则。本文的分析展示了在道德考量性的层面,不伤害义务的优先级高于"协助"或"慈善"的实践,后者的优先级又高于"增加裨益"的实践,是为道德实践优先级的阐明。进而,分析指出,协助或慈善的义务性只能体现在社会层面,而非个体层面。这一点,既是对于动物权利之实践论的一个修正,也应当作为所有伦理学在道德实践方面的一项基本原则。

一、前言

动物权利或曰权利论这个伦理系统的一点不足在于:不同实践主张之间的优先级关系是未尽阐明的。这意味着,权利论面临不同实践主张之冲突的情形时是无力的。但是,此局并非无解。既然动物权利是一个有机的系统,那么,我们似乎可以从权利论体系的其他方面来分析其诸实践原则之间"应然的"优先级关系,此即本文的考察重点。应该说,确定诸实践主张之优先级关系的重要性在于:它不仅仅使得我们更有把握地落诸具体实践,也强化了价值论与实践论之间的逻辑性,即夯实伦理学自身的"有机性"。当然,这种重要性不仅仅囿于动物权利;它对于不同的伦理学的阐明与深化也具有普遍的借鉴意义。

二、实践基石:平等尊重

权利论的道德实践的基础与核心是"尊重原则",后者要求:道德主体对于每一个具有固有价值的个体具有一项正义的直接义务;或者说,每一个固有价值持有者具有一项有效的要求,即尊重地对待它们的固有价值的"道德权利",后者对于每一个固有价值持有者而言是平等的。同时,尊重原则的适用对象是所有的固有价值所有者,不论后者是人还是非人。

三、消极性实践

在权利论的实践体系中,里根详细阐述了若干抽象原则,即尊重、不伤害、少侵权、轻伤害。在此基础上,里根提出了第五条原则,即自由原则。自由原则是轻伤害原则的一个推论,这里,道德实践者是(潜在的)受伤害者本身。这些原则的一个共同点,即以"减免伤害"为宗旨。在此意义上,这些原则都是"消极性"的道德实践。本文所重点考察的优先级关系即这种更广意义上的道德实践的比较,即消极性实践与积极性实践的优先级关系。

四、积极性实践

里根所详细讨论的包括不伤害原则在内的实践原则是消极的道德实践,而他所谓的"协助义务"则是积极的道德实践。在里根的 2004 年版《动物权利研究》新序言中,这种协助义务又被统筹在外延更为广泛的"慈善义务"或曰"慈善的一般显见义务"的概念中。裨益往往指的是增加"好",而里根的"慈善义务"针对的是减少"坏"。例如,妙手回春,救人水火,是一种减少"坏";而福上加福,多多益善,是一种增加"好"。

五、实践优先级

可见,"不伤害""慈善"与"增加裨益",三项义务在实践层面的"道德引力"即道德主体的实践优先级是不同的。根据上述解释,即"正义的(严格)诉求优先于慈善的(宽泛)要求",我们得到的一个必然推论是:不增加(新的)"坏"的道德相关性要高于减少(已有的)"坏"的道德相关性,即道德主体对于生命主体的不伤害义务的实践优先级要高于慈善义务。

六、协助义务的可能

如果一个道德主体对于基本道德权利受到侵害的所有的生命主体都负有协助的义务,那么似乎这一义务是不计其数的,特定的道德主体又如何能够胜任呢?对此,我们不妨将义务按照义务适用对象分为有限集义务与无限集义务。例如,对于父母的赡养义务是有限集义务,因为该义务对象是父母,对于特定的行为主体而言,其父母是确定的;而不偷盗是一种无限集义务,因为该义务对象是任何可能的被偷盗者,后者对于特定的行为主体而言是不确定的。

人类命运共同体的责任共担　杨义芹,光明日报,2021-01-04

2020年初肆虐全球的新冠肺炎疫情以沉痛的代价再次警醒人们人与自然、人与人是休戚与共、紧密相连的命运共同体,再次证明习近平总书记首倡的构建人类命运共同体的深远意义。党的十八大以来,习近平总书记在多个国际场合呼吁、阐释构建人类命运共同体,这是中国共产党面对世界百年未有之大变局给出的中国方案,体现了中国作为负责任大国的担当与作为,也是当代中国对世界的重要理论贡献,符合时代发展潮流和人类文明进步方向。构建人类命运共同体,不仅需要不同文明利益共享、交流互鉴,更需要破除强权政治和霸权行径,实现公平正义、责任共担。

一、促进和维护世界和平与发展需要责任共担

一般来说,责任担当可以从两个不同方面来理解:一是职责义务担当,指向行为主体应当担当或履行的道德义务、职责,这个意义上的责任概念与义务概念大致相当。二是行为后果担当,指向行为主体要对自身行为及其结果负责。简言之,责任担当就是应当做什么以及承担由自己的行为而引发的后果。构建人类命运共同体,要求世界各国政府、各种非政府组织等作为全球治理的主体、参与者,要做到利益共享与责任共担。

二、携手应对全球性挑战需要责任共担

世界性的问题需要世界各国政府和组织从全球视野、整体性思维层面做出努力,真正将应对复杂的全球性挑战作为共同的责任。如果以邻为壑、隔岸观火,别国的威胁迟早会变成自己的挑战。中国提出的构建人类命运共同体理念,倡导无论是在应对自然灾害、瘟疫暴发,还是维护经济秩序、政治安全、生态保护等方面,都要守住道德底线和国际规则,根据权利义务对等原则,承担起维护世界和平与发展的职责。中国政府率先垂范,从理念到行动,从规划蓝图到"一带一路"框架下中国与世界各国合作共赢的具体方略逐步实施,我们在以实际行动为国际社会提供更多全球公共产品,承担大国责任,展现大国担当。与此形成鲜明对比的是以美国为首的一些西方发达国家表现出来的强权政治和霸权行径。仅以环境保护为例,美国推卸环保责任,曾多次退出各项协议,如退出《巴黎协定》,至今未批准

《生物多样性公约》,不批准《京都议定书》,否认自身约束性量化减排任务;不批准《巴塞尔公约》,为全球塑料垃圾等治理进程设置障碍,将大量废弃垃圾转移至发展中国家,给当地和全球环境带来了极大危害。

三、推动形成全球治理新格局需要责任共担

当今世界,世界多极化、经济全球化、社会信息化、文化多样化都在深入发展,弱肉强食的丛林法则、你输我赢的零和游戏不再符合时代逻辑,和平、发展、合作、共赢成为世界人民的共同呼声。世界治理体系正在呈现多元化、民主化发展趋势,特别是21世纪以来,新兴市场国家和广大发展中国家群体性崛起,极大地推动了世界多极化的进程,当前占世界经济总量比重接近40%,对全球经济增长的贡献率已达80%。国际力量对比的重大变化使世界政治格局更为均衡,有利于维护世界和平、促进共同发展。所有主权国不分大小、强弱、贫富都是国际社会平等成员,都有责任承担自己的义务。全球事务应由各国共同治理,主权平等、对话协商等应是国际关系公认的准则,虽然目前多元责任国际秩序的建构仅仅是一个开端,还存在诸多不确定性,但它给国际社会试图摆脱历史性的权力政治与霸权主义的怪圈提供了选择。通过多元责任担当建立一个公平、正义、合作与和平的全球秩序,是当前解决全球问题的新期望。

我们应当为怎样的无知负责　虞法,社会科学报,2021-01-21

在日常生活中,很多情况下无知可以成为开脱责任的理由,但也并非总是如此。什么条件下的无知可以开脱责任?为什么?这是有关道德责任的知识条件的核心问题。对当事人道德责任的认定,其中一个重要的环节在于考察他的认知状态。很多情况下,对相关状况的不知情或是错误信念使得当事人能够免于责任。核心问题就在于,满足什么条件的无知才能免除道德责任?为什么?一个基本的共识是,当事人之所以要为某些无知引起的后果负责,是因为他们的无知本身就是当事人自身的错。但又该如何进一步理解"有错无知"呢?

一、对先在义务的知情违背

以吉迪恩·罗森(Gideon Rosen)为代表的一些哲学家认为,所谓的"有错无知",错在当事人的无知状态是违背了一些先在的显见义务所造成的。这里既包括指导行动的义务,也包括指导人们更合理地形成判断的认知义务。换言之,虽然当事人的过错行为是由无知直接引发,但这种无知本身是由于他对此前某些义务——大多数情况下属于得出判断所应尽的认知

义务——的知情违背而造成的。"有错无知"中的过错来自对先在义务的知情违背，即我们能合理地期待当事人本可以并且也本应该避免他的无知。

二、值得谴责的态度表达

在另一些哲学家看来，一种无知是否有过错，其关键不在于其生成过程是否存在着当事人对早先义务的知情违背，而在于他的认知状况是否能够真实地表现他在某方面的恶劣品格(E. Harman, 2011)，或是面向他人的恶意或冷漠(G. Björnsson, 2017)。无论是品格还是恶意或冷漠，我们都可以归结为当事人身上的一种值得谴责的道德构成。所以，"有错无知"的过错在于它背后所表达出来的当事人值得谴责的态度。比如像常见的暂时性遗忘现象，遗忘的发生往往是当事人无法预见的，也谈不上是对什么义务的违背所导致的。

三、争议的焦点：成长环境造就的道德性无知

针对遗忘情形，"态度表达"似乎比"知情违背"能更好地解释我们的谴责倾向。但遗忘是否是一种真实的无知，这一点始终存在争议。在遗忘的当下，当事人没有关注或觉察此前的信念，但这种注意力的缺失在何种意义上能被视为无知，我们并不明确。让两种解释形成最激烈交锋的是下面这类情况：由历史、文化或教育等成长环境所造就的道德偏见，如奴隶主对待奴隶、父权制下的男性面向女性等。这类情形具备两个典型特征：第一，当事人不是对行为有关的事实性内容的无知，而是在对事实状况有正确了解的前提下，对相关道德或价值内容的无知——"不知道奴隶也是人"或"错误地相信基本权利上男女有别"，可简称"道德性无知"；第二，当事人的这种道德性无知是在自身所沉浸的环境下形成的。

四、我们的无知，谁的错？

"知情违背"与"态度表达"这两种解释，实质上为我们提供了不同的程序去判定表面无知的过错根源何在。应该承认，这两套程序在处理绝大多数无知情形时是能产生共识的。只有在面对历史中单向度环境所造就的道德性无知时，两套程序才开始呈现分歧。这里的症结在于，当我们追问无知的错误根源何在时，已经预设了一个重要的前提：出错的根源要么在于当事人的过失，要么来自当事人之外的环境，二者必居其一。在思考无知问题的时候，保留这样的审慎会是大有益处的：针对其中个体与针对整体环境的归因并不是互斥的，将过错归于环境并不意味着对当事人责任的开脱，而对当事人的责任认定更是对其背景环境进行深入问责的基础。

论斯多亚派的"合宜行为"　　陶涛,哲学研究,2021(2)

"合宜行为"概念在斯多亚派的伦理学以及西方伦理思想史中都具有重要的意义。本文首先依据斯多亚派的"自然"与"属己之爱"的概念,在广义上将"合宜行为"界定为"符合自然/本性的行为";其次,依据他们对善/恶、中性事物的界定,指出广义的合宜行为又可以区分为狭义的"合宜行为"与"完美行为/正确行为"。通过对合宜行为的讨论,斯多亚派反对在日常生活中将健康与财富等视为善或人生目的,同时也反对完全抛弃健康与财富等的犬儒作风,而是建议我们以一种宁静的态度对待世事无常,并在理性处理中性事物的过程中,追求美德的卓越与幸福。

一

根据芝诺(Zeno)和斯托拜乌(Stobaeus)的定义,可以初步将"合宜行为"界定为:(K1)对于一个行为主体而言,只要他所做出的行为有一个合理的理由,该行为对他而言就是一个合宜行为。(K2)对于一个行为主体而言,当他所做出的行为符合自然/本性时,该行为对他而言就是一个合宜行为。假如"符合自然生长的生活"与"符合理性/宇宙的生活"不一致,是否意味着"合宜行为"概念自身就是内在矛盾的?要回答这个问题,我们就不能仅仅停留在以"符合自然/本性"这一条标准来解释合宜行为,还要知道它对应何种自然/本性,这就依赖斯多亚派的另一个概念"$κατόρθωμα/katorthōma$",即"完美行为"。

二

斯多亚派判断中性事物的标准是:一切符合自然/本性的事物都有价值,一切违背自然/本性的事物都没有价值。因此,基于"中性事物"与"符合自然/本性"两个标准,"符合理性/宇宙的生活"就已经被排除掉了。据此,可以再次对"合宜行为"进行界定:(K3)对于一个行为主体而言,当他所做出的细微符合具有优先性的中性事物,如健康、财富、名誉等,该行为对他而言就是一个合宜行为。

三

斯多亚派认为沉思生活是符合美德的生活,政治生活是符合优先价值的生活,两者在实践上并不冲突。但在理查德·索拉布吉(Richard Sorabji)看来,斯多亚派把这些行为理解为合益的或正确的,似乎都不能令人满意。在笔者看来,斯多亚派在兼顾日常道德的同时,似乎确实更强调自我的优先性,或美德的优先性。斯多亚派还将行为导致的恶劣后果进一步还原为一种主体的心智状态。于是,道德进步的方向也就不在于提升公共善或社会的整体福祉等任何行为后果,而在于自我的美德或灵魂的培育。

四

除了维护"美德"的纯粹性之外,"完美行为"与"合宜行为"的区分似乎还可以对应于他们对"圣贤"与"普通人"的不同诉求。一方面,"完美行为"强调了圣贤只要拥有智慧,就能实现美德与幸福的自足,完全摆脱财富、权力的影响,而获得自由。另一方面,"合宜行为"则为尚未具有智慧之人提供了一种实践指引,通过区分中性事物的三重价值,斯多亚派解释了普通人应该如何更加合益地选择自己的行为,或承担一种义务。由此,普通人虽然并非真正具有美德,他们虽然未能在行为的内在动机上完全摆脱激情,但仅就行为的外在表象而言,他们的行为及其后果已经逐渐趋近圣贤了。

斯多亚派论"合宜行为"的意义:(1)相较于皮浪与学院派的怀疑主义,斯多亚派肯定了善/好以及具有优先性的价值存在,因而为寻求一种幸福生活奠定了理论根基;(2)相较于犬儒派,斯多亚派承认了中性事物具有优先性的价值,因而任何人都无需刻意回避健康与财富等;(3)相较于伊壁鸠鲁,斯多亚派否认追求快乐、躲避痛苦是人的自然/本性,因而任何人获取财富的目的都不是快乐;(4)相较于逍遥派,斯多亚派否认了中性事物有益于幸福,因而他们比亚里士多德,尤其是泰奥弗拉斯托斯(Theophrastus)更加有效地确保了幸福与美德的自足。

当代中国正义问题研究的现实逻辑与理论逻辑——《正义论》出版50周年引发的思考　王新生,哲学动态,2021(2)

从学术路径看,正义问题研究在中国的兴起无疑受到了以罗尔斯《正义论》出版为契机的政治哲学当代复兴的影响。罗尔斯以正义取代效用,并将"社会基本结构"视为社会正义原则的主要问题,使其成为当代政治哲学的核心议题。从现实路径看,中国正从新中国成立后形成的"平等取向的社会"向新时代"公平取向的社会"转型,新的"社会基本结构"正在逐渐形成。党的十九届五中全会立足"两个一百年"奋斗目标的历史交汇点,将"将社会公平正义进一步彰显"列入中国"十四五"时期经济社会发展目标,开启全面建设社会主义现代化国家新征程。概言之,当代中国正义问题的研究就是中国社会转型的现实逻辑的理论映照。未来中国正义问题研究的任务是,运用马克思主义唯物史观提供的方法论,超越西方自由主义的政治理想和理论逻辑,吸收中国传统政治文化创造性转化和创新性发展成果,为21世纪的政治实践贡献中国正义理论和中国正义话语。

一、当代中国正义问题研究的世界学术背景

中国正义问题研究的兴起无疑受到了以约翰·罗尔斯(John Rawls)《正义论》出版为契机的政治哲学当代复兴的影响。这场政治哲学复兴运动,以《正义论》出版为标志,开启了20世纪70年代以来西方关于正义问题持续不衰的研究热潮。在罗尔斯《正义论》出版之前很长一个时期里,以探讨政治事物的价值和意义、追问政治事物内在本性为特征的政治哲学曾一度衰落,成为一种被排斥的理论形式和话语方式。在此背景下,政治哲学在一个相当长的时期里被边缘化,而正是罗尔斯《正义论》的出版,再次将以正义问题研究为核心的规范性政治哲学推向政治问题研究的舞台中央。根据罗尔斯的理解,正义问题主要是"社会基本结构"问题,即"主要的社会制度安排"问题。罗尔斯在自由主义的理论框架下阐释了一种他称之为"基于公平的正义理论"。

二、当代中国正义问题研究的现实逻辑

中国学界关于正义问题的研究始于20世纪末期。其现实逻辑则要从中国社会发展的现实需要中寻找。改革开放之前的中国社会是建立在平等主义理念之上的,其"社会基本结构"清晰地体现了平等的价值要求。改革开放以后,人们对"平等取向的社会基本结构"存在问题的反思以及由此出发向社会主义市场经济体制转变的必要性的研究成果大量出现。对于当代中国公平取向的社会基本结构的形成来说,新中国成立后的平等取向的社会基本结构并不全然是阻碍性的,恰恰相反,它的存在为当今公平取向的社会基本结构的形成提供了重要基础。

三、当代中国正义问题研究的理论逻辑

从理论逻辑看,当代中国公平正义问题的研究首先从冲破传统教科书关于历史唯物主义的旧有解释开始。从理论逻辑与现实逻辑相统一的角度看,从马克思主义事实与价值相统一的方法论出发,无论是哲学学科中的"马中西"还是哲学之外的经济学、政治学、法学等学科,都从各自不同的理论视角切入问题,学科间相互交叉,相互补充,形成了一个复杂而又有生机的正义问题研究领域。

四、当代中国正义理论与正义话语的建构

中国正义理论和正义话语无疑需要自觉的理性建构,但这并不意味着它们的形成是一个纯粹理性规划的过程,而是在自觉塑造和自然演化相统一的过程中形成的,是在回答现实中必然或偶然出现的各种问题中形成的。从学术层面看,当今中国正义问题的研究无疑是在西方正义理论直接影响下开启的。中国社会的现代化转型始终伴随着传统与现代的冲突,而传统政治文化与西方政治文化的对抗发挥了极大的作用。马克思主义及其中国化成果来自社会主义实践,也必然在塑造中国社会基本结构中发挥决定性的作用。

人类增强:在希望与风险之间　王福玲,道德与文明,2021(2)

如今,人类可以利用技术改变诸如认知、体能、情感等内在特征。在科技的帮助下,人类有望变得更强、更美甚至更"道德"。有学者认为,通过现代生物医学技术增强人类的性能违背"自然",在道德上不被允许。然而,也有学者认为人类一直以来都在通过各种途径增强自身,人类增强并非新鲜事物,我们应该积极利用现代科学技术增强自身。在当今社会,人类增强为什么会成为一个道德上有争议的问题呢?

一、何为人类增强?

目前,国内外学界对于"什么是人类增强"的问题存有争议,这是影响学者们支持或反对人类增强的重要理由。尼克·博斯特罗姆(Nick Bostrom)和安德斯·桑德伯格(Anders Sandberg)认为,人类增强是指旨在"提高人们的子系统功能(如长时记忆),使其超出个体的正常的健康状态,或者增加一种新能力(如磁感能力)的一种干预措施"。约翰·哈里斯(John Harris)则认为所有那些能够让我们通过感官感知世界、更好地铭记并理解事物、更好地按照愿望去行动的活动,即所有那些能够让我们变得更强大、更好的活动都属于增强的范围。概言之,一种观点将增强理解为超常,另一种观点则将增强理解为完善。一般来说,主张"超常论"的学者在人类增强问题上持相对消极的态度,主张"完善论"的学者则持较为积极的立场。如何界定增强概念,这有待学界进一步展开对话,尽可能同时兼顾理论的严格性和实践的可操作性。就目前而言,关于增强的一些国际规范主要采纳"超常论"的理解模式,尽管其概念的严格性还有待商榷。

二、人类增强面临的挑战和回应

目前,全世界有很多国家出台了禁止将新兴生物医学技术应用于人类增强的政策或法律。增强技术的研究及应用将会对同代人和后代人产生不同的影响。反对人类增强技术的学者们指出增强技术在同代人之间的运用会不可避免地损害一些人的自主性,同时也会进一步强化不公正的社会现象。如果将增强技术用于生殖系细胞,例如通过基因编辑技术对生殖细胞进行编辑,就有可能增强后代的性能。与体细胞的增强相比,用于生殖系细胞的增强更容易招来反对之声。在所有反对理由中,最能够达成一致的莫过于"侵犯了后代的尊严"。笔者认为在资源有限的情况下,增强技术的运用必然会导致各种形式的不公正和社会歧视问题。然而,这并不意味着增强技术本身是错误的或不道德的。增强的理念和增强技术本身并没有违背人类的伦理底线。在关于人类增强的讨论中,最具争议性的是"道德增强"。在此,笔者并不认为人类的所有情感、品质、德性等都可能会在不远的将来通过生物技术得到增强。笔者想指出,当迅猛发展的生物科学技术越来越多地揭示并证实某些人类生物性状和精神状态之间的联系时,我们也需要正视这种联系,并且谨慎、冷静地反思现代科技对传统伦理可能构成的挑战。

三、植根于人性的追问

笔者认为,从根本上来说,人类增强的问题是关于我们应该如何理解人性的本质的哲学问题。"人类增强"所体现的是一种"祛弱"的思想。然而,人类的有限性不仅体现在其肉体和精神的脆弱性与易受伤害性上,还体现为人类理性的有限性。人类目前的很多伦理观念与人的脆弱性和有限性具有本质性的联系。正因为人是脆弱的,每个人才有被爱、被关怀、被照顾的需要。基于这种需要产生了人对人的义务,爱、关怀和团结等诸如此类的德性或品质才成为可能。脆弱性是人类无法摆脱的命运,对之采取一种藐视或顺从的态度都是不可取的。作为一种对人类有限性的接受,尊重脆弱性可以视为我们时代伦理学的基础。笔者不能认同静态的人性观,人类的发展正是不断地克服脆弱性、自我增强的历史,人性是一个不断被建构的动态过程。我们不妨跟随麦金泰尔的指引进行思考:直面人类的脆弱性,会给道德哲学带来什么,会为实践生活带来什么。

环境美德论 曹孟勤,伦理学研究,2021(2)

建构环境美德伦理,首要问题是确认人在自然界面前是一个什么样的人。人在自然面前的自我画像不同,人对自然界的道德态度与道德行动也就不同。通过人在宇宙中位置的本体论论证,澄明人是自然界的看护者,看护自然界由此成为人的基本美德。通过看护自然界实现了环境美德伦理与环境规范伦理的有效结合,实现了对自然界道德品质与对自然界正确行动的统一。

一、人是自然界的看护者

在保护自然环境的各种理论中,无论是为了人自身的利益而保护自然环境,还是出于自然环境本身的需要,抑或出于非人类存在物自身的道德地位而保护自然环境,都内在性地一致承认或同意人应当对自然环境承担保护的道德责任;即使是对现代性、现代工业文明抑或现代资本主义制度进行反思和批判,以及倡导绿色可持续发展道路,走人与自然和谐共生道路,也都内在地表达着保护自然界的道德愿望。因为道德责任只能由人来承担,道德责任是人的责任,因此在道德责任背后总是伫立着一个人的形象。人对自然界的形象问题,即人对自然界是一个什么样的人问题,恰恰是所有关于人与自然关系哲学理论自觉或不自觉必须回答的基本问题。关于人对自然界的根本看法,人在自然面前是一个什么样的人的问题,不同的时代有不同的理解和回答。梳理中西方有关人对自然界自我形象的历史之后,发现无论是古代人臣服于自然面前,还是现代人让自然界俯首称臣,都对人与自然关系建构了一种不平等的"主奴关系"。人在自然世界之中存在,人与自然界融为一个整体而与自然世界共在,一方面意味着人的本质对象化给自然界,使自然界成为人的自然界,使自然世界成为对象性的人;另一方面意味着自然界的本质对象化在人之中,即自然界的本质被人理解和把握之后而内化于自我意识中,使人成为对象化的自然界,成为自然界本身的象征和代表。人只有在看护自然界、守护自然界的存在中,才能够成就自己的存在,实现并完成自己的存在。

二、看护自然界是人的美德

从传统伦理学来看,对美德伦理有着深入研究的当属亚里士多德,他在《尼各马科伦理学》中确认了美德的三个核心要素。亚里士多德关于美德的伦理思想,首先强调美德是对人之为人存在的担保,即通过美德使人拥有人性,或者说人通过拥有人性而成就自身的美德。他认为人的本质是人的理性,因而将理智美德摆在所有美德的首要位置。带着人到哪里寻找自己的本质和通过什么样的行动实现从"偶然成为的人"向"一旦认识到自身基本本性后可能成为的人"的转变的问题进行思考后,笔者提出人应当在自然世界之中寻找自己的本质,通过看护自然界完成自己从非人向人的转变。看护自然界不仅是人对自然界的道德品格,还是人对自然界的美好行动。看护自然界需要人对自然界做出明智选择,而这种明智选择表现在实践美德方面,则彰显着亚里士多德所说的行为"中道"。人在自然界中生活,既要看护自己,确保自己生活美好,又要看护自然界,确保自然界美丽。

虽然二者是统一的,看护自然界即看护自己,看护自己必须看护自然界,但是,看护自己和看护自然界总还是有一个先后次序排列。就看护自己与看护自然界来说,看护自然界具有优先。人的崇高美德就蕴含在成功看护自然界的实践活动之中,它使人彻底超出尘表,最终完成利他主义精神,获得人之为人存在的尊严。

三、看护自然界是人的正确行动

我们在前面已经确认了看护自然界是人的美德,现在需要回应美德伦理所受到的挑战,解决好美德与道德规范、美德与正确行动之间的关系。首先需要澄清的是,看护自然界的美德并不发生在私人生活领域,而是一种普遍性公共生活事件。其次,看护自然界是美好行动,本身蕴含着道德行为规范。看护自然界不仅是人的美德,还是人对自然界的身份。最后,看护自然界代表着人对自然界的正确行动。人在这个世界上生活,不能没有自然界,同样也不能没有人自身。人类只有看护好自然界,守护好自己存在的家园,人们才能够也才有资格言谈各种美好生活。

一场完美的道德风暴:论应对气候变化的伦理困境　陈俊,江海学刊,2021(2)

全球应对气候变化的实践充分展现了当代人类社会所面临的道德困境。就全球而言,在缺乏一个全球权威治理结构的情况下,合作应对全球气候变化会遭遇到集体行动的困境;就代际关系而言,界定不同世代人之间的责任和义务变得异常困难;就个人而言,获得排放权利的正当性与维护地球环境安全的共同善之间出现尖锐矛盾。当这些道德困境与气候影响的延迟性、排放主体的碎片化、原因与结果的分散性以及气候科学的不确定性等气候变化的特征叠加在一起时,就向当代人类社会提出了严峻的伦理挑战,从而引发了一场道德风暴。应对这场风暴需要我们认真反思现有的道德观念,这种道德反思将为人类社会的政治行动提供行动的动机和理由,同时也为正确的行动提供评判的价值标准。

一、气候变化引发了一场道德风暴

目前,全球气候变化在三个维度上引发了这场世纪道德风暴,它们分别是:空间维度、时间维度、个人维度。就空间维度而言,它主要涉及的是当代人之间的道德问题,我们称之为"全球道德风暴";就时间维度而言,它主要涉及的是不同世代人之间的道德问题,我们称之为"代际道德风暴";就个人维度而言,它主要涉及的是个人在这场危机面前所应该持有什么样的生活方式和价值观念的问题,我们称之为"个人道德风暴"。

二、气候变化与全球道德风暴

在温室气体排放空间这种全球公共资源有限且各方对应数值多少有不同诉求的环境下,如何找出一组合理的道德原则来界定人们的责任和义务,并决定每个人应得多少排放份额,或者是应该承担多少减排成本。因此,解决气候问题的最有效途径应在于寻求建立一个公正合理的全球治理机制,在于激发所有人的道德意识,以共同合作来应对日趋严峻的气候变化。

鉴于发达国家对于气候变化负有历史责任以及它们所具备的承担减缓责任的能力,国际社会要求发达国家在应对气候变化中起领导作用,向发达国家提出有约束力的减排要求,并暂时延缓向发展中国家提出排放限额的要求。应该说,"区别对待"原则较好地体现了在应对气候变化中的正义要求。由于历史的原因,发达国家侵占了过多的排放空间,事实上是造成现有气候问题的主要责任者,而许多贫穷国家现在正在遭受由此带来的气候灾难和损失。

三、气候变化与代际道德风暴

气候变化的一个显著特点是其影响在时间维度上的滞后性。温室效应引起的一些后果,如海平面上升,需要很长时间才能完全显现。未来世代的人相对于我们而言是一个确定的对象,我们对他们要承担义务是因为我们侵犯了"他们"的利益。但同时我们也会遇到帕菲特所谓的"非同一性问题",也就是说,正因为未来世代的人是否存在具有不确定性,因此,他们不具有与我们对等的权利,因而我们无论现在做什么,都不会亏欠他们什么。

四、气候变化与个人道德风暴

如果基于尊重个人权利而赋予每个人温室气体排放以公平的份额是一个正当性问题的话,那么,要求每个人基于保护共同的环境安全而减少温室气体排放就是一个人类"根本善"的问题。就此而言,应对气候变化所要解决的一个深层次的问题,就是"正当"和"善"谁先谁后的问题。

一个在道德上能获得辩护的全球气候治理机制必须遵循两个基本的道德命令:一个是保证人类在一个可持续的方式下发展,而可持续发展首要的就是维持包括全球气候稳定在内的地球环境的安全,这一要求就对个人权利的追求在时间上和空间上提出了约束性条件。但另一方面,温室气体排放又是每个人生存和发展的必要条件。

五、结语

通过以上的讨论,我们看到,任何有效的全球气候协议的达成,以至于任何有效的政治行动的实施,都需要深刻的道德反思。全球气候治理的道德反思将为人类社会的政治行动提供足够的行动动机和理由,同时也为我们正确的行动提供评判的标准。

当代技术伦理实现的范式转型　贾璐萌、陈凡,东北大学学报(社会科学版),2021(2)

技术伦理实现范式是当代技术哲学研究的重要问题。根据技术伦理的基本范畴,技术伦理实现意味着人与技术间应然性关系在实践中的落实,以及相关伦理角色在行动中的彰显。据此,当代技术伦理实现的范式转型可做如下锚定:技术伦理实现的目的从捍卫人与技术之间的界线转向追求人与技术之间的本真性共在关系;技术伦理实现的主体从具有绝对自主性的"人"让位给"人—技混合体";技术伦理实现的机制从外在的伦理规范转变为技术与伦理的互嵌伴随。这一转型的价值取向,既包括技术伦理实践旨趣的复归,又透露出一种后人类主义视角和基于责任的伦理规范。

一、技术伦理实现的内在意蕴

伦理首先体现为一种关系,即人与相关现实之间的应然性关系。技术伦理源自人们对自身与技术这一现实事物之间的应然性关系的探索,技术伦理对于人与技术间应然性关系的关注,不仅源于伦理的"关系性"本质,也是由其研究对象——技术——的特殊性导致的。而在关系性维度之外,伦理还表现为伦理主体的道德特性。技术伦理的基本范畴既包含对人与技术间伦理关系的思考,又涉及对技术伦理主体的界定及其道德特性的思考。这也决定了技术伦理实现的双重内涵:既体现为人与技术间的应然性关系在实践中的落实,又意味着关系双方所应扮演的角色在行动中的彰显。

二、技术伦理实现的目的转向

在技术伦理实现的传统范式当中,人与技术之间的应然性伦理关系主要表现为主体与客体、目的与手段的二元关系。传统技术伦理实现的实质目的都是要捍卫人与技术之间的界线,确保技术的工具性地位始终如一,以捍卫和彰显人的主体性,因此被称为"道德工具主义"(moral instrumentalism)。当前技术伦理实现逐渐发生了目的转向,转而追求一种人与技术的本真性共在关系,即"自我保持了与他人的距离,达到了自我和他人之间的平衡关系;同时又能以我为主,回应他人"。

三、技术伦理实现的主体转化

伦理主体由具有绝对自主性的"人"让位于人与技术交缠而成的"人—技混合体"。传统技术伦理是一种建立在人本主义基础上的规范伦理学,技术伦理通常被理解为技术工作者的职业伦理,然而随着认识的逐步加深,人们开始意识到规范伦理学所依赖的纯粹独立的"人"实际上并不存在。目前,技术伦理主体的界定已经逐步从实体论进路转向关系论进路:行动者的伦理角色"既不存在于客体之中,也不存在于主体之中,而是存在于两者的关系之中"。根据自主程度和伦理意向性两项表征,当前技术伦理实现中的混合性伦理主体可以分为三种类型的行动者:操作型道德行动者、功能型道德行动者和伦理型道德行动者。

四、技术伦理实现的机制转变

技术伦理的实现机制是指在实现技术伦理目的的过程中,各方行动者及各种因素相互联系、相互作用的关系及其协调方式。鉴于技术伦理实现的目的及伦理主体的变化,技术伦理的实现机制也从外在的伦理规范转变为技术与伦理的互嵌伴随。这种技术伦理实现机制可以拆解为以下两个方面:其一,技术对伦理实践的调解机制,即技术调解在伦理实践中的发挥机制,也可以看作人工道德行动者的技术对伦理实践的参与。其二,伦理对技术发展的伴随机制,即伦理对技术发展全过程的介入与伴随,也可看作伦理型道德能动体的人类对技术发展的治理与责任承担。

五、技术伦理实现范式转型的价值取向

就技术伦理实现范式转型的三个方面来看,其体现出的价值取向有如下几点。

第一,实践旨趣。首先,技术伦理学家开始"走出学术壁龛,成为一个真正的社会行动者";其次,伦理的外延变得更加宽泛,它不再是硬性的约束,而是与多元的价值相关联。

第二,后人类主义视角。承认技术作为人工道德行动者的伦理角色并不意味着弱化人类的伦理主体性,反而在更为丰富的实践层面上扩展了人类的道德性。

第三,基于责任的伦理规范。对于技术物而言,其对应的责任在于以合理的方式对人的认知和行为进行调解。对于人类行动而言,可以在伴随技术发展的过程中自觉调整与技术的关系模式,并在这种关系中主动承担起对自身及他者的责任,进而实现伦理主体的自我构建。

外生冲突与威慑伦理　甘绍平，东南大学学报（哲学社会科学版），2021(2)

法外状态下的冲突被称为外生冲突，其特点在于缺乏处于上位的权威主管对之进行调节。所谓威慑伦理，就体现在行为主体于法外状态下为了与对峙的一方形成稳定安全的状态，率先释放出善意与信任的信号，同时又通过使用制裁来恐吓对方这样一种小恶的手段，在尽最大可能不兑现制裁但真的具备必要时实施制裁的实力的前提下，迫使对方同样做出善意与信任的反馈，从而令双方进入合作的轨道。威慑是以和平友好之善意为目的，通过调节法外状态下对峙的行为主体之间的矛盾冲突，建构起互信的合作关系的这样一种充满智慧的管控机制。它是契约主义伦理建构的某种形式，也是道德智慧在非常态下的一种体现。而所谓核威慑伦理则关涉对核战略的道德价值的分析研判，是一般威慑伦理的一种特殊的表现形式。这主要体现在，核威慑与一般威慑不同，是理论上应当兑现但在实践上这种兑现却根本无法承受的一种特殊的恐吓，因而是一种理论与实践上的自我矛盾体。

一

规范是人为设置的对人际行为进行合理调控的工具，含有应当与必须这两个要素。要使规范的约束力得到保障，需要外在的激励与外在的制裁，或两者的结合。与激励相比，制裁是一种得到更普遍运用的使规范的约束力得以保障的调控手段。但由于制裁是一种恶，故一般而言不论是行为主体还是客体都会尽量避免制裁的实施，而仅仅凭借可能制裁这样一种威慑力量，就可以使规范的约束性效力得以呈现。在法治国家的统摄之下，由于国家机构拥有终极的暴力垄断和制裁手段，故一般而言所有的协约、合同、规则与条例的约束力都能得到有效保障，私人采取暴力行为来威胁或制裁毁约者以恢复正义，这不但没有必要，而且也不允许且不可能。

二

法外状态下的冲突叫作外生冲突，其特点在于缺乏处于上位的权威主管对之进行调节，或者该主管势力伸达不及而无法做出管控。如果相互对峙的一方意识到与对方的博弈将是一串互动行为的链条，就有可能通过主动积极的举措以谋求双方长远、整体性的益处。此时该方就不能仅仅是期待对方展示正面态度，而必须采取切实的措施迫使对方相向而行。这一措施便是威慑。

威慑伦理的特点有五个：第一，威慑的目的在于建立和维持信任与合作,因而具有正面积极的意图。第二,威慑者的武器是制裁,行为主体以可能的报复来吓阻行为对象的任何违规的举动,使对双方均有益的信任与合作得以实现。第三,威慑者尽管不希望报复性制裁成真,但又要做好真的实施报复的万全准备,他要拥有切实足够的制裁手段并能够承受对方反报复的代价,从而迫使对方一直不会偏离对原先合约的承诺。第四,威慑及其效果建立在行为主客体对得失利弊的理性权衡的基础之上,因而是契约主义伦理建构的一种体现。第五,在法外状态下,行为主体为了自身未来及整体利益率先向对方呈示善好与信任,为了使这一善意的效果得以保障和增强,他会运用威慑手段,迫使对方对自己的示好做出合作的反应。

三

二战之后核威慑战略逐渐成为一种国际主导的军事理念。核威慑的道德价值在于,让相互对峙的有核国家,尽管具备动武的能力,但鉴于核武使用的灾难性后果而都不敢使用核武。核武器最终似乎并不服务于军事目的,而是服务于政治与外交目的。这里有两点需要强调。第一,核威慑必须拥有绝对的可信度,才能发挥避免战争的效用。第二,为了保持对峙着的拥核双方长久地维护理性平衡的状态,各方都必须尽力避免迫使对方陷入明显失利的地位。

四

核威慑仅仅是有核状态下维护和平的一种权宜之计,它或许可以在一定条件下有效阻止战争的爆发,但它也会使人们长期生活在核毁灭的恐惧之中,它所带来的和平是一种恐怖的和平。而彻底消除核武器的威胁以及滋生人类殊死冲突的因素,完全终结法外状态,建构全球一体的有效治理机制,才是实现人类共同体永续生存的无可回避的唯一可行的出路。

道德幸福　何种幸福　李建华,天津社会科学,2021(2)

关于道德与幸福的关系是伦理思想史上争论较多的问题,其争论的焦点在于德福是否可以一致。其实道德学应该研究的是道德幸福这种独立的幸福形态,或者说是作为道德价值存在的幸福,而非一般意义上基于心理主义的幸福。道德幸福是一种精神性幸福,并且道德幸福时常伴有艰难选择和自我牺牲,它是对道德规范性的自觉体认,有时甚至还有强烈的道德想象参与机制。道德幸福与美好生活向往密切相关,主要表现在两个方面:一是道德幸福与美好生活的同一性,即道德幸福本身就是美好生活抑或美好生活使人感受到道德幸福;二是美好生活对道德幸福的包容性,但能否真正实现道德幸福与美好生活的内在统一,不但取决于美好生活自身,还取决于社会制度等外在因素。

一、是否存在道德幸福

是否存在"道德幸福",需要遵循道德与幸福"同一性"的理路来正确理解道德与幸福的关系。关于道德与幸福的关系,存在两种截然不同的认识:一种是直接同一论,即认为道德与幸福根本就是一回事,道德即幸福,二者不可分割,不存在无道德的幸福,也不存在无幸福的道德;另一种观点认为,道德与幸福原本就是两码事,没有多少关联,更不可能直接同一,因为幸福遵循的是"最大快乐"逻辑,而道德遵循的是"自我立法"的逻辑。因此,"成为一个幸福的人,与成为一个道德的人,只有在理想的情况下才是一致的,而在现实生活中两者不一致甚至相互妨碍的情形是屡见不鲜的"。其实,这两种看似不同的观点,从不同侧面揭示了同一个原理,那就是道德与幸福存在一种非线性的关系。这种非线性表明道德与幸福不是机械对应的,可能有分离的时候,但更有互为条件的时候。

既然道德不排挤幸福,那么道德幸福就有可能成为幸福的一种独立形态,其存在的基础就是道德与幸福的直接同一或同一性,道德幸福就是以道德的行为(善行)带来的道德上的满足感(快乐)幸福。

二、道德幸福的特性

道德幸福主要是精神性的。虽然在获得道德幸福的过程中离不开物质手段和物质环境,甚至有短暂的功利目的驱使,但最终往往是精神性的。

道德幸福有时伴随着自我牺牲。因为道德幸福是一种主动性获得,而不像享乐性幸福往往是受动性的,会在不知不觉中发生,幸福时常伴有艰难选择和自我牺牲,而这种牺牲是另外一种获得,此所谓"舍得"的人生哲理。

道德幸福需要一种想象机制。道德幸福从形式上讲,也是一种主观感受,不过这种感受不像生理上的快乐满足,是直接的、快速的,而是一种超越时空的快乐感受,它是对道德规范性的自觉体认,需要有强烈的道德想象参与机制。

道德幸福始终离不开奋斗。世界上没有坐享其成的好事,要幸福就要奋斗与创造,尤其是要获得道德幸福,更需要创造,更需要艰苦奋斗。

三、道德幸福与美好生活向往

对幸福问题的思考从来没有离开生活的维度,这是从苏格拉底问题经亚里士多德主义以来的思想传统,也是当下中国的社会理想追求。美好生活向往是一个重大理论问题,更是一个实践问题。美好生活需要有一个可成为共识的相对客观的标准。国民幸福指数从社会伦理层面深刻反映了幸福的道德意义,彰显了道德幸福的社会空间价值。一是道德幸福与美好生活的同一性,即道德幸福本身就是美好生活。这种同一性实现的主要条件或机制就是人类活动的"至善"目的和存在方式的"联合"性质。二是美好生活对道德幸福的包容性。当我们对道德幸福做一种狭义的幸福理解时,美好生活与道德幸福就不具有同一性了,而是需要美好生活的包容性,这种包容性是美好生活的至善至福所要求的。

评布伦克特"回到马克思"的自由伦理学　曲轩,现代哲学,2021(2)

布伦克特认为在其之前对马克思主义伦理学的探讨过于驳杂,缺乏严谨性,因而试图回溯马克思关于伦理学的思考,并提出在马克思的思想中存在一种基于自由的伦理学,这种自理学不仅具有元伦理学基础,而且具有规范伦理学内涵。布伦克特的阐释激活了马克思与伦理学的论辩,为马克思主义伦理学的阐发提供了富有借鉴意义的理论资源,但也存在对马克思的思想,尤其是对马克思的自由思想,作泛伦理学处理的倾向,没能摆脱伦理学视角的局限性。布伦克特在阐释马克思自由伦理学上的理论得失,在相当程度上反映了当今学者在对待马克思与伦理学关系上的一些共性。

一、布伦克特《马克思的自由伦理学》的思想素描

《马克思的自由伦理学》一书秉承布伦克特力求"回到马克思"的理论承诺,通过分属于三部分的七章内容,循序渐进地勾勒出他认为内蕴于马克思思想之中的以自由为基础的一种伦理学。第一部分旨在为马克思的伦理学奠定基础,用作者的话来说就是"对马克思的元伦理学的考察,即对其涉及道德本质和道德正当性的方法论思想的考察"。第二部分进入对马克思的伦理学本身及其规范性道德内涵的具体阐释,是全书的主体部分。最后一部分是对马克思伦理学的一个总结性评价。

二、布伦克特阐释马克思自由伦理学的得力之处

相较于一些学者不加辨析、不加论证地直陈马克思的伦理学或马克思主义伦理学来说,布伦克特对马克思的自由伦理学的论辩可以说是辨析入微、有破有立,具体体现在如下三个方面:第一,对马克思自由概念的重新界定;第二,对"马克思与正义"论题的回应;第三,对技术决定论的批驳。

三、布伦克特阐释马克思自由伦理学的不足之处

布伦克特通过对马克思自由概念的重新阐释,以及在此基础上对"马克思与正义"论题的介入和对技术决定论的批判,有效推进了从伦理学维度对马克思自由思想的挖掘和阐发。然而,伦理学这一视角本身也蕴含着缺陷,使布伦克特取得的理论进展仅限于基于伦理学的进展,并深深打上了伦理学局限性的烙印。这种局限性尤其体现在如下三个方面:第一,仅以伦理学的视角看待马克思的自由思想;第二,个别论证缺乏逻辑自洽性;第三,混用马克思的伦理学与马克思主义伦理学。

四、总评

尽管布伦克特阐释的马克思自由伦理学既有其优长之处可资借鉴,也有其所暴露的短板和不足应引以为戒,但无论如何,它为当代马克思主义伦理学的建构所提供的有益启示是显而易见的。首先,布伦克特对马克思自由伦理学的系统性阐释,不仅彰显了建构马克思主义伦理学的必要性,而且突显了对马克思主义伦理学的建构应以马克思的伦理思想作为必要资源。其次,布伦克特对马克思自由伦理学的具体阐发使我们认识到,自由相较于正义、平等或权利而言,对于马克思主义伦理学的建构更为重要。最后,布伦克特对马克思的伦理学与马克思主义伦理学的随意嫁接也提示我们,不宜对马克思的文本按照现实的需要作过多阐发,而必须忠于马克思的观点,观照他当时的历史语境,把阐释马克思思想与发展马克思主义区分开来。当然无可否认,布伦克特对马克思自由伦理学的阐释在总体上是瑕不掩瑜的。

道德真理是否存在——一个伦理学前沿问题 唐东哲,中国社会科学报,2021-02-09

在古典伦理学思想中,道德真理的客观存在性毋庸置疑。然而,随着近现代科学主义认识论思想的逐步发展,道德真理是否存在成了一个颇受争议的问题,而对于这一问题的质疑与答辩则构成了当今伦理学讨论中的一个极为重要的前沿问题。

一、质疑:道德真理并不存在

实际上,关于"真理"的这种信念,在否认道德真理的一条主要路径中扮演着关键角色。在休谟看来,并不存在着所谓的道德上的事实。当我们检查一项行动时,我们看不到任何能够被认为是事实的因素:我们只能在其中发现我们的情感,也即我们的喜悦、赞同和赞赏的情感。休谟的继承者,澳大利亚哲学家约翰·麦基(John Mackie)也认为,当我们谈论善恶真理时,实际上只是在发明这些观念,因为单单从先有的认识官能(感官)

出发,我们无法发现这样一类存在,而如果确实存在这样一些"事实",那么我们就需要有一种奇怪的、特殊的道德认识官能。

二、反思:道德真理在何种意义上存在

道德真理在何种意义上存在呢?阿奎那曾反复说过,伦理学自始至终都是"实践的"。所谓"实践的",是与"理论的"相对的,二者都来自亚里士多德。当亚里士多德提出这组概念时,他严格区分了思辨理性和实践理性两种功能。虽然亚里士多德和阿奎那都承认,我们只有一种理性,即思考并获得判断的能力,但是当理性应用于不同对象时,其功能内涵完全不一样。思辨理性指向外在客观世界,我们通过形式逻辑的三段论,获得"事实上"(理论)的判断,而实践理性则指向"善",我们通过关于自身完满的思考,获取"什么是好"的判断。在严格区分不同理性功能的基础上,我们能够对道德真理的根基有较为明确的认识。既然道德真理在形式上是"什么是好"的判断,那么这种判断便不应该在思辨理性之中寻找,而应该在实践理性之中寻找。因此,道德真理的怀疑论者犯了一个错误,他们想要将道德真理的根基连根拔起,却找错了方向。

三、范例:一种可能的道德真理建构模式

英国著名的自然法哲学家约翰·菲尼斯(John Finnis)正是沿着实践理性这个正确的理论方向去探索道德真理的。菲尼斯认为,在道德真理的来源问题上,我们不可能从事实出发去获得一个道德上的判断,"善"来自实践理性的构建。在菲尼斯的思想体系中,实践理性不仅被用来发现什么样的生活是好生活,也被用来确定如何才能实现好生活,而善就是实践理性在自身的运作中所把握的。一般来说,实践理性能力在亚里士多德和阿奎那的语境中指一种获得道德上的判断的能力,虽然这种判断完全不同于理性在纯粹思辨领域中的运用(三段论的形式逻辑推理),但是实践理性的目标是获得道德上的"真"判断,关于这一点是存在共识的。亚里士多德以及某些当代学者都将实践理性理解为为了达致"目的"而发现"手段"的运作。然而,在菲尼斯看来,实践理性的运作不仅仅在于确定实现善的手段,实际上实践理性有着更为基本的运作,也即构建善,"实践理性的首要和最基本的运作不在于限制、限定或否定,而在于促进,并因此是积极的,亦即寻找和建构那些为人们所追求的赋予我们的行动以理性目的的可理解的目的"。

实践理性把握"善"的方式被菲尼斯称为"构想"(conception),它起始于对一种倾向(inclination)的理解,并将这个倾向所指向的目标"理解"为

一种能够完善个体的"机遇"或"善"。菲尼斯认为，"倾向"是一个能够普遍刻画所有人的本性的概念，"有些倾向是自然的欲望，而有些倾向是感官的欲望或厌恶"，这些倾向往往能够驱动我们采取行动，并且被我们所留意。我们在生活的、实践的经验世界中留意到自己对于某些对象的兴趣，如我们在生活中发现自己总是喜欢提问题，并且意识到我们会对获得正确答案感到高兴，而对无法获得正确答案感到苦恼。当我们留意到自己有一种对知识的兴趣时，我们通过实践理性把"知识"构想为在未来有助于我们个人完满的"善"。就这种"善"是来自实践理性的构想而言，"知识"也是一种"机遇"或"可能性"，即有待实现的"善"。当我们通过实践理性把握一种"善"时，我们就获得了一个道德上的真理。

菲尼斯在寻求道德真理的道路上给我们提供了一个很好的启示：道德真理的特性，不在于获取关于事实的"客观"的判断，而在于寻求价值判断，以使我们的生活和行动变得有意义，这为我们解决道德真理是否存在的问题提供了一个不同以往的特殊思路。

家的元居间性——人类应该如何造就自己的后代　　张祥龙，哲学动态，2021(3)

西方的哲理和科技一直希望以理想化的方式来改造人，重塑人的生成方式和存在方式。儒家不同意这种改造途径，认为人的生养离不开家庭及家人关系。人的特性和品质唯有在家中才能健全地培育出来，因为家居于理想和经验之间、精神和身体之间、个人与国家之间。而这一切"之间"都源于人的生存时间或原时间，也就是过去与未来互补对生而纠缠叠加着的"中间"。

一、培养人的理想方式

理想化、孤立实验化或提纯化的人类培养并不能培养出更优秀、更纯粹、更理想的人，不止是因为它不符合人类的宗教—伦理规范，更是因为根本就不能通过科学方式造出来一个真正的人。经验主义否定这种理想化的再造说，主张根本就没有什么人的原型，一切都是社会环境和经验重复所造成的。而传承和发展儒家的家哲学则以如下一个见地区别于它们：人有植根于实际生活的源头或本性，不能够超越或忽视它而去改造人、提升人。

二、只能从家庭培养健全的人

家哲学同意经验主义的这样一个看法，即人的实际生活经验才是真正塑造人的源头；但它不会同意将这种经验限制于散漫随机的感觉经验，而是要发现它具有生成意义的内在机制，也就是家的结构和运作。家是在理想和经验的夹缝中存活，并长成那让人类凭之生活而非苟活的生命之树。只有家中的爱——亲爱、亲亲——是适合人的爱之端，是被直觉体验的、天然自发的真爱，从这里开始才能产生其他的爱心，进而造福而非造孽于人生。家源哲学并不从原则上反对优生，但反对原则化、对象化、分类化和科技操纵化的优生学，只承认自然化、悠长化、天命化的优生（如乱伦禁忌、合情合理的择偶）。健全社团中的家结构（包括母系家庭）和组家过程本身就隐含着人道化的优生。

三、家道居间的原因：生存时间的发生之"中"

只要是被我们活生生体验到的时间，就不可能以线状的或片状的方式被感受到，而只能以晕状的或回旋前涌的意识流方式对我们呈现。家庭和亲亲之所以总处于两端之间而原发，就是因为家的根子扎在原时间中，亲亲的爱意之流就是原时间之晕流的实际体现，超出了个人的显意识。原时间与物理时间的最大区别在于有没有内在回旋，也就是将来回复和交叠于过去，或过去牵引、促成着将来和现在，而家与个人及一般团体的区别正在于此。家必有代际区别和互补对生，所以一定有新时机的连贯生成，其视域和经验深度超出了个体而包含着他者。唯有原时间让人们开始体验到时间本身的意义，之后才可能有物理时间和个人时间的意识经验；唯有代际时潮中的家能养育出合格的人类后代，之后才会有出色的个人和团体。

道德物化及其批评　王小伟，中国人民大学学报，2021(3)

荷兰学派的道德物化理论旨在将价值嵌入物的设计中，进而通过物的流行来实现道德教化与传播。道德物化的批评者认为该理论会导致三个问题：第一，一旦道德通过物来实现，人的道德主体地位将受到根本挑战，其尊严将受到侵犯；第二，如果人的道德抉择完全外包给物，人的行为将自然地符合却非出自义务的要求，道德将被取消；第三，道德物化给予工程师过度赋权，终会引发技治主义担忧。这三个挑战实际上是因为不能充分理解道德物化的理论情境所致。荷兰学派的道德物化观点有其特别的理论情境，只有在哲学史中理解这一情境才能充分把握它的内涵。

一、何为道德物化

所谓道德物化，简单地讲就是道德主体不单是人也不单是物，而是人和物的集合。这意味着物本身不是价值中立而是负载道德的。维贝克将对道德物化的质疑概括为三种：一是自由侵害论，二是道德取消论，三是技治主义论。如果道德物化指的仅是让物来接手道德，将人还原成被动执行者，那么这三种批评都算有的放矢。但问题是道德物化的内涵并非如此。

道德物化预设了物的道德性可能。物不再是中立工具，而是一个渗入道德的规范性存在，是有道德负荷的。我们将把道德讨论限定在基础论尤其是康德道德哲学之内，因为它同道德物化批评最为相关。维贝克对物的分析包括三个方面：一是技术哲学史中的物观念，二是物的分析，三是人/物关系。总体来看，维贝克对物的分析受到三个来源的直接影响，分别是伊德（Don Ihde）的现象学、拉图尔（Latour）的行动者网络论和福柯的权力论。

二、回应批评

第一，自由侵害论认为物化道德会从根本上损害人的自由，侵犯人的尊严。这种观点预设了康德自由观，把人看成先天完成的道德主体，把物仅仅看成一种工具，在道德决策上要求人们时刻使用自由意志的选择能力。但是，道德物化作为一种实践本身并不在逻辑上立刻造成对自治这一康德形而上学企图的损害，这完全是两个层面的讨论。而且，要求人不断进行道德抉择本身也不符合人类学常识。人的意志作为一种资源在一定时间内是有限的，不断抉择通常会使人精疲力竭。

第二，另一个担忧是道德物化会彻底取消道德。道德被取消乍听起来是件坏事，但取消道德并不意味着不道德，它可能意味着不再需要道德。一个不需要道德但处处符合道德要求的世界在康德眼中就是天国。这里，康德实际上说明了道德的存在揭示人的高贵，但它的必要则恰恰说明人的有限性。

第三，更加紧迫的问题是技治主义风险。针对技治主义，技术民主化是个解药。维贝克认为如果没有道德物化理论，我们更无法规避技治主义风险。有了道德物化理论，我们才可能应对技治主义。目前来看，比较稳妥的做法是把基本人权设计入物。基本人权是全世界绝大多数国家都认同的。因此，技治主义批评的不是道德物化，而是如何道德物化。

三、结论

道德物化不是一个简单的实践思路，它旨在从认识论上指出人的道德主体性是由人和技术物互相建构的。笔者在回顾道德物化的理路之后，重新考察了道德物化的三种批评。首先，康德的自由主要指的是形而上学自由,和道德物化的经验自由不在一个层面上,谈不上侵犯康德意义上的自由。即使将康德自由做实践解释,他也不会要求人们不断进行道德抉择。其次,道德物化一般并不会取消道德。即使在理想实验情况下,道德被取消了,也并不意味着马上就是恶的。维贝克承袭福柯的主体建构理论,认识到物对主体的建构性,继而指出道德物化恰恰是人自由的体现。最后,就技治主义批评而言,道德物化并不会给技术专家独断的价值选择和物化权。它实际上鼓励一种开放的价值物化程序,要求不同的利益相关者广泛参与价值选择、排序和物化之中,使得物的创制和使用更加有价值自觉,更好地实践善的生活。

作为规范理论的美德伦理学——基于正确行为的说明 文贤庆,现代哲学,2021(3)

自从美德伦理学复兴以来,它一直受到无法为正确行为提供有效说明的质疑。面对这种质疑,美德伦理学家在最近30年来积极应对,至少发展出以下三种流行的形式:以赫斯特豪斯为代表的合格行为者理论,以斯洛特为代表的基于行为者理论和以斯旺顿为代表的目标中心理论。这三种形式分别通过强调有美德之人的典型行为、行为动机和击中美德行为的目标给出有关正确行为的说明。这些说明不但给出了有关正确行为的一般框架结构,而且为正确行为的评价留下了独立空间。基于此,美德伦理学捍卫了自己作为一种规范伦理学的立场。这种规范性立场不但体现在有关行为评价的理论说明,而且尤其体现在提供有关行为引导的实践问题的多元主义答案中。

一、美德伦理学对正确行为的说明

一直以来,以后果主义和义务论为代表的主流规范伦理学都聚焦于行为的正确性问题,而美德伦理学自20世纪中叶复兴伊始,就聚焦于"我应该成为什么类型的人"。为了获得规范伦理学的地位,美德伦理学家们在发展过程中尝试提供有关正确行为的说明。其中,以罗莎琳德·赫斯特豪斯(Rosalind Hursthouse)、迈克尔·斯洛特(Michael Slote)、克莉丝汀·斯旺顿(Christine Swanton)最为典型,他们分别提供了各具特色的合格行为者理论(qualified-agent theory)、基于行为者理论(agent-based theory)和目标中心理论(target-centered theory)。无论是合格行为者理论、基于行为者理论,还是目标中心理论,它们在解释行为的正确性时都暗示了某种有关正确行为说明的独立空间。

二、美德伦理学为正确行为评价留下了独立空间吗?

三种美德理论看起来都要面对有关正确行为的评价标准问题,需要解决美德何以优先于正确行为的问题。解决这个问题的办法有两种:一是主张美德概念对于正确概念的优先性,二是超越美德概念和正确概念来构建二者之间的关系。斯洛特是第一种主张的代表,赫斯特豪斯与斯旺顿则是第二种主张的代表。与赫斯特豪斯关联幸福来解释有美德的行为者的行为和判定正确行为不同,斯旺顿通过是否击中美德的目标来解释有美德的行为者的行为和判定正确行为。

三、作为有德性的行为的正确行为

上文已清晰展示了三种主要的美德伦理学理论对正确行为的说明,它们通过以下几个特征展示了美德伦理学作为一种实质性理论可以成为一种规范伦理学。第一,美德伦理学为行为评价提供了一个评判标准。第二,三种主要美德伦理学理论在说明正确行为时,都区分出行为评价的正确性和行为引导的正确性。第三,既然美德行为领域指向实践,也就意味着有关正确行为的评价并不完全取决于行为者及其美德,这在客观上为正确行为的说明提供了某种独立于行为者及其美德的独立空间。第四,对实践生活进行赋值的美德领域表明,无论是行为还是行为者及其美德,它们在根本上都依赖人们在实际生活中的实践关切,对它们的说明不是建构抽象理论,而是试图解决实践问题。

德性知识论的现状与趋势　　冯小强,中国社会科学报,2021-03-02

德性知识论(Virtue Epistemology)是当代知识论中一个较为独特的分支,它改变了以命题性知识为研究中心的知识论传统,转向对生成知识的相关理智德性(Intellectual Virtues)的考察。自提出以来,德性知识论引起了国外认识论学者的广泛讨论,也在近年来成为国内学界讨论的热点。

从内容上看,德性知识论试图回到亚里士多德那里,借用其理智德性概念讨论知识之为知识所需要的理智德性。区别于传统知识论将知识视为得到辩护的真信念的观点,德性知识论将知识视为认知主体内部理智德性充分发挥得到的结果。

从特点上看,德性知识论具有两个鲜明的特色。第一,德性知识论将知识论视为规范性学科。德性知识论反对奎因"知识论自然化"的激进主张。第二,德性知识论将认知个体或认知群体作为知识论的研究对象,不仅去关注他们作为对象自身的性质，也去关注他们在认知过程中所表现出的特质。

从产生的背景来看，德性知识论虽然借用了亚里士多德的理智德性概念，但其哲学史渊源堪称多元。按照德性主义者自己的说法，德性知识论的诸概念与方法既可以追溯至柏拉图、亚里士多德、阿奎那、笛卡尔那里，也能在休谟、克尔凯郭尔、尼采、皮尔斯等人的哲学中稍见端倪。

当然，当代德性知识论直到20世纪80年代才真正产生。恩内斯特·索萨在其一系列论文中试图用"德性视角主义"（Virtue Perspectivism）去解决传统认识论中诸如基础论与融贯论、内在主义与外在主义的分歧。索萨的方法引起了寇德、蒙马奎特、卡凡维格等学者的兴趣，他们认为索萨的思路很有吸引力，但同时也认为索萨在诸如德性的界定、培养、关系问题上还不够令人满意。众多学者的加入使得德性知识论作为一种新的知识论路径被确立起来。

德性知识论产生的特殊背景决定了其既是"现代"的，又是"复古"的研究理路。一方面，德性知识论产生于英美分析哲学的大环境中，这使得多数德性知识论者只是在德性知识论这个大框架下，按照分析哲学传统的知识论标准去解决传统知识论的问题。另一方面，德性知识论具有非常明确的回到古典的理论倾向，这使得一部分德性知识论者试图在方法论与问题上逃离分析哲学传统。他们在方法上试图避免进行严格的概念定义与分析，在内容上则试图脱离"知识"与"证成"等传统知识论概念，而转向对于诸如"理解""智慧""故意"等观念在社会生活环境下的考察。可以看到，虽然同处于德性知识论的大框架下，当代德性知识论者内部的分歧丝毫不弱于传统知识论中各派别之间的差异。故而当代德性知识论应当被理解为以理智德性概念为核心的离散集合，而非一个具有统一目标和方法的知识论派别。

巴塔丽将德性知识论中关于理智德性的问题总结为五个方面：理智德性是先天的还是后天的；理智德性的拥有是否需要某种认知主体的动机或性格；如何区分理智德性与技能；德性是否可靠；理智德性为何能够有价值。这五个关于理智德性的问题，实际上勾勒出了德性知识论发展的大趋势。

第一，当代德性知识论不再局限于以个人为单位的认知主体的考察，开始关注群体性知识。第二，当代德性知识论不再局限于对于"美德"的考察，开始关注"恶德"在认识过程中的作用。第三，当代德性知识论不再局限于狭义的"知识",开始关注"知识"以外的内在状态。第四,当代德性知识论开始关注伴随着认知的情感。毫无疑问,德性知识论中讨论的诸种理智德性往往都伴随着某种具体的情感,如好奇、畏惧、怀疑等。相较于具体的理智德性而言,这些情感更容易被人感知。

当然,除了上述四种已经初见端倪的发展趋势以外,对于国内研究者而言,更为直接的趋势在于德性知识论恢复了中国传统哲学与现代认识论发展之间的联系。

人工道德能动性的三种反驳进路及其价值　　王淑庆,哲学研究,2021(4)

随着智能机器的自主性越来越强,艾伦等哲学家提出人工道德能动性的构想,目的是让机器成为道德行动者。然而,这种构想引发了众多哲学家的反驳。这些反驳可以概括为三大进路:以约翰逊为代表的无自由反驳、以知璨·赫为代表的无责任反驳和以斯塔尔为代表的无意义反驳。从表面上看,三大反驳进路都是从人类的道德能动性出发,通过人机在道德性上的本质差异,进而否定机器拥有道德能动性的可能性。进一步研究发现,它们都根源于道德上的有机观点,即认为无机物的组织系统拥有道德能动性是不可想象的。尽管对人工道德能动性的反驳有某种破坏作用,但它却有助于人工道德能动性的支持论者及时调整目标,以及促使他们反思机器伦理的理论基础。

一、对人工道德行动者(AMAs)构想的三种反驳

(1)无自由反驳:从机器没有自由意志这一事实,推出它不可能有道德能动性的论证模式。它并不是完全否定构建AMAs的意义,而是要反对把智能机器看作真正的道德行动者。

(2)无责任反驳:即使机器的行动能够展现出对人类行动者的道德关怀,由于对其进行惩罚没有任何意义,从而机器无法承担道德责任。知璨·赫认为,人类要代替人工智能体来承担其行为的全部责任。因此如果我们接受人工道德能动性的无责任反驳,其后果是人工道德能动性在技术上是完全没有可能的。

(3)无意义反驳:智能机器基于人类赋予的计算机系统算法,虽然能够处理信息,却无法理解信息的语义,也就无法理解信息的意义,因此无法拥有道德能动性。

前两者基于道德能动性的两个必要条件,即自由意志和承担责任;后者则与道德判断相关,因为道德判断是道德推理的基本前提。

二、人机道德能动性类比与有机观点

三种反驳都根据人类的道德能动性特点去类比机器，它们都假定无生命的机器无法获得道德能动性，以此得出机器成为道德行动者的荒谬性。

1. 道德能动性类比

从某种意义上说，人类个体之所以要讲道德，是因为怕被社会共同体惩罚。人的肉体与精神痛苦决定其能够承担道德责任，而机器则没有。从道德决策角度看，人们进行道德决策时有两种方式：实践推理与道德直觉。两者都需要对所观察或经历的事实或场景进行道德判断。而机器则只能处理语形内容，无法理解信息的语义和意义，自然也就无法理解信息的道德意义。笔者认为，三种反驳所进行的道德能动性类比，根源于他们在深层上都承认似乎天然合理的"有机观点"。

2. 有机观点

有机观点，即在承认道德能动性的主体必须是有机物的前提下，得出机器不可能具有道德能动性的观点。有机观点是各种反驳 AMAs 进路都假定的观点。

三、反驳 AMAs 的正面价值

1. 人工道德能动性的目标调整

首先，摩尔提出了人工道德行动者的等级说；其次，萨里斯探讨了机器人成为道德行动者需要满足的充足条件；最后，瓦拉赫和艾伦提出了更为现实的伦理价值和情感敏感智能机器设想。

2. 对机器伦理的理论基础的反思

一般认为，机器伦理是指研究人们与人工智能体交互中，作为智能体的机器的行动的伦理问题，它是应用伦理学的一个分支。笔者认为，对 AMAs 的三种反驳进路至少在两个问题上能够促进对机器伦理理论基础的反思：第一，促进对"人工恶"概念的明确化；第二，促进对人工道德能动性的完整理解。

四、结论与进一步的研究问题

两个基本结论：第一，对人工道德能动性的各种反驳论证在根本上都是基于有机观点，而且无自由反驳比其他两种反驳更为基础；第二，对人工道德能动性的反驳，不仅能促进支持派研究者们适时调整人工道德能动性的目标，还有助于哲学家们对机器伦理的理论基础进行反思。

两个问题值得进一步研究：第一，中级的 AMAs 应当满足什么原则；第二，在承认有机观点的前提下，人工道德能动性在何种意义上是可能的。

然而,有机观点是否成立,依然有待进一步的研究。

伦理生活中的置身事外与具身应对——朝向一门伦理现象学　姚城,哲学动态,2021(4)

伦理生活中存在一种较为常见的现象:伦理主体置身事外地进行道德评价、提出道德要求、被激发起道德情感等活动,然而一旦伦理主体亲身介入某个伦理场景中,上述评价、要求和情感就失效了。通过考察,这种现象是由于真实的伦理生活被分割并从中按目的分离出各种"置身事外的空间"造成的,这导致了伦理生活被扭曲。通过现象学的方法,伦理主体在真实伦理场景中具身应对的模式和源初伦理经验的可能性将被揭示出来。这项工作表明了伦理生活的复杂性和丰富性,并指明了一门伦理现象学对理解伦理生活的必要性。

一、卢梭、詹姆斯论戏剧与伦理

卢梭和詹姆斯关于戏剧与伦理的讨论主要关注的是戏剧对实际生活的抽离,它指明了在日常生活中常见的一种经验,就像人们去剧院看戏时会短暂地忘了现实生活一样,人们也会将自身从实际生活中抽离,并进入一个"在别处"的场景。尽管人们在"在别处"的场景中非常看重勇敢的美德,然而在真实的需要展现出勇敢的伦理场景中,不一定像自己想象的那么勇敢。而要进一步探究这种伦理现象的深层原因需要引入现象学的资源。

二、置身事外的伦理生活

卢梭把我们引向了一条从现象学考察伦理生活的道路。以梅洛-庞蒂对现象学的定义为理论基础,卢梭和詹姆斯的论述就十分清楚了。我们可以将人们的"看戏"等活动归到置身事外的空间中。置身事外的活动斩断了大部分与实际的伦理场景的意义关联,只按人们的需求过滤出某些对象化的要素。与置身事外相对的是亲身介入的伦理活动,"我"与伦理场景整体性地交融并关联在一起,"我"的伦理考量和决断与诸多事情关联在一起,更为复杂和立体。

三、亲身介入与具身应对

伦理经验包含着两个方向的构成:一是纵向的构成,具身伦理应对技能是在时间中逐渐获得的;二是横向的构成,即具身应对这一说法本身就包含着具身主体与其世界的缠绕与熟悉,具身主体对一个场景的领会与识别。"我"的具身应对渗透着个人的生活历史,个人受到的教化、与需要帮助的人面对面时产生伦理责任的交互以及反复的训练。具身应对同时包含着"我"的人格的纵向生成,也包含着"我"对伦理场景的横向领会。

四、余论:伦理生活与现象学

置身事外的伦理生活是压缩、简化乃至扭曲的,是一种抽取后的表象或符号。从这种生活抽象出来的伦理学,倾向于把伦理生活化约为一条条原则和律令,把伦理行动的主体简化为与世界无涉的、只是执行输入—输出程序命令的机器。现象学把实际的伦理生活带回到伦理学的视域中,此视域敞开了伦理现象学的空间,它将伦理生活视为生命的历程。现象学把我们带向一种深刻的伦理体验:遭遇、决断、应对、承受,伦理生活不只是置身事外地看戏和概念游戏,更根本的是直面自身与他者,并为自身和他者负责。

"国家安全观"视阈下的社会公德建设 陈进华、单杰,道德与文明,2021(4)

随着世界卫生组织宣布新冠肺炎疫情为"国际关注的突发公共卫生事件",全人类共同遭遇了一场无法逃避的灾难性公共危机事件。这既是一次公共卫生领域引发的风险危机,也是一次以国家安全观为视阈的社会公德建设的重大历史机遇。党的十九届五中全会以决议形式将"统筹发展和安全"议题置于新时代更加显著的位置。在此意义上,置身于疫情防控常态化中的我们尝试以国家安全观为视阈,以"生命安全、生态安全和生活安全"为内核,以"党建引领—人民至上—科技赋能"为机制探索社会公德建设,是充分展现中国应对重大突发性公共危机事件的抗疫精神,建设更高质量、更具韧性的平安中国的重大时代课题。

一、疫情常态化时期社会公德建设的国家安全视阈

社会公德建设先后以"民族救亡""公共生活"及"国家安全"为主题。当下,"国家安全"已然成为疫情防控以及防控常态化时期社会公德建设的硬核主题。这一新的历史变迁背后蕴藏着几个重要的理论问题:疫情防控常态化时期社会公德建设何以需要围绕国家安全开展?国家安全何以成为防控常态化时期社会公德建设的硬核主题等。公共危机治理逻辑以及社会公德建设的伦理基础与制度保障或许为我们解析上述问题提供了一个有效视角。首先,公共危机治理的社会伦理道德属性日渐增强。其次,"国家安全"构成社会公德建设的伦理基础与制度保障。在疫情常态化时代中,高质量建设以"国家安全"为硬核的社会主义社会公德建设体系,已

然成为关系我国治理体系与治理能力现代化,提升社会文明程度,实现人民美好生活向往的重要变量。

二、国家安全观视阈下社会公德建设的"三生"主题

国家安全观就是在微观与宏观双重维度上,探索如何持续生成和有效维护国家安全状态与安全能力的根本观点。以国家安全观为核心的社会主义社会公德建设体系建构有两个可行性依据:一是社会公德建设体系本身具有内在关联性、历史传承性的道德原则、规范和范畴系统;二是马克思主义唯物辩证法的矛盾统一性与普遍性并存于以国家安全为硬核的社会公德建设活动全过程。国家安全观视阈下社会公德建设体系建构的过程仍然存在诸多安全问题。建构集生命安全、生态安全以及生活安全于一体的新时代社会公德建设体系,是坚持"国家安全观"为硬核,提升社会文明程度,推进中国特色社会主义国家治理体系和治理能力现代化新发展格局的重大时代主题。

三、国家安全观视阈下的社会公德建设机制

在社会公德建设中发挥国家安全观引领力作用,既需要坚持党的领导、发挥党建引领,也需要牢固树立人民至上理念,始终以增进人民福祉为根本落脚点,充分发挥人工智能、融媒体、大数据、5G等科技成果的治理效能,形成"党建引领—人民至上—科技赋能""三维融合"的社会公德建设机制。一是加强党建引领,强化国家安全观视阈下社会公德建设的政治优势;二是秉持人民至上理念,聚焦国家安全观视阈下社会公德建设的价值目标;三是科技赋能美好生活,驱动国家安全观视阈下社会公德建设的创新动能。

道义论伦理学谱系考　邓安庆,伦理学研究,2021(4)

道义论(deontology)中的"道义"(deon)是一个希腊词,其本义是"必须""应该"的东西。之所以把康德伦理学称为"道义论伦理学"的经典形态,原因就在于康德第一次明确地把伦理学基本问题界定为研究"我应该做什么"的问题,这一问题当然是为了从"应该"推导出"义务"的规范性。义务论涉及伦理关系中实际的义务及其履行,而道德论涉及义务的法律依据和道德依据,从而为义务的道德性确立形式化的标准。

义务概念的最早提出者,是创立了斯多亚学派的芝诺(Zeno)。义务即行为的道义理由,需要理性辩护,但不是理性本身所确立的,因为"伦理"具有先天立法的绝对性。从芝诺提出义务概念之后,斯多亚主义伦理学便具有了与亚里士多德的德性论不同的概念系统和问题意识，伦理学讨论开始围绕个人德性而展开，从人的高尚性去追问人的德性的基础，继而从人的高尚德性认识到人的义务。这样的伦理学论证区别于亚里士多德的"自然目的论论证"，具有了非常明显的"规范转向"。

对义务有过深入研究和感悟且对后人产生重大影响的哲学家是马库斯·图留斯·西塞罗（Marcus Tullius Cicero）。他的《论义务》是古代哲学就义务论而言所达到的最高成就。他认为关于义务的学说在哲学中是最为重要的。只有追求品德高尚的伦理学，才有可能对义务学说有真知灼见。高尚→德性→义务这一图示构成了西塞罗义务论的道义实存动力机制学。义务就是在具体伦理关系中将做人的绝对道义实存为必须履行的具体行为规范，而美德或德性就是对这种义务的自觉自愿、无条件地履行。西塞罗的讨论把在亚里士多德善恶论中已经存在的"价值论"这一基础探讨的重要性凸显出来了；同时暗示了亚里士多德德性论的缺陷：德性自我实现的机制和动力不是很充足。

奥古斯丁详细阅读了《论义务》，基督教伦理学深受其影响，伦理学的德性论传统几乎就完全向规范伦理学转型了，乃至到近代以后，伦理学的德性论与义务论的顺序发生了根本的颠倒，近代伦理学逐步以规范为中心。规范性转型经历了三个阶段：第一阶段就是上文所说的斯多亚主义到西塞罗这里达到顶峰；第二阶段是通过西塞罗对基督教伦理学的影响而在基督教伦理学实现的规范性转向，乃至科斯嘉在《规范性的来源》中把现代规范伦理学的源头回溯到摩西立法；而第三阶段就是德国启蒙哲学对西塞罗的接受，到康德这里达到顶峰。

康德的《伦理形而上学奠基》实际上是对"义务"性质所作的最重要阐明。他反复强调，义务不是一个经验概念，而是先于一切经验，通过"先天根据"来规定意志的纯粹实践理性理念，但同时，它又需要人对它的意识，将源于先天的纯粹实践理性的义务法则，视为普遍地适用于一般理性存在者的行为法则，来作为自己行为准则的规定根据。所以，康德把"义务"规定为："义务是出自对法则的敬重而采取一种行动的必然性"，他尤其强调，一个行为仅仅"合乎义务"尚还不够道德，而必须是"出于义务"才具有真正的道德价值。必然要履行的义务，就成为行为者本人自律的意志立法，因而就是自由的了。康德整个义务论这样就体现了必然和自由的这一关系。借助于"义务论"体系的建构，康德不仅把"道义实存"的内容和方式清楚地阐明了，而且以其"先验论证"的"实践形而上学"把伦理法则的先天立法形式和"伦理学立法""先验的""道德性"与对人自身塑造的"自由德性"力量有别于对外在行动的法学立法之区别,做出了最为经典的论证,这是其他任何一个伦理学家都不可比拟的。

康德之后的德国伦理学也在不断发展,当然总体上并没有超越康德义务论,但对康德的义务论体系做了不同的推进。首先,费希特伦理学对义务论的推进体现在两个方面:一方面通过"知识学"建立起了对自我道德本性的意识理论;另一方面通过义务意识理论建立起一套取代康德形式主义立法原理的质料性的具体义务体系。而为了克服所谓康德伦理学的形式主义,费希特依据其对"社会阶层存在"的考察,按照人的社会阶层的义务与权利相统一的原则,把人的权利区分为生存权、劳动权、自由权。其次,施莱尔马赫独立于康德和费希特提出了一个义务论体系,但就义务论和德性论的关系而言,他是西方伦理学史上第一个对它们的相互关系做出了准确规定的哲学家。

亚里士多德关于"幸福"原理的"实践"论证　　廖申白,上海师范大学学报(哲学社会科学版),2021(4)

亚里士多德在《尼各马可伦理学》中对伦理学的"幸福"原理做了两个论证——"实践"论证与"人的活动"论证,包含如下三个核心点:构成一个人"灵魂'实现'"基础的是他作为一个实践者出于选择地追求某种善的、包含着他/她的灵魂能力的一个"实现"的活动;实践者的这样的实践最终指向以他整个一生来看是那个最终的东西的一个"蕴含的善",由这样的实践造成灵魂的"实现"也最终指向那个善所包含的灵魂的最充分的"实现",那个善或所包含的那个最充分的"实现"就是幸福;它对于一个"认真的人",也对于一个认真的实践者,是善,并且也对于他显得善。亚里士多德在这个论证上加了一个重要限定:这个实践者必定是先获得"良好教养"的。

一、"实践"与实践者

在严格意义上,"实践"论证的出发点是人的具体的实践。实践是一个实践者出于选择地追求某种善的、包含着他/她的灵魂能力的一个"实现"的活动。实践与实践者是不可分离地相互联系的。

与制作不同,实践的目的不在于去造成某一个产品,而更在于那个实践所包含的灵魂能力的一个"实现"本身。所以,实践所含"实现"关涉一个人成为怎样的人,技艺所含"实现"则没有这样的影响。一个实践者的"实践"也不是他/她出于德性而做出的一个行动,而是他/她在学习去做的一件事情;他愿意去做那件事情、那些事情,是因为他/她被告知,并且他/她也认为只有这样才能成为这样的人。

二、"蕴含的"而非"独一的"目的

"蕴含的善"的三个重点:(1)一种"蕴含的善"可能并不是一个实践者的"当下的"善。(2)实践者并不把当下的"实现"看作那个"蕴含的善"的一个手段,因为,这个"实现"是他/她的兴趣所在。(3)重要的是,"蕴含的善"在概念上是开放的,因为,一个实践者可能发现,在一个对于他/她显得善的事物的后面存在一个更具有"蕴含"的善,它在"更远的地方",是那个事物对于他/她显得善的原因,当下的"实现"在反思中被呈现为可能有助于那个更具有"蕴含"的善同样让实践者感到愉悦。

三、"显得善的"与"是善的"

一事物对一个人"显得善"并非一件自然甚或必然性的事情。因为,一个人形成何种品性的最终原因在他/她自身。因此,一个事物对于一个人究竟是"显得善"还是"是善",其实并没有什么不同。一事物对一个人"显得善"是"部分地取决于他/她自己的",因为如果人的品性不同,对不同的人显得善的东西也就不同,甚至可能对立。在一个认真的人的实践性的生命活动上的那个"做得好"就是德性,对于一个认真的人"显得善"的事情也就真实地"是善"的;如果一个认真的人是一个其灵魂的自然品性未受到损害、得到良好培养,并通过"运用"而充分"实现"的人,我们就将不得不引出结论,对于这一问题,唯有这样一个人的判断才具有最大真实性。一个实践者的灵魂的实践地获得的能力的最充分的"实现",就是那个具有最大"蕴含"的善,即"幸福"。

四、"良好教养"限定

"良好教养"限定在亚里士多德伦理学中表明"灵魂实现"的一种必要前提,意味着一个人接受德性的自然能力在童年期间得到良好培养,这意味着他/她已不仅被告知哪些事物是善的,变得崇敬那些善的、高尚的事物,倾向于从那些事物中感受到愉悦,并且在认真学习做被告知是好的、高尚的、正义的事情。一个具有"良好教养"的认真的"学习者"或实践者,由于他/她的良好教养的行动与品性定向,他/她对实践的认真选择,以及他/她正在获得的对于灵魂的"实现"的兴趣,也在真实的意义上"能够(即潜在地)'是幸福的'";并且,如果始终如一地认真实践,他/她将在"实现"即"现实"的意义上"是幸福的"。

康德的审美感受与道德感受关系论探微　程相占,复旦学报(社会科学版),2021(4)

学术界在误解康德"无功利性"学说的基础上,通常借康德之说,将审美视为一种超越道德、甚至与道德无关的活动,这是对康德审美理论的严重误解。康德曾经认真探讨过审美感受与道德感受之间的关系,甚至将道德感视为真正的鉴赏力的根基。康德从"心灵的配置与比例所形成的状态"这个角度,对比讨论了认知、审美与道德三种不同的"心灵状态";其逐步展开的"鉴赏力的批判"过程,其实一直也是辨析"判断"与"感受"的过程;他之所以将鉴赏力明确称为一种"共通感",理论意图就是为了表明"鉴赏力"最终必然是一种"感受力",其理论目的是显示鉴赏力的基础是道德感。康德所认定的鉴赏力,必然是以道德感受力为基础的审美感受力,而道德感又是需要通过道德观念来培育的。这就意味着,康德在论述道德感受与审美感受之"亲和性"的过程中,间接地表达了一种"伦理—审美范式",这才是康德审美理论的真正面貌。生态审美是以生态伦理为基础的审美,因此,这一范式可以被改造吸收到生态美学之中而成为一个关键词。

一、审美应该、共通感与鉴赏力

"审美应该"是指:当某人宣称某物是美的,他就会坚持"要求"其他每个人都"应该"赞成他的提议,像他一样认为这个对象是美的。"应该"是与道德相关的话语,其背后隐含着非常明确的"道德规范",但是否存在着与之相似的"审美的规范性"? 要解释康德所说的"应该"的性质,就必须搞清楚共通感的含义及其功能。

"共通感"概念包含两个不同的层次:一是内在的共通感官,二是共同感官所具有的共通的感受能力。共通感的功能有三:第一,作为内在感官,统一五种外在感官(这是亚里士多德的观点,康德并没有明确讨论这一点);第二,感受心灵的状态即自由游戏的状态(这是康德重点强调的一点);第三,感受心灵中的愉悦和不悦(这是康德隐含讨论的一点)。在后两种意义上,共通感正是康德所说的"鉴赏力"的别名。

二、观念规范与责任

相对于鉴赏力,共通感的第三个特点是其所包含的"观念规范"。康德之所以假定共通感,最终落脚点在于"规范"和"规则"。一个人所做的审美判断之所以有权利"要求"他人"应该"同意自己的判断,是因为他/她所做的审美判断并非随意的、随性的、偶然的、毫无根据的,而是潜在地符合了"规范",进而能够成为普遍的"规则"。康德的理论逻辑应该是:作为理论假设的"共通感"及其所产生的"鉴赏力之判断中的感受",并非一般人都可以具备的,而是需要通过培养而逐步发展的;正像成为"具有道德理性的人"即"本体人""应该"是人的"责任"一样,人们"应该"有"责任"去培养"共通感",进而产生"鉴赏力之判断中的感受"。

三、真正的鉴赏力的根基:道德感

康德发现,只有以道德感作为根基的鉴赏力才是"真正的鉴赏力"。康德真正重视的并非鉴赏力的社会性,而是它从人类的先验判断力之中所揭示的那种"过渡"。康德从"共通感"入手,最终落脚到"道德感",从而将审美与道德联系起来,以道德感来保证鉴赏力的合目的地运用。

康德审美理论总体思路的要点如下:第一,"道德观念之感性化";第二,对于鉴赏力的重新界定,即鉴赏力是做出判断的能力,其功能就是判断道德观念的感性化;第三,道德感的定义,道德感就是对于道德观念的感受;第四,鉴赏力建基的真正准备是发展道德观念,进而"培育道德感受";第五,真正的鉴赏力(der echte Geschmack,英译 genuine taste)是敏感的、具有道德意识的感受力,也就是与道德感受达到一致的新型感受力。

四、结语

康德审美其实隐含着一种"伦理—审美"范式,即以伦理道德为基础、以道德之善为旨归的审美理论。康德的相关论述对于当代生态美学建构也有着较大的启发,讨论康德的审美感受与道德感受关系论,最终的学术目标是将康德美学与生态美学贯通起来。

道德理由是压倒性的吗? 杨松,南京社会科学,2021(4)

道德理由的压倒性是指当与审慎理由产生对立时,道德理由总是在理由的权衡中胜出的一方。虽然道德理由对各方当事人采取中立视角,而审慎理由主要关注行为人自身的行动需要,但是它们所确证的道德合理性和审慎合理性之间存在共同基础,这使得人们可以在一般意义上评价行为的合理性。当道德理由与个人利益对立的时候,前者也并非总是压倒性的,因为道德理由的严格程度和个人利益的具体特征都会对其权重构成影响。对于个人而言,道德理由的权重有多大,道德理由何时能够成为压倒性理由,则主要取决于社会共同体的接受程度。接受道德理由的压倒性有时将会产生导致自我牺牲的分外行为,但是在损失个人利益的同时,行为人也会获得"幸福"。不过,"幸福"的获得既不能否认当事人的行为是出于道德理由,也不能否认这是一种需要自我牺牲的分外行为。

一、道德理由与审慎理由

一般来说,道德理由往往被认为具有不偏不倚的"中立视角",它不以行为人自身为中心,不给予行为人自己更多的特殊关照,因此它所支持的行为并不总是能够给自己带来利益,相反往往是惠及除了自己之外的其他人,从而具有"关照他人"的明显特征。

相反,审慎理由往往是以行为人自身为中心的理由,为了证明行为的合理性,它必须表明其所支持的行为能够帮助实现行为人自己的目的,因此行为作为实现目的的手段而具有工具合理性。

无论是道德理由还是审慎理由,一旦被人们采纳为确证行为合理性的规范性理由,其中都可能包含了两个基本成分:其一,事实成分,即行为的目的及其操作手段、生理和心理条件;其二,价值成分,即对目的本身的认可、接受。

二、道德与个人利益

不管是道德理由还是审慎理由,都是用于确证行为合理性的规范性理由,而当这两个理由之间发生冲突的时候,行为人继续需要关注的就是何者在更一般意义上更为合理的问题,即何者更具有可接受性。但是,这里的"接受"不是在行为人自己意义上的接受,而是在社会公共意义上的接受。违背审慎理由将只是与我自己的目的相悖。但是"道德理由"不同,因为违背道德理由绝不只是自己的事情。

除非行为人打算彻底抛弃社会共同体成员的身份,从而拒绝任何来自社会和他人的追责,他都应该在面临道德理由和个人利益冲突时,总是将道德理由视为压倒性的理由。

三、分外行为与幸福

首先,虽然道德理由和以个人为中心的审慎理由之间往往是对立的,但是正如我们前面强调的那样,道德理由绝不是反对任何自我关注。为了让道德理由具有可接受性,从而能够在与审慎理由的角逐中取得最后的胜利,它无论如何不能一种与行为人自身完全疏离的理由。其次,当从事分外行为的时候,行为人不是以个人的幸福为目标,而是以道德价值为目标,在通过分外行为实现道德价值的同时获得了幸福。最后,"(分外行为或者自我牺牲)作为一种直接影响行为人自身生活意义的事,使得他实现了某种自我超越,并将自我与自我之外的价值相联系"。

知识共享中的认知正义　白惠仁，社会科学报，2021-04-01

自古以来,所有社会都曾经是不同形式的知识社会。如今,互联网时代的到来和新技术的传播为知识社会发展提供了新机遇。知识共享究竟需要怎样的认识论基础?这种社会认知形态又当如何保证公正的知识分布?这是亟须在认识论和伦理学层面回应的核心问题之一。

一、互联网时代的知识共享

伴随着人类知识体系的急剧扩展,知识的开放从科学共同体的开放扩展到了更为广阔的公众的知识共享,这个历程至少包含了开放源代码、开放式创新、开放存取、开放科学、开放数据、公众参与科学、知识民主化、双创运动等,从而形成了实践对理论的倒逼。在理想理论层面,哲学家关注的是:知识共享究竟需要怎样的认识论基础?这种社会认知形态又当如何保证公正的知识分布?这是我们需要在认识论和伦理学层面回应的核心问题之一。

二、知识共享的个体认知正义

当代认识论认为,知识的来源至少包括了感知、记忆、推理和证词四种形式,而知识共享强调的是知识在不同个体之间传递,这是证词认识论(the epistemology of testimony)的主要议题。证词认识论对知识传递的强调是基于这样的前提:人类的认知实践是探求自己所尚未知道的真理,而非如传统知识论所主张的总是去验证别人是否真的有可靠的理由,认知者并不热衷于重复检验自己了然于胸的真信念,而是更在意确认对方是否知道自己所不知的事。

然而,在当代证词认识论的研究中,对于知识传递中听者的接受过程存在争论,表现为推论主义与非推论主义的对立。前者倾向于常见的知识辩护情境,后者倾向于现象学式的考量。知识传递的前提是寻找可靠的知识来源,而日常生活中知识传递的方式是听者的非推论的感知活动,这就要求在知识传递中听者对说者即时性的、自发的可信度判断,而大多数情况下,听者无法肯定说者所传递知识的真假,只能倾向于依赖说者的社会身份,由此,知识传递过程中往往涉及种种不公平现象,这就产生了认知非正义的问题。知识传递中的认知非正义所带来的核心伤害在于:证词非正义所描述的听者带有身份偏见的刻板印象否定了说者的认知者地位,这会造成弱势群体怀疑自己的知识主体性与自我认同,从而使主体落入自我否定的困境;解释非正义则将导致社会劣势群体在认知上遭受解释边缘化,也就是说他们不能平等地参与生产社会意义的活动,从而被排除在人类

"公共知识体系"之外。那么,要消除知识共享中的认知非正义,就需要说者和听者都具有某种认知德性。

三、知识共享的集体认知正义

知识共享是一项集体认知活动,可以广泛共享的知识往往是某种公共知识,在哲学层面,这类似于基切尔(Philip Kitcher)所构造的"公共知识系统"。公共知识意味着一个社会的信息共享体,而在现代社会中,科学成为其公共知识体系中最重要的组成部分。知识的公共存储过程经过数千年的演化,包含了我们至今仍要面对的四个问题:研究,提交,认证,传递。

理想的知识共享建立在现代公共知识体系能够满足某种分配正义的理想制度设计之上,这种认知制度应当保证:社会中每个个体能够自由获取与自己生活计划相关的公共知识;每个个体获取知识的机会平等;每个个体具备理解和评估与自己生活计划相关知识的能力。

综上,知识共享的认知正义至少包含了个体层面上认知非正义的消除和集体层面上知识分配正义体系的构建两个维度。知识共享实践在个体层面的知识传递中可能产生证词非正义和解释非正义两种伦理困难;而在集体层面上需要构建一个理想的社会认知结构,以保证公正的知识的社会分布。

重思正义——正义的内涵及其扩展 杨国荣,中国社会科学,2021(5)

正义的原初内涵,体现于得其应得,后者又与权利无法相分。从本源层面看,权利的获得具有偶然性:无论是天赋的智力和体力,还是社会背景,最初对个体而言都非必然,以此为"应得"的依据,无法避免社会的不平等。罗尔斯提出作为公平的正义,但又以无知之幕和原初状态的预设为其前提,这种预设基于逻辑的假设,呈现某种抽象的形态。罗尔斯对正义的理解仍没有离开权利的视域。更为现实的取向,是在"得其应得"之外,引入"得其需得"的观念。以"得其需得"为原则,获取社会资源的依据便不再仅仅是个体拥有的权利,而是需要本身。如果说罗尔斯主要以"平等高于应得"为价值取向,那么"得其需得"则以"仁道高于权利"为价值前提。"得其应得"主要体现底线之维的正义,相对于此,"得其需得"不仅扬弃了"应得"的任意性和不平等性,而且赋予正义以仁道的规定,在这一理解中,正义的内涵也可以得到某种扩展。"得其应得"彰显了正义在形式层面的本来含义,"得其需得"则既体现了正义的实质内涵,又为超越正义提供了历史前提。

一

作为应得的依据,资格或权利都与一定个体相关,并具有个体性的特点。无论是先天禀赋,还是最初的社会背景,其实际的意义都体现于一定个体。社会领域中的努力和贡献,同样以个体为承担者,并通过个体的活动而构成其获得相关社会资源的依据(资格)。以应得和权利为核心,正义更多地体现了社会的分化或个体的相分。

二

基于应得的上述正义观念,涉及社会领域存在的偶然性、任意性。如前所述,应得以个体的权利为依据,然而,从本源的层面看,无论是天赋的智力和体力,还是最初的社会背景(包括出身于某种家庭),对个体而言都非必然,而是与某种偶然之运相关。当这种偶然的因素成为个体"应得"社会资源的依据时,便无法避免社会的不平等,与之相关的正义也难以达到真正的社会公正。

三

以得其应得为内涵,正义取得了其本然形态。作为调节人与人之间关系的价值原则,正义从一个方面为社会资源(包括发展机会)的合理占有和分配提供了依据。"应得"首先基于个人权利:得其应得的实质,也就是相关个体有权利获得一定的社会资源或发展机会。在得其应得的形态下,个人的权利构成了正义的核心。尽管如罗尔斯已注意到的,个体权利作为应得的依据,其原初的起源有偶然、任意的一面,但这种权利被社会认可之后,便与基于应得的正义形成了内在关联。

四

以仁道高于权利为前提,作为正义体现形式的"得其需得"不仅仅以伦理意义上的"应当"为指向,而且具有现实的社会品格。当然,现实层面的"得其需得"本身既呈现为不同的形态,又有其历史性。

结　语

以"得其需得"为形式的正义形态存在于不同的社会领域与不同的历史时期。"得其需得"并未构成正义的唯一或主要体现方式,但作为正义的一个向度,它确实已不同于单纯的"应当"而呈现某种现实的品格。以个体权利为"应得"的依据不仅无法摆脱偶然性和任意性,而且往往容易引向社会成员的彼此间隔。进而言之,上述意义的"应得"主要侧重于程序之维。罗尔斯虽然肯定平等高于应得,但其基于纯粹逻辑假设的理想化推论以及建立在"合法期望"之上的意向性企求,又使所谓作为公平的正义主张缺乏现实的品格。罗尔斯对正义的理解,事实上仍没有离开权利的视域,其主张的"平等"也无法真正超越形式之域:权利所蕴含的现实差异,使基于"权利"的平等难以真正达到实质层面的平等。如果说"应得"更多地体现了正义的底线之维,那么罗尔斯的前述观念则多少使正义趋向于抽象化。"得其需得"既扬弃了"应得"的任意性和不平等性,也赋予正义以仁道的规定,在这一理解中,正义的内涵无疑得到了某种扩展。

"人民至上"价值理念的道义合理性　江畅,道德与文明,2021(5)

习近平总书记在庆祝中国共产党成立 100 周年大会上的讲话向全世界庄严宣告,经过全党全国各族人民的持续奋斗,我们实现了第一个百年奋斗目标,正在意气风发地向着全面建成社会主义现代化强国的第二个百年奋斗目标迈进。中国共产党之所以能够领导中国人民书写中华民族几千年历史上最恢宏的史诗,根本的原因就在于中国共产党确立并坚持不懈地践行"人民至上"的价值理念。

确立和践行"人民至上"的价值理念,因为体现了马克思主义群众史观的根本要求并使之时代化和中国化而具有理论合理性,因为使中华民族迎来了从站起来、富起来到强起来的伟大飞跃而具有实践合理性,因为破除了传统社会的"君王至上"理念并超越了西方社会的"个人至上"理念而具有历史合理性。然而,所有这些合理性的前提条件是道义合理性。所谓"道义合理性",指的是从道德的意义上看是合理的,其实质在于体现或符合道义。"道义"实质上就是道德的要求,从这种意义上看,道义合理性也就是体现或符合道德要求。

具体来说,其一,确立和践行"人民至上"价值理念中的"人民"现在指当代中国人民和中华民族。这一共同体的人性要求就是让整个中华民族兴旺发达、繁荣昌盛,使每一个社会成员全面而自由地发展。对于中国人民来说,今天的"道义"就是要实现中华民族伟大复兴。这种道义是当代中华民族和中国人民"明德"的实践要求、道德要求,以这种道德要求作为基本遵循就具有道义合理性。中国共产党确立和践行的"人民至上"理念正是这种民族之道义的根本体现,是使这种道义得到发扬和彰显的不竭源泉,不仅具有道义合理性,而且具有强大的道义力量。

其二,确立和践行"人民至上"理念具有道义合理性,首要的是因为这一理念作为思想观念本身具有道义合理性。"人民至上"是中国共产党在领导中国人民革命、建设和改革的过程中确立的价值理念,是把马克思主义群众史观与中国传统文化中尚民爱民观念相融合的产物。人民至上是价值真理,也是道德真理。中国共产党彰显并追求这一真理,把它规定为自己的初心使命和宗旨、确立为所致力于构建的理想社会的价值理念,这是道义上的伟大壮举,是对传统社会把"君王至上"作为终极追求的深刻道义变革。

"人民至上"作为价值理念,既是一种价值目标、价值尺度,又是一种道义要求、道义原则,它要求付诸社会实践,使价值目标成为社会现实。中华民族伟大复兴就是今天中华民族之"大道",而以实现中华民族伟大复兴的"中国梦"为最高追求的社会主义核心价值观则是中国人民之"大德"。因此,践行社会主义核心价值观就是当代中国社会之"道义"。国无德不兴,人无德不立,只有不断践行"人民至上"根本理念的社会主义核心价值观,将其转化为国家及其全体人民之德,才能不断强化中国共产党领导中国人民践行"人民至上"理念的道义合理性。

今天,实现中华民族伟大复兴进入了不可逆转的历史进程,这一历史进程需要中国共产党始终坚持"人民至上"的价值理念,团结带领中国人民不断为美好生活而奋斗。这正是当代中华民族道义之根本,也是中国共产党的根基、血脉和力量之所在。

中国共产党建党精神的道德底蕴　靳凤林,道德与文明,2021(5)

每一个政党由于其赖以生成的社会条件、阶级基础、文化传统各异,在其历史发展过程中必然会形成区别于其他政党的文化形态集成和重要精神标识。习近平总书记在庆祝中国共产党成立100周年大会上,通过对中国共产党领导中国人民进行新民主主义革命、社会主义革命和建设、改革开放和新时代中国特色社会主义建设四个时期伟大成就的历史总结,将"坚持真理、坚守理想,践行初心、担当使命,不怕牺牲、英勇斗争,对党忠诚、不负人民"概括为中国共产党的伟大建党精神。要全面把握建党精神的深刻内涵,就必须对建党精神所蕴含的道德伦理意旨予以深入挖掘和科学梳理。唯其如此,我们才能真正悟得其根本要义,进而在实现中华民族伟大复兴的中国梦中,将这种伟大精神传承下去并发扬光大。

首先,"坚持真理、坚守理想"的建党精神充分彰显了中国共产党对各级党员干部"明大德"的根本要求。从我党的百年奋斗史中,我们真正看清了马克思主义作为科学真理"行"在何处,中国特色社会主义和共产主义作为伟大理想"好"在何方。因此,自党的十八大以来,习近平总书记将"明大德"视为党员干部政德建设的重中之重。新时代党员干部要真正做到明大德,就必须旗帜鲜明地确立和坚守马克思主义理论在我党的指导地位,坚持用习近平新时代中国特色社会主义思想武装头脑,牢固树立共产主义远大理想和中国特色社会主义共同理想,用社会主义核心价值观强化党员干部的道德认同和道德实践,加强爱国主义、集体主义、社会主义教育,坚定"四个自信",增强"四个意识",坚决做到"两个维护"。其次,"践行初心、担当使命"的建党精神充分体现了中国共产党人的"守公德"意识。党的十八大以来,"践行初心、担当使命"的建党精神集中体现在习近平总书记对党员干部"守公德"的具体要求上,这里守公德的"公"字体现在伦理价值层面,就是守住公共领域的道德。这就要求党员干部在日常工作中,着力解决发展不平衡不充分问题和人民群众急难愁盼问题,要把全部精力用在稳增长、促改革、调结构、惠民生、防风险、保稳定上,努力让人民群众产生更多的获得感、幸福感、安全感,在共同富裕道路上取得更为明显的实质性进展。再者,"不怕牺牲、英勇斗争"的建党精神充分昭示了中国共产党人"严私德"的卓越品性。进入新时代以来,"不怕牺牲、英勇斗争"的建党精神集中体现在习近平总书记对党员干部"严私德"的要求之中。所谓"严私德"就是要求党员干部严格自己的操守和行为,从小事小节上加强修养,戒贪止欲,克己奉公,永远保持自己内心世界的干净整洁,正确处理公与私、义和利、是和非、正和邪、苦和乐的关系,时刻以"吾将无我,不负人民"的道德标准严格要求自己。正是依靠"不怕牺牲、英勇斗争"的建党精神,在统揽伟大斗争、伟大工程、伟大事业、伟大梦想中,中国共产党人创造了新时代中国特色社会主义的辉煌成就。

综上所述,中国共产党的建党精神不仅实现了理论逻辑与实践逻辑的统一、历史逻辑与现实逻辑的统一、生存逻辑与价值逻辑的统一,更是实现了明大德、守公德、严私德之间的逻辑统一。所有上述逻辑最终凝结在"对党忠诚、不负人民"这一建党精神的终极追求上;所谓"对党忠诚",即在任何时候任何情况下都不改其心、不移其志、不毁其节,对党一心一意、一以贯之、表里如一、知行合一;所谓"不负人民",就是以实际行动诠释对党的忠诚,从中国共产党的精神之源中汲取营养和力量,在自己的工作岗位上永远保持顽强拼搏的奋斗精神,乘势而上、再接再厉,在新的征程上再创辉煌。

关于规范性判断的本体论基础的几点思考 陈真,道德与文明,2021(5)

规范性判断的本体论基础有时也被理解为"存在"(existence)或"实在"

(reality)基础,这里所说的"实在",按其本义就是真实存在之意,它们是决定我们规范性判断真假的本体论依据。本文试图说明规范性判断的本体论基础是非规范性事实,归根结底是自然事实,拟讨论三个问题:作为判断我们认知正确与否的本体论基础究竟有何含义?何为规范性判断的本体论基础?如何依据规范性判断的本体论基础决定规范性判断的正确性或真假?

一

哲学的形而上学的本体论问题从哲学诞生之初就一直是哲学家关心的主要问题。按照柏拉图的看法,世界上真实存在的东西只能是作为共相的属性或抽象概念的理念。在柏拉图的影响下,许多西方哲学家将本体论的"实在"理解为某种超验的存在。我们似乎只能依靠哲学理智的思辨或直觉去认知这种超验的"实在"或"存在"。在分析哲学的影响下,人们往往将本体论的"存在"或"实在"理解为基于常识或经验科学的"实在",这种经验主义本体论所面临的问题之一就是如何理解和解释抽象对象的"实在性"问题。如何有意义地谈论抽象对象的存在或假定抽象对象的存在,但又避免柏拉图本体论神秘主义的后果,避免纯文学的想象与虚构,成为分析哲学家必须解决的问题。卡尔纳普在《经验论、语义学和本体论》一文中提出了一种解决方法,即依据"语言框架"的概念,将对象的"存在"或"实在"的问题区别为内问题和外问题,从而将柏拉图式的形而上学的"实在"排除在事物语言框架或其他语言框架之外。笔者认为,任何只要与这个世界相关的判断,其本体论依据必须是经验或常识可以验证和理解的,无论是直接的还是间接的。真实的、与这个世界相关的、可以作为推理依据的抽象对象或概念,必须与经验或常识可直接或间接验证的对象或事物有这样或那样的联系。

二

在本节里,我们试图说明规范性判断的形而上学的本体论基础归根结底是非规范性的事实,非规范性事实可以是物理的、生物的或社会心理的,但自然事实是最基本的,任何其他事实都必须与之发生这样或那样的联系才能理解其实在性。一般意义上的规范性判断依赖于非规范性的自然事实。包含了规范性成分的浊概念所指称的事实或制度性事实依然是以非规范性的事实为基础的。斯坎伦认为还有一种基本的规范性事实,即无法进一步还原为非规范性自然事实的规范性事实。他认为这种基本事实就是理由的事实。斯坎伦的理由基础主义虽然可以避免道德实在论的自然主义还原论的理论困难,但本身却陷入新的困难。要想避免这种困难,方法之一就是将规范性判断理解为直接从非规范性事实(包括自然事实)中推导出来的判断。本文则主张将非规范性事实或自然事实作为一切规范性判断的最终前提和本体论基础,然后探讨规范性判断与这些事实之间的关系。

三

我们主张规范性判断或真的规范性判断与这些非规范性事实之间的关系不是一种本体论的还原关系,而是一种随附性关系,即规范性判断随附于非规范性的自然事实。对这种随附关系的认识不是通过经验归纳获得的,也无法用真理符合论加以解释,而只能通过先天认知,即不依赖于经验归纳论证的认知。在本体论的意义上,规范性属性随附于自然属性的关系,是一种不以人们的意志为转移的、必然的客观关系,且先天为真。一个正确的规范性判断就是一个处于理想的认知条件下理性的认知者所做出的判断。同等理想的认知条件下的认知者不可能对同一问题做出不同的规范性判断。接近理想认知条件最好的方法就是罗尔斯所提出的深思熟虑的判断和反思平衡的方法。反思平衡过程中的深思熟虑的判断就是深思熟虑的道德判断或规范性判断,它们的本体论依据依然是非规范性的自然事实,对它们的认知不可能通过经验归纳从自然事实中直接获得,而是如前所述,通过先天的认知。

常态化疫情防控中的伦理关怀　谭德礼、蒋颖荣,道德与文明,2021(5)

面对新冠肺炎疫情这场第二次世界大战结束以来最严重的全球公共卫生突发事件,我们在寻求利用医学技术控制病毒蔓延的同时,也在思考常态化疫情防控下人类如何相处?或许我们可以借鉴20世纪后期颇有影响的内尔·诺丁斯的伦理关怀理论,构建人类卫生健康共同体。

一、常态化疫情防控中伦理关怀之必要

常态化疫情防控是人类需要共同面对的问题,在此背景下,人类如何相处?笔者认为,美国当代著名的教育哲学家内尔·诺丁斯提出的伦理关怀理论,对于在常态化疫情防控中构建人类卫生健康共同体,有一定的借鉴意义。在常态化疫情防控中,长久的、持续的疫情影响是对全体社会成员、全人类的影响。因此,个人之间、社会群体乃至国际合作都需要构建良好的关怀关系,这就需要人们彼此守望、互相关怀。伦理关怀能够给疫情防控带来信心和力量,只有勇敢面对,构建良好的伦理关怀关系,才能众志成城、战胜疫情。

二、常态化疫情防控中伦理关怀之可能

中华民族优秀传统文化是关怀人格培育的源泉,中国特色社会主义制度的优势是构建关怀关系的保证,中国精神是关怀关系建立的精神内核,人民群众对党和政府的高度信任是关怀实现的基础。

三、常态化疫情防控中伦理关怀之可为

在常态化疫情防控中,无论是国家、社会还是个人,都需要构建彼此信任的常态关怀关系,加强彼此情感的沟通,增强关怀的力度,实现真诚对话,实践关怀,形成合力,化解危机,共克时艰。常态化疫情防控中的伦理关怀:其一,要着力于建立信任。只有建立在信任基础上的关怀,才能建立"一种深刻关系之上的爱的行为"。其二,要落实于履行责任。政府公职人员要做好伦理关怀,全社会要增强抗击新冠肺炎疫情的关怀能力,人类应该有基于人类命运共同体大视野的全球伦理关怀的作为。

道德增强中的个人同一性　　肖根牛,自然辩证法研究,2021(5)

现代科学研究表明道德选择不仅跟心理有关,也跟生理有关,道德增强方法通过直接干预生理的方式来增强道德主体的道德水平。但是道德主体在进行道德增强的前后出现明显的性格变化,这对个人同一性带来了威胁。当代对个人同一性标准的讨论逐渐从实在论转向了功能主义,动态的自我叙事时刻在构建个人同一性,能够被自我所体验、理解和认可的新意识内容都会通过意识的解释机制整合进个人的叙事同一性之中。道德增强不同于行为控制,它的前后变化都是主体所预期和认可的,所有新特征都会被纳入个人同一性之中,不存在个人同一性的断裂。朝向道德自我是建构个人同一性的目标。

一、道德增强的个人同一性争议

目前学界在关于道德增强中个人同一性的讨论主要存在三种立场:第一种观点认为通过生物技术手段实现的道德增强危及个人同一性,认为道德增强后被试者只能行善而不能作恶,被试者在前后两种道德状态中不具有人格同一性。第二种观点认为道德增强后所出现的道德心理变化是被试者所认可和准予的,他会把这一变化纳入叙事同一性之中,自身的个人同一性并未被中断。第三种观点认为生物道德增强则是一种直接的增强手段,个人则是消极的接受者,道德增强会绕开有意识的反思和推理,个人同一性会受到损伤,但是这并不会改变周围人对他的看法,从社会道德地位的角度来看道德增强并未改变人格同一性。

二、个人同一性的基础

在近代之前对个人同一性问题的讨论主要基于实体学说或实体意义上的灵魂学说,而直接面向经验世界的近代认识论哲学让实体论者越来越难以为个人同一性进行辩护。同时,以心理学、神经生物学、脑科学等为代表的现代科学对个人同一性问题的研究转向可观察和可实验的方式。一方面基于传统实体论的径路逐渐被抛弃,另一方面也在积极地寻找新的可靠基础,物理基础和心理基础成为讨论的焦点。但同时新的质疑和问题也随之产生,使得个人同一性能否基于某种固定东西之上的想法引起了持续的争论,这也衍生出了对该问题思考的另一种倾向,即个人同一性的基础不存在固定之物,只能是不固定的或动态的基础。从总体上来看,目前学界关于个人同一性问题的讨论可以分成两派,一派是持实在论的立场,另一派是持功能主义立场。

三、道德增强的叙事同一性

个人在生活历程中会不断出现新的认知、情感和意志的内容,这些都会成为个人叙事的新内容,正因为个人叙事始终都是处于动态的,它随时能够把个人心理和大脑的新特征整合入个人叙事之中。对于道德增强中出现的前后两种相异甚至相反的心理状态和行为选择,在道德增强过程中,虽然个人叙事过程出现了剧烈的变化,但不变的是自我的自主性,任何个人叙事的变化都是在自主的自我所认可的前提之下,自我所体验到的真实性是同样的,个人的叙事同一性依然存在,只不过是增加了新的叙事内容。不管这些新的体验内容是来自间接的心智反思过程,还是来自直接的道德增强,只要认同这些变化内容,它们依然是可以纳入个人的叙事过程,个人叙事的同一性也依然存在。

四、个人同一性的道德基础

个人同一性的另一面是自我认同的问题,自我认同的确立必定是在自我同一性的形成过程之中,其关键是自我概念,追问个人同一性的基础何在的问题实质是在追问自我概念是什么。自我从来就不只是意识领域的个人体验,他首先是存在于时空之中的生活主体,正是因为自我在历史过程中的生存实践,才源源不断地往大脑输送意识内容,所以对生活历史的描述才是确立起自我的来源,这也就奠定了自我叙事才是个人同一性的基础,按照查尔斯·泰勒的看法,自我认同的坐标就是善,就是道德的自我,我们只有在道德的地图中才能找到自己前进的方向,人生中各种不相干的片段和经历才能获得意义,个人的认同才能最终被确立起来。所以道德自我才是个人叙事同一性的基础和目的。

五、结语

正因为道德增强之后的所有行为都是自我认可的,不存在道德增强前后两种不同的人格,只不过是人类选择一种全新的同时也是更有效的方式来面对道德困境,这需要我们保持更开放的心态来面对道德增强。

论德性观念之源起与"四主德"学说之成型　　王晓朝,河北学刊,2021(5)

"四主德"是指古希腊哲学家讨论的四种主要道德,即正义、智慧、勇敢、节制。运用道德发生学的溯源法,可以较为清晰地刻画"四主德"学说的生成发展过程。首先,德性观念之发轫。道德观念是人们在社会实际生活中,在感觉和知觉的基础上对具体道德现象的认识。道德观念的形成和发展有一个历史过程。德性的原初含义是卓越、优秀、高尚、出众,德性的主要含义是道德上的卓越,亦即美德。德性观念在荷马时代萌芽和发生。希腊"七贤"和早期自然哲学家留下的道德箴言已提及四种具体德性。其次,德性概念之界定。概念是理性思维的基本形式之一。道德概念的生成是道德观念的提纯。定义是界定道德概念的手段,有无定义是区分观念和概念的标准。苏格拉底和柏拉图努力界定勇敢、智慧、正义、节制这些主要德性,揭示一般德性与具体德性的关系。最后,"四主德"学说之成型。"四主德"是一种学说或理论。"四主德"学说在柏拉图的对话中发轫,在亚里士多德的伦理学著作中成型,"四主德"是德性论的重要组成部分。

一、德性观念之发轫

德性的原初含义是卓越、优秀、高尚、出众。厄姆森(Urmson)说:"德性:任何种类的卓越或善行。这是一个与优秀、卓越相连的抽象名词,但与抽象名词 agathotes 的等同是以后发生的事情,也非常罕见。"荷马时代的希腊是古希腊人伦理观念的策源地。ἀϱετή 这个词在荷马史诗中的使用表明,德性观念发轫于荷马时代。荷马激励人们要卓越和优秀,"作战永远勇敢,超越其他将士"。赫西俄德要人们反对无知和过度。

二、德性概念之界定

米利都学派是第一个古希腊哲学流派,该学派的产生标志着理性思维的诞生。亚里士多德提到毕达哥拉斯学派在定义德性方面的贡献:"他们也开始探讨是什么的问题,并加以规定,不过他们把事情讲得太笼统了。"柏拉图的早期对话一般只讨论某一种美德的定义,而且均未得出肯定的结论。到了中期对话,这种情况发生了转变,《美诺篇》讨论了一般的德性(美德),《普罗泰戈拉篇》讨论了德性的整体性,《国家篇》讨论了四种主德之间的关系。

在伦理学部分,《定义集》的作者首先给出德性的定义:"美德:最好的品性;凡人的某种状态,因其自身而值得赞扬;某种状态,其拥有者因处于这种而被说成是好的;对法律的恰当遵守;某种品性,具有这种品性的人因此而被说成是完全卓越的;某种状态,能对法律产生出忠诚。"

《定义集》的作者给出四主德的定义:"实践的智慧":某种凭其自身就能产生出人的幸福的能力;正义:灵魂与其自身的一致,构成灵魂的各个部分之间的相互尊重与关切;"节制":灵魂对通常发生的欲望和快乐的自控;"勇敢":灵魂不因害怕而发生动摇的状态。

三、"四主德"学说之成型

苏格拉底指出,拥有美德的人不能靠卑鄙的手段获得美好的东西,用正当或不正当的任何方法获得这些东西的能力不能称作美德。柏拉图在德性问题上延续着苏格拉底的思考。柏拉图对主要美德的总结似乎有一个从"五主德"向"四主德"的转变:即早期对话主要讨论五种主要美德——智慧、节制、勇敢、正义、虔诚,而在中期对话中设定四种主要美德——智慧、勇敢、节制、正义,并以正义为核心美德来解释"四主德"之间的关系。柏拉图将美德作为一个整体加以考察,对公正、自制、虔敬、勇敢等主要美德进行分析,认为它们有共同性,都与知识相关联,都受智慧的支配。亚里士多德把德性分为两类:理智德性和伦理德性。他说:灵魂被分为两个部分,即有理性的和无理性的部分。亚里士多德以德性为核心概念,建构了一种严谨而系统的理论,并成为西方伦理史上的德性论典范。

美德伦理学的动机理论——对赫斯特豪斯的新亚里士多德主义方案的梳理与重构　李义天,江海学刊,2021(5)

道德行为的动机问题是现代伦理学的基本问题。罗莎琳德·赫斯特豪斯的新亚里士多德主义美德伦理学为此提出了详细的论证方案。根据该方案,美德伦理学持有一种经过改造和扩充的动机概念,美德行为者被认为"出于品质"而实施正确的行动。在此过程中,美德行为者的动机不仅在理性层面上表现为"出于品质而给出正确的理由",而且在感性层面上表现为"出于品质而伴有恰当的情感"。就前者而言,美德行为者"出于品质"而给出的理由,同康德主义行为者"出于责任"而给出的理由相互贯通;就后者而言,美德行为者"出于品质"而伴有的快乐情感,亦不与康德主义行为者的心理反应构成颠倒关系。对赫斯特豪斯来说,新亚里士多德主义的美德伦理学不仅能够建构有效的动机理论,而且足以破除自身同现代规则伦理学之间的对立与隔阂。

一、道德动机与行为理由

"出于品质"而形成的动机,也不一定就是"道德动机"。"道德动机"不仅不限于描述行为者在行动当下之际的心理状态,还意味着对行为者一贯的心理状态(即品质)的理解。因此,当我们把某个"道德动机"归于行为者时,我们"就是在把远远超出行动时刻之外的某种东西归属于他。这是一种关于'行为者是怎样的人'的全方位断言"。

在赫斯特豪斯看来,这些理由与美德行为者所采取的那个行为之间存在着内在关联。因为它们能够更精准地揭示出那个行为在此时此地的恰当性与合理性,所以能够更确切地使得行为者在此时此地"因为那个行为本身的缘故"而行动。对于这些理由来说,它们既不需要建立在那个行为一贯"高贵"或"善好"的判断之上,也不需要将那个行为始终归于某个美德清单或目的论框架之中。

二、出于品质与出于责任

在赫斯特豪斯看来,如果行为者就是美德之人,那么"出于品质"而给出的理由,同"出于责任"而给出的理由其实是贯通的:两种理由不仅都能对他的正确行为给予理性的解释和证成,而且,两种理由相互之间也能够彼此解释和证成。在这个意义上,一个人可以既是一个亚里士多德意义上的美德之人,也同时是一个康德意义上的道德行为者。

三、美德之人与恰当情感

在赫斯特豪斯看来,康德针对两种行为者的比较,与亚里士多德针对两种行为者的比较,其实并不是同一种比较。根据她的理论重构,康德关于理想行为者的描述不是关于"自制之人"的描述,康德关于不理想行为者的描述也不是关于"美德之人"的描述。因此,这里就谈不上康德以为"自制之人"优于"美德之人",更谈不上康德是有意针对亚里士多德,以至于做出了完全颠倒的判断。毋宁说,赫斯特豪斯一方面通过把康德所说的"出于责任的行为者"不再等同为"具有坏欲望的自制之人",而是转化为"面临外部原因挑战的美德之人"(更有美德);另一方面通过把康德所说的"出于偏好的行为者"不再等同为"快乐轻松的美德之人",而是转化为"受制于情感的乏德之人",从而证明在康德那里,"出于责任的行为者"优先于"出于偏好的行为者"的实质并不是"自制之人"优先于"美德之人",而是"面临外部原因挑战的美德之人"优先于"受制于情感的乏德之人"。在这个意义上,康德非但没有背离亚里士多德,反而是彼此融贯和切近的。同时,赫斯特豪斯的这番重述也揭示出,美德行为者出于品质而伴有的恰当情感可能并不局限于快乐本身,美德伦理学的部分观点需要借助与现代伦理理论之间的相互映射而不断调适和改造。就此而言,她的新亚里士多德主义方案在美德伦理学动机理论方面的论证及其新意,正是值得我们认真对待的方面。

当代伦理学知识体系的转换与发明——如何构建具有问题意识和方法论特点的伦理学对话　何怀宏、戴兆国,求是学刊,2021(5)

如何实现伦理学知识体系的转换与发明,是当代伦理学必须面对和解决的一大难题。当代伦理学学者何怀宏先生的伦理学反思和理论建构对此做出了很好的回应。其伦理学理论创新的进路和理论体系的构建大致展现了四个方面的特点:一是自觉地做到了伦理学问题意识和话语的转换与调适;二是与时俱进地保持着其伦理学理论体系的不断创新;三是构建了富有时代特点的理性主义的纯粹伦理学理论;四是在伦理学的方法层面实现了转识成智。

一、伦理学问题意识和话语的转换与调适

何怀宏(以下简称何):在传统伦理学的理论转换方面,我想我还是基本持和过去一样的思路,那就是认识现代社会和传统社会的基本差异,也即从等级差序和公开认可的少数统治的社会,向平等和多数意见支配的社会的转变。人类社会文明进展所到达的水平应该是让越来越多的人成为自由的人。这种自由不能建立在某种外在的权力约束的基础上,而要依靠一种平等而有序的社会予以保障。因此,社会伦理也应该有一个相应的转变,那就是借助普遍的理性,建设一种符合人性也符合人道的基本伦理。我们要眼睛朝下,关注现实社会中出现的伦理问题,力图用大多数人能够接受的道德话语,帮助大众树立起健康的正向的道德价值,以此来推动社会道德建设。底线伦理在某种意义上,就是"接地气"的伦理,是让更多的人明白作为一个社会人必须要有基本的道德意识,要有最起码的公共生活的伦理共识。

二、伦理学理论体系的创新要与时俱进

何:我说过我的思想学术大概是不古不今、不中不西的。我不希望走一种宗教激进主义的路,或者说,在理解上应该是尽量接近原典的本来意思,但实践中不是照搬或者说完全按照原典的精神。我想我还是立足本土的,但不是历史上的本土,而是今天的本土。但今天的本土已经不只是受过去传统的支配性影响了。我曾经提出过"三种传统":一种是以周文汉制为核心的"千年传统",或者说严格意义上的传统;一种是以启蒙革命为核心的"百年传统";第三种是改革开放以来以全球市场为核心的"十年传统"。这三种传统在价值观念、生活方式、社会制度等不同的层面上发挥着不同的作用,但都真实地存在。它们既是创新的思想资源和活力,又是创新的限制条件。确定某种恰切的伦理话语需要依据某种平衡之道,需要在各种大小传统之间寻求合适的中道。

三、理性主义的纯粹伦理学理论建构

何:我的伦理学基本是一种理性主义的倾向,但的确又不像康德那么理性主义,而是也强调作为一种道德源头动力的恻隐之心,以及一种作为道德努力方向的仁爱之情。也就是说,在情感方面,也不仅是对义务的敬重之情。但我也意识到单纯情感伦理学的限度,它可能盲目,动力不足,或者失去一种权衡的客观标准。在某种程度上,现代社会还是非常缺乏理性精神的。如何培植大众的理性精神,以及理性地对待伦理生活的能力,对于伦理学来说,必将是一项长期的任务。

四、伦理学理论的转识成智

何:人类文明迄今有一万来年。在其两端有许多的共性。虽然人类早期的各个文明是分离的,但大致都是先奠定物质的基础,然后发展出国家这样的政治文明,之后是到轴心时代,涌现出各自灿烂的精神文明。但是,这些核心价值的精神文明却是不同定向的,所以,在文明的大块中段,各个文明之间反而表现出更多的各自不同的特殊性。

许多问题最后都要归结到"人心",或者说人到底追求什么,不仅是个人或少数人追求什么,还有大多数人或社会追求什么。这种种追求也植根于人性,但它们并不是单一的。我们对人性不能做抽象的理解和说明。

数字全球化与数字伦理学　薛晓源,国外社会科学,2021(5)

本文简要概述了全球化的本质,阐述全球化最新发展阶段——数字全球化的运行态势和根本特点,从思想和技术的源发处展示以 5G、人工智能、大数据、云计算、区块链为代表的数字经济与数字全球化的融合和共生关系,呈现数字全球化日新月异的发展如何颠覆人们对生产力、生产关系

的传统认知。为了应对日益严峻的风险,数字全球化呼吁建构一种新型的数字伦理学,即以信任—信用—信赖—信念—信心为统摄的全覆盖的社会价值认同体系,它可以促进有秩序、讲规范、高信任的全球公民社会的建立,使全球化沿着和谐有序的方向健康发展。

一、全球化的本质与局限

吉登斯认为,全球化就是流动的现代性。它是指人、货物、信息、货币、观念、符号和图像的快速流动。现代性如何流动?按照齐格蒙特·鲍曼的话说:"我们无法停止下来……我们发展并注定要保持发展,这与其说是因为'满足的延迟',还不如说……因为永远满足的不可能:满意的范围、努力的终点线和让人平静下来的自我祝贺的时间,要比跑得最快的人运动得还快。"全球化是风险社会。德国社会学家贝克认为,科学技术无限制的扩张和滥用,使现代社会成了风险社会。

二、数字全球化的运行态势和本质

21 世纪 10 年代末,人们发现自己突然进入加速时代。通信成为社会的加速器。数字全球化的核心就是数字经济近年来的飞速发展。数字全球化通过区块链技术、互联网、移动互联网、大数据、云计算、人工智能等高新技术快速融合和贯通,重新建构了层次繁多、结构明晰、复杂多维的结构化世界,实现万物互联互通互惠,通过信息、结构和通信的光速化,实现经济文化的互融互合、共融共享的新业态,开创人类通往全球化大同世界的和合之道。对于人类而言,数字全球化还改变了人们的生存方式、生活方式、生产方式和我们所依赖的生态世界。

三、化解数字全球化的风险,构建数字伦理学

数字经济带来前所未有的机遇,也带来前所未有的问题和挑战。区块链与数字鸿沟、数字风险与危机问题凸显:匿名与实名问题,隐私权与公权问题,自由与限制问题,数字霸权与数字弱势问题,数字资源聚集化与数字无能问题,数字话语权与数字边缘化问题,数字化世界所带来的风险与危险、危机问题。技术会不断革新,新技术的出现会带来新的问题,科技发展也是一把双刃剑,但技术创新一定推动社会变革。如何化解这些风险、危险和危机,我们需要在数字全球化的发展日新月异的今天,建构和发展一门通过对技术的约束、数字的监控、人性的自觉的自在自为的伦理学。这种伦理学要求,在数字世界里,政府对数据的所有权、数据公司的使用权都有明确的界定和规范,对个体的隐私权要有充分的尊重和保护,不到危难时刻,所有权、使用权、隐私权不允许跨界和泛化,从而建构一种健康有序

高效持续的数字伦理,它是全球化的"数字乌托邦"。我们认为,展望未来,面对"不确定性"的生活常态,要主动发挥全球化美德的引擎,建构信任—信用—信赖—信念—信心全覆盖、全社会的价值认同体系,即数字伦理学。在数字技术规范、高效运行的基础上,它可以建立起有秩序、讲规范、高信任的全球公民社会,并将促进全球化的和谐有序发展,促进人类社会发展的稳定和平衡。

道德本体及其他　杨国荣,天津社会科学,2021(5)

从道德领域看,以成就人格为指向的道德进路,涉及德性伦理,其特点则在于注重道德本体。这里所说的本体主要指人的内在精神结构或意识结构,在道德领域,这种意识结构具有伦理的内涵并构成了人的道德行为展开的根据。考察道德本体,既需要关注规范与德性的关系,也应辨析"本体"与"工夫"的互动。在引申的意义上,与道德本体相关的另一问题是"应该"和"理由"之辩。道德本体的实质内容,表现为一般规范的内化形态,规范本身则规定了"应该"。但具体的道德行为同时又展开于特定的情境,后者为偏离规范所要求的"应该"提供了"理由"。通过调节"应该"与"理由"的关系,道德本体从另一侧面展现了对道德行为的具体作用。从行为的发生看,道德本体的作用同时体现于对行为的推动,后者进一步关乎对道德动力的理解。道德本体和道德行为,都并不是以静态的形式存在,而是展开为一个过程,从中国哲学的视域看,这里又涉及"生生"的问题。

一

德性伦理学的基本取向,表现为通过成就人的德性或人格,以担保行为的正当性。这一伦理进路的前提,是注重道德的本体。"道德本体"中的"本体"与形而上学或本体论意义上的"本体"概念有所不同,其含义主要与中国哲学所讨论的"本体"与"工夫"相涉。

与道德本体相关的第二个方面,涉及前面提到的"本体"与"工夫"的关系。一方面,道德本体可以视为上述一般本体的具体形态,道德行为则表现为道德领域中的工夫。另一方面,"本体"本身并不是既定、不变的形态,而是具有生成性。

二

在引申意义上,与道德本体相关的另一问题,是"应该"和"理由"的关系。道德本体的实质内容,表现为一般规范的内化形态。一般而言,普遍道德规范主要规定正面意义上的"应该"(应该做什么)或反面意义上的"不应该"(不应该做什么)。

一方面,如前所述,道德本体表现为普遍规范的内化,并相应地具有普遍性的品格;另一方面,它又内在于一个个具体的个体,从而呈现个体性的一面。普遍性与个体性在道德本体中的相互融合,使之有可能在面对不同行为背景时,既以普遍规范为出发点,又依据具体的情境分析,由此把握在一定条件下最合宜和合理的行为方式。

三

通过调节"应该"与"理由"的关系,道德本体从一个方面展现了对道德行为的具体作用。以行为的发生而言,这种作用同时体现于对行为的推动,后者进一步关乎对道德动力的理解。从分析的视域看,道德行为大致可以区分为两类:其一具有仁爱性,其二呈现克己性。可以看到,在具有不同特点的道德行为中,情感和理性的作用有着不同的表现方式:如果说,在仁爱性的行为中,情感占比较主导性的位置,那么,在克己性的行为中,理性则可能具有更重要的地位。从现实的层面看,实际的道德发生机制具有综合性。以情意而言,作为人的内在意识构成,它确实具有引发道德行为的意义。可以看到,与本体具有综合性一致,道德行为的机制也具有综合性,其中,理性与情意无法截然分离。

四

道德本体和道德行为,都并不是以静态的形式存在,而是展开为一个发生变迁的过程,从中国哲学的视域看,这里涉及"生生"的问题。从伦理的角度谈"生生",一方面应将精神生命的完善提到重要的地位,所谓"人禽之辨",也涉及这一方面,另一方面,不可忽视人的感性生命以及与之相关的生存权利。以道德本体为视域,如果仅仅注重抽象的精神生命或"生命的学问""生命哲学",那就容易变得玄之又玄、苍白无力,呈现抽象的形态。所谓"生命的完善"既指向感性生命的充实和发展,也以精神生命的提升为内容,两者不可偏废。

新责任伦理:技术时代美好生活的重要保障 龙静云、吴涛,华中师范大学学报(人文社会科学版),2021(5)

现时代一个尤为显著的事实是,技术已经全面而深刻地融入了人类社会和人们的生活。技术的目的是为人类创造美好生活,但与此目标相悖的是,技术因为其副作用又成了制约人类过上美好生活的障碍。尽管现时的各种伦理理论为解决技术时代的困境贡献了诸多伦理智慧,但某一种单一的伦理理论很难对人类走出这一困境提供完全可行的方案,这就需要进行伦理理论的统合与重构,这就是新责任伦理。新责任伦理的核心是责任,其基本要义是以信念内化责任,以德性驱动责任,以发展落实责任。新责任伦理的维护机制主要包括:制度设计,精神引领,行为规约以及发展方式的变革。

一、美好生活:技术时代的应然追求与实然背离

1. 美好生活:技术时代的应然追求

技术的快速发展与普遍运用极大地解放了人类的体力劳动和脑力劳动,使人类的生活更加美好,幸福持续增长。

2. 背离初衷:美好生活的实然落空

在现代市场经济体制中,技术往往现实地异化为赤裸裸的牟利工具。不仅如此,技术不断向社会渗透与扩张,基于技术的统治与强权也便逐渐形成。

二、把脉疗伤:技术时代的伦理回应及其局限

1. 伦理回应与反思

(1) 责任伦理:技术时代人类所承担的责任是一种"前瞻性责任",责任伦理的实质是对技术使用尚未产生但有可能产生的后果做出的一种"远见"。

(2) 发展伦理:由于技术的过度与不当运用造成了生态环境的严重破坏,因而人类的发展必须将"生态"纳入其中。始终将人类的发展、美好生活与自然环境积极地联系起来,是发展伦理学的一大价值旨趣。

(3) 信念伦理:在理性与技术理性高扬的时代,世界必然被进行全面的理性建构,而伦理、精神、价值、意义等随之式微。只有心怀伦理信念和拥抱伦理精神,人才能始终朝向善、坚守善。

(4) 德性伦理:在充满复杂性、未知性与不确定性的技术时代,德性伦理不可或缺。只有我们自觉地反省自身、按照社会道德要求行事,我们才能够将社会的不确定性与风险降到最低。

2. 局限与困境

责任伦理在坚持自己的"责任逻辑"时似乎忘记了另一部分人的权利;发展伦理的理论存在诸多内部冲突;信念若变成偏执,也可能异变为"梦魇";德性伦理则未起到对行为的指导作用。

三、新责任伦理:技术时代一个可能的伦理范式

1. 新责任伦理:以责任统合信念、德性、发展的新伦理

(1) 新责任伦理的"新"就在于它内在地拓新了信念伦理的价值内容：责任没有信念就会失去实践力，而信念没有责任就会缺乏价值性。信念伦理向责任伦理的融入，在一定程度上弥补责任伦理之不足。

(2) 新责任伦理的"新"就在于它有效地借鉴了德性伦理的合理之处：以德性之源涵养责任之水、以德性之土培育责任之木，是新责任伦理的主要内容。二者的统一能够使责任践行获得强大的内驱力。

(3) 新责任伦理的"新"就在于它是对发展伦理的有机融合：将责任伦理学与发展伦理学结合起来，强调发展与责任有机连接，并将"发展"确立为第一原则。

2. 新责任伦理的要义及实践价值：只要人类在运用技术，其副作用总是存在的，因此技术时代呼唤着新责任伦理的出场和践行。以信念内化责任、以德性驱动责任、以发展落实责任，是新责任伦理的基本要义。

四、技术时代新责任伦理的社会维护

1. 制度设计：自由与正义

自由在现代社会中首要的指向是市场经济，新责任伦理在正义方面的要求就是实现自由权利与履行义务的统一。

2. 精神引领：敬畏与诚信

敬畏产生诚信，而诚信彰显敬畏。诚信与敬畏之间还存在一个重要的伦理共契点：良心。

3. 行为规约：满足与节制

只有实践主体懂得满足与知道节制，技术的运用才会变得可以控制，并使其保持在合理的范围之内。

4. 发展方式：绿色与共享

绿色与共享之价值共契的实质就在于人与人之间走向和谐，走向整体，走向你中有我、我中有你。

试论当代儒家责任伦理学建构　涂可国，周易研究，2021(5)

推动中国哲学的现代转换，一项重要学术使命是致力于儒家道德哲学的创造性转化与创新性发展，而这离不开儒家责任伦理学的当代建构。传统儒家不断阐发责任伦理所取得的成果，是当代更好地创建与西方责任伦理学相接榫的、具有现代性的儒家责任伦理学形态的前提。建构较为系统的儒家责任伦理学，无疑要承担很大的风险、面临诸多的困难，但也具有很大的可行性，并且具有重要的意义。这不仅能够弥补现有儒家义学的不足、拓展责任学的空间、推动当代伦理学的发展、推动当代儒学的重构和发展，而且能够积极推进新时代中国社会的责任伦理建设，为当前中国社会构建责任体系、建立责任制度、培植责任人格、建构责任心学、培育责任意识和塑造责任伦理提供精神资源。合理建构当代儒家责任伦理学，必须注重深入挖掘、合理阐释、反向格义、返本开新和有机整合。

一、当代儒家责任伦理学建构面临的挑战与可能

对儒家责任伦理思想进行研究，以至建构较为系统的儒家责任伦理学，无疑要面临诸多的困难。要知道，儒家责任伦理思想总体上属于前现代形态，自身具有一定的局限性。具体而言：一是缺乏责任伦理理论的自觉建构，二是较为忽视人的欲望对于责任的动力作用，三是较少关注社会对个体的责任承担。当代可资借鉴的儒家责任伦理研究成果较为匮乏也给建构儒家责任伦理学带来了极大困难。不过，当今建构儒家责任伦理学也具有很大的可行性。一则儒学不同形态及其代表性人物的道德哲学思想中蕴藏着许多丰富的、可加提炼概括的责任伦理思想；二则儒家提出了一系列相关责任命题可供挖掘和利用；三则儒家阐述了许多独特的责任伦理论说；四则西方责任伦理学为构建儒家责任伦理学提供了可资借鉴的概念、范式和方法；五则现实中国社会责任体系建设具有汲取儒家责任思想精华的强劲需求，从而提供了现实根基和理论土壤。

二、建构儒家责任伦理学的必要性

加强儒家责任伦理思想研究，乃至建构较为系统的儒家责任伦理学，具有如下重要学术价值和现实意义：一是弥补现有儒家义学的不足，二是拓展责任学的空间，三是推动当代伦理学的发展，四是推动当代儒学的重构和发展，五是为当代中国构建社会责任体系提供思想资源。

三、建构儒家责任伦理学的基本方略

建构当代儒家责任伦理学，可供选择的研究思路如下：一是在对义务伦理与责任伦理进行概念界定的前提下，依次探讨儒家责任伦理的内涵、类型、地位、价值、特征、主体、根据、基础、条件、机制和发展等；二是运用道德哲学的分析框架，依据活动—目的—手段—结果的思维逻辑，从"只当如此做，不当如彼做"等道德行为维度，探讨儒家责任伦理所包含的道德合理性、道德自律、意志自由、道德责任感等论题；三是从个人和社会的双向互动角度，阐释儒家责任伦理凸显的为己责任和为他责任，互负义务论，责任伦理与意图伦理、道德义务与道德权利的统一等问题；四是立足于道德哲学的高度，既注重儒家大传统又注重小传统，对儒家责任伦理思想的内涵、

特质、根据、基础、机制、地位、价值和实现方式进行深入挖掘和系统化建构;五是借助于比较伦理学的视野,分析儒家责任伦理思想与西方道德责任论以及中国传统非儒家责任伦理的同一性和差异性,以揭示其基本特质。除此之外,还应当遵循以下方法:深入挖掘、合理阐释、反向格义、返本开新和有机整合。

自然、精神与伦理——进入黑格尔伦理学哲学体系之路径 邓安庆,同济大学学报(社会科学版),2021(5)

黑格尔伦理学虽然取得了许多成果,但迄今为止几乎很少有研究者是从其哲学体系出发来考察其伦理学哲学的。黑格尔成熟的哲学体系包括了逻辑学、自然哲学和精神哲学,这个体系最终是要论证世界是一个向着自在自为的自由演成的结构。因此,"伦理"虽然集中地体现在精神哲学,但只有从这个通往自由的世界结构出发,我们才能理解"伦理"的世界使命,即以精神的提升促成自由的实现,也才能理解自然与伦理之间的辩证关系。唯有从具有本性、本质之"自然"中才能从自身生长出"自由"之精神。"自由"作为"自然"之真相/真理才是"伦理"之本质。黑格尔的哲学体系作为自由演成的体系,其主观精神、客观精神和绝对精神都是伦理学的一个不可或缺的部分,都是自由演成的一个存在论环节。

一、体系与自由:黑格尔思辨哲学体系的伦理学意义

在黑格尔这里,哲学即伦理学,它们共享一个主题,即存在意义之阐明,而存在之意义即自由。"存在"异化在自身之外,是一种不自由的、受束缚和奴役的痛苦存在,这是实存本身的真相。这种"真相"只有在伦理学中才能获得最为切身的经验。

"不自由"之实在只与存在者"自身"相关:自身之理念的"外在性"和作为"自然之所是"的自身本质之外在性。这两种"外在性"导致"自然"本来是因其"否定性"之自由而生,却又在其"定在"中失去了"自由"。黑格尔最具特征的自由是"在异在中"依然"只是在自己本身处存在"。他就是按照自由的这种否定性规定和肯定性规定来阐释其思辨的哲学体系的三部分之间的关系,这样的哲学本质上就是伦理学,因为伦理学探讨的就是自由生活的意义。

二、"自然哲学"对于伦理学的意义

作为"精神之自然","自然"就具有了另一种"自然"的实存路径。自然哲学中的"自然"就是,构成自然物的各元素遵循"自然法则"而"聚集"起来,以相互排斥和吸引的原则、磁力原则、化合原则,让自身从"无机自然物"变成"有机自然物"、从无生命的自然到有生命的自然、从无精神的生命到有精神的生命之进程。"自然本性"概念的出现使第二个"自然"概念出现了。由于作为"本性"的自然,意味着"自然"开始不再是纯然的"外在性",而有了"自"之"本",只要这种"本性"能主导自身的"生成",自然就真的能"由自而然"。"自然"中虽然具有"灵魂"和"精神",具有内在的"自然而然"的"主体性",但黑格尔强调,这种"主体性"还不是自由,因为"自然"中的"精神"并不能摆脱对"自然物"的依赖,它只得"沉潜"或"沉睡"在自然物中,才能是自然之精神。只有"精神"成为人的精神,成为具有理性生命的精神,才能真正地不依赖于自然,从自然这个外物中"解放"出来,回到其自身。

三、"精神哲学"而非仅仅"客观精神"作为黑格尔的伦理学体系

作为哲学体系下的"伦理学",黑格尔的伦理学也是始终保持与康德的大伦理学概念相对应从而保持与其哲学体系相对应的一个概念,即自由地思想和自由地生活。而这种"自由"是贯穿于"精神哲学"之全部的概念,即包含了主观精神、客观精神和绝对精神的自由概念,是伦理学的主题。因此,仅仅从"客观精神"去探究黑格尔的伦理学是不完整的。

绝对精神领域无论是艺术、宗教和哲学,其绝对性就在于它高于所有现实性领域的矛盾和冲突,它在"高处"审视这一切,从而以"本原"为家,不断将人从外在异化的分裂中解放出来。只要我们不将绝对精神视为一个固化的超越的精神存在形态,而是不断地将高处的指引落实到生活之中的自由,那么个人自由在实体伦理中的固化,就有可能因个人精神中秉有绝对精神而具有不断被拯救的无限可能。因而,绝对精神最终成为个人自由的救赎者,继而完成了对伦理生活之自由的解放。

人机关系中共情为何重要　王珏,社会科学报,2021-05-20

随着人工智能技术,特别是人工情感技术的发展,人与智能机器人之间的情感关系日益成为一个独立研究领域。我们应该如何对待可以模仿人类情感表达,并激发人类使用者情感反应的机器人?是依然将之看作工具,还是将之看作类似于我们的同伴,并赋予机器人一定的道德地位?

一、共情在人与机器互动中的基础地位

人工智能将和人类共同生活,与人类互动,理解和关心人类,甚至与人类坠入爱河。这些分享着人类私人空间和情感空间的智能机器人也被称

作"社交机器人"(social robots)、"关系机器人"(relational robots),或者"人格机器人"(personal robots)。上述图景指出了一个关键事实:将人—机情感关系纳入视野将从根本上改变人与智能机器互动的伦理图景。为了理解这一点,我们必须首先理解共情在人与机器人互动中所扮演的基础角色。最宽泛意义上的共情是指人的一种社会性本能,能让我们直接经验陌生主体及其体验行为和感受。人工情感技术着重于让机器用算法来理解人类的情感并给出适当的反应,通过让人机发生共情,让人机交互更加自然。换言之,所谓人工情感与其说是在机器人内部模拟人类情感体验,不如说是通过激发人类与生俱来的共情能力而使人类使用者将某种体验状态归之于机器人,机器人仿佛有了情感。

二、共情不同于间接的类比推断

从哲学传统上看,感知他人心灵有两条基本路径:一条是类比推论,另一条就是共情。然而,类比推断仅仅是间接推断,它不足以建立起机器人的内在主体性,至多是一种猜测。共情进路则可以在很大程度上绕过上述难题,共情成了处理人机互动关系的一个更具前景的出发点。不同于间接的类比推断,在人与智能机器的共情关系中,人们直接经验着它的主体性及其"内在体验",这种直接经验由机器人富于生命感的社会化表达所引发,但无须以机器人与人类似的认知为前提。这一事实不仅在人工智能技术层面上有重要意义,而且会对人工智能伦理产生深远影响。

三、人工智能伦理范式或将被重塑

以共情为基础的人机关系将颠覆既有伦理范式,重塑人工智能伦理图景。传统的人工智能伦理范式可以概括为一种人类中心的本体论范式,立足于机器人的内在属性,而忽略了人与机器人互动,以及人是如何体验这种互动的。贡克尔提出了另一种替代性的关系范式——伦理优先于本体论,即智能机器在共情关系中的"显现"(例如看起来有感知、情感)就足以构成一些具有道德意义的属性,并要求人们做出相应的伦理回应。这种关系视角由此打破了人类中心主义所设置的僵硬边界,打开了智能机器在共情关系中作为道德他者出现的可能性:未来有可能形成一个人机共处的伦理共同体,智能机器显现为人类能与之共情的、对之负有道德责任的他者,并因此被赋予相应的道德地位。

四、审慎应对共情现象引发的伦理争议

第一类问题指向一种由来已久的忧虑,即共情关系赋予机器人的强大影响力是否会被不当利用,以至削弱相关人类主体的自主性?

第二类有争议的是所谓的"欺骗"问题。因为作为共情对象的智能机器只有依据算法做出类似于人类情感的外在表现,并没有真正内在体验,那么,我们能合理地说机器人"欺骗"了它的人类同伴吗?

第三类是与本真性相关的问题:当我们像对待人一样对待机器人,以类人的方式与机器人说话时,我们就将自己限制在"仿佛"中,而这有可能侵蚀我们的人性,将人的存在削减为机器网络中的一个碎片。

综上,一个人机共生的道德共同体已经是一个确定的未来,而为了更好地迎接它,我们必须在人工智能伦理范式上也做出相应转变。

人与自然生命共同体理念的哲学意蕴　刘福森,光明日报,2021-05-24

习近平总书记不久前在北京以视频方式出席领导人气候峰会,并发表题为《共同构建人与自然生命共同体》的重要讲话。在讲话中,习近平总书记再次重申了"人与自然生命共同体"理念。深化对人与自然生命共同体的规律性认识,不仅对于生态文明建设具有重要的实践意义,而且对于生态哲学研究也具有重要的理论价值。

一、人与自然生命共同体理念的概念含义

"人与自然生命共同体"是一个生态哲学的概念。所谓生态,其含义就是指"生命态"。在汉语中,"态"有形态或状态之义。在这个意义上说,用生态哲学的观点看世界,就是把世界看作一个以"生命形态"生存着的"活的世界"。人与自然的生命共同体是一个"命运共同体"。这里使用的命运概念,是指生命有机体所具有的一种不可改变的、必然的行为趋势、价值指向和最终归宿。生存是生命的天命,因而生存就是一切生命不可改变的命运。同样,如果没有人与自然的和谐共生,也就不能维持人与自然这个生命共同体的可持续生存。因此,人类必须顺势而行,尊重自然生命,保护自然,把实现人与自然的和谐共生看作人与自然这一生命共同体得以保全的必要条件。

二、形成人与自然生命共同体理念的历史逻辑

从古代的农业文明经过近代的工业文明到当代的生态文明,人与自然的关系经历了一个历史的"否定之否定"的演变过程。这一过程,也是人与自然生命共同体理念的形成过程。

文艺复兴的最高成就是"人的发现",从此人类步入了"青年时代"。人开始发现自己是一个不同于自然的存在,是自然界的主人,自然不可脱离人而独立存在,而只能依赖于主体(人)。但是,西方的生态学家们却沉浸在自然中心主义与人类中心主义的争论之中,企图把当代的生态哲学建立在自然中心主义的基础之上,用农业文明时代的自然中心主义的生态意识代替人与自然和谐共生的生态意识。我们当代所需要的生态哲学,是人与自然和谐共生的生态哲学,而不是自然中心主义的生态哲学。当代西方的自然中心主义生态哲学从根本上堵塞了实现人与自然和谐共生的道路,也使得人与自然生命共同体失去了存在基础。

三、人与自然和谐共生的生态限度

人与自然和谐共生是当代生态哲学追求的核心价值。人的生存离不开自然环境,一个好的自然环境是人类生存的必要条件。同样,人的生存也离不开改造自然的生产活动,因为人的生产活动是获得物质生活资料的唯一途径。要想实现人与自然的和谐共生,就在于确立一个人类活动的"生态限度"。

为了把人的活动的负面效应限制在生态限度以内,我们应当做出以下两方面的努力:第一,杜绝浪费,以便减少对自然资源的挥霍,也能够减少生产的、生活的垃圾向生态系统的过度排放。第二,倡导生态生产。这里的生态生产是指人通过自己的积极活动对生态系统要素的再生产。这种生产不是由生态系统本身进行的对生态系统要素的生产——系统的自我修复,而是由人类进行的对生态系统的人工修复。例如,风力发电、太阳能发电、对固体垃圾的处理、对生产和生活污水的治理、植树造林绿化国土等活动都属于生态生产。人类进行的生态生产与自然系统的自我修复是人与自然相互扶持的"共同行动"。我们通常所说的生态建设,主要是指由人进行的生态生产。生态生产是人类自觉进行的帮助生态系统进行自我修复的活动,是维持生态系统稳定平衡的一种特殊的生产形式;这种生产的目的,不是要获得人类需要的物质生活资料,而是要维持生态系统的稳定和平衡,因而它不同于通常意义上的物质生活资料的生产。

人工智能有资格成为道德主体吗　吴童立,哲学动态,2021(6)

当代关于人工智能主体性的讨论主要有传统观点和非标准观点两种不同的立场。前者对心灵的本体论要求过强,其中的主观现象性和内在意向性对于主体性概念并不是必要的;后者对于智能的要求则过弱,应该添加概念化能力、因果推理能力、反事实思考能力和语义能力等高阶智能要求。根据丘奇—图灵论题的一个扩展,对满足主体性要求的人类核心能力的操作性描述表明,它们对人工智能而言是原则上可实现的,那么人工智能就有资格成为一种类人的而非拟人的道德主体。作为道德主体,人工智能需要植入一种关系性法则。

一、主体性概念的思想资源

在人工智能的主体性问题上,存在两种不同理念的对立:一方是"传统观点",另一方是"非标准观点"。传统观点认为人工智能可以算作一种道德实体而非道德主体,非标准观点认为人工智能要成为主体并不需要具有诸如自由意志和心灵状态这些传统特征,它们可以表现出一种"无心的道德"。传统观点与非标准观点的核心分歧就在于,说一个事物拥有主体资格是否必须承诺它有心灵或者有类似心灵的东西。笔者想要说明的是,该承诺对于主体性而言是一种多余的要求,因此传统观点过强了;而非标准观点在摒弃这种要求时又过于"彻底",以至于去除了主体的一些重要内核,因此这种观点又太弱了。

二、传统观点中的心灵冗余

在传统观点中,对于"心灵是什么"并没有统一的、明确的看法。笼统地说,它的本体论含义在逐步地弱化,但仍保留了一个可辨识的内核。这一内核包含了能动性、封闭性和主观性的特征,现象学运动还赋予其具身性。但是否存在着一个作为"第一人称本体"的心灵,尤其是这个心灵对于主体性而言是否必需,并非显而易见。在本小节中,笔者分析梳理了传统观点中混杂在一起的关于主体的各种特征,并说明了为何其中关于心灵的假设是冗余的。笔者保留了能动性、具身意义上的封闭性和意向性等主体特征,但清除了主观现象性和内在意向性。

三、非标准观点中的智能缺失

非标准观点给出的主体性要素是:互动性、自主性和适应性。这对于说明主体资格是不够的,因为它还不足以刻画一种类人的主体所需要的"真正的智能"。笔者认为人工智能可以具有真正的智能,而非标准观点的主体性三要素对于一种类人的强人工智能而言是不充足的,还需要添加"高阶智能"要素。它可以被概念化能力、因果推理能力、反事实思考能力和语义能力所阐明。符合这些要求的人工智能原则上是可以被创造出来的,一旦那一天到来,我们没有理由不把它们当成真正的主体。

四、人工道德主体:一种分布式关系主体

我们可以认为这样的人工智能主体是类人的,而不仅仅是拟人的。于是,它们也就具有道德主体的资格。人工智能伦理法则建构的进路有两种:自上而下和自下而上,两者各有优劣。笔者认为,一种混合型进路似乎

更加合理,将不同的德性安置在人工智能上需要不同的方式。不过,也要清醒地看到人工智能与人类的区别:人工智能道德的关系属性更加显著,因为它们被设计为具有相对狭窄和明确的功能性目标。这尽管不能取消它的主体资格,但确实削弱了它的个体特征。换言之,每一个人工智能都是这个公共自我的一个载体,即具有某种比人类更显著的分布式特征。这种特征也许会使得人工智能的社会结构更加扁平化。

20世纪20—50年代苏联马克思主义伦理思想的主题及特色　韩大猛、武卉昕,道德与文明,2021(6)

1923年至1959年是苏联马克思主义伦理思想的发展时期,是伦理思想化零为整后的思想统一时期,是从道德意识形态向科学的马克思主义伦理思想体系建构的过渡时期。在这一过程中,马克思列宁主义作为意识形态统领,决定了道德理论的内容。从20年代初到50年代,苏联马克思主义伦理思想的发展呈现出两个突出的特点:以马克思主义和列宁主义为意识形态统领;以共产主义道德及其教育为核心内容。

一、20世纪20—50年代苏联马克思主义伦理思想的理论主题

马克思主义伦理思想在苏联的发展阶段恰逢社会主义苏联建设的初始时期,因而呈现出强烈的理论需求和现实指导的特点。这一现实逻辑规定了20世纪20—50年代苏联马克思主义伦理思想发展的理论主题:马克思列宁主义的道德意识形态和共产主义道德教育。马克思列宁主义的意识形态,即在马克思列宁主义的指导下对道德问题的理解、认知和实践是马克思列宁主义有关道德观念、道德观点、道德范畴等要素的总和。在马克思列宁主义的指引下,一系列道德实践活动得以展开。20世纪20—50年代末,苏联开展了共产主义道德教育的理论研究和教育实践活动。列宁、斯大林等人对共产主义道德教育的内容、目的、原则和方法等提出了与苏联社会主义建设目的相契合的理论创建,构建了科学的共产主义道德教育体系。

二、20世纪20—50年代苏联马克思主义伦理思想的现实主题

苏联社会主义建成之后,在一国建成社会主义的总体思路和工业化道路的指引下,苏联社会步入大力发展社会主义生产力的历史阶段。相应地,建设社会主义的历史任务培育了无私奉献的社会道德主题。另一方面,苏联的卫国战争是世界反法西斯战争的重要组成部分,也是第二次世界大战中规模最庞大、战况最激烈、伤亡最惨重的战场。苏联付出了2600

万人的生命,取得了卫国战争的胜利。这期间,苏联人民形成了不畏牺牲的崇高的道德品质,对这一道德品质的宣传成为马克思主义伦理思想发展时期的现实任务。

三、20 世纪 20—50 年代苏联马克思主义伦理思想的特色

在苏联的马克思主义伦理思想发展史上,这一时段是伦理思想化零为整后的思想统一时期,是向科学的马克思主义伦理思想体系建构过渡的时期,具有一定的"前伦理"色彩。特殊的社会条件和现实困难对道德理论提出了特殊的要求,也在客观上强化了伦理思想的实践指向和规范性。应该说,规范性是苏联 20 世纪 20—50 年代伦理思想最突出的特点。它规定了苏联马克思主义伦理思想体系的理论前提,建构了苏联社会主义道德的世界秩序,并以一种学术传统辗转传承。不过,以道德意识形态话语为引领,虽然保证了伦理思想发展的马克思主义方向,但也因对政治性和学理性把握不准,过多强调对道德原则的服从,从而导致了一定程度的教条主义。

马克思生态文明思想的伦理之善　　崔伊霞,道德与文明,2021(6)

长久以来,人与自然的关系问题是伦理学家持续关注的热点问题。马克思从历史唯物主义立场出发深刻反思人与自然紧张对立的深层次原因,认为人与自然是相互依赖的辩证统一整体,因而生态文明伦理之善的完成必须依赖于人与自然欲求境界的和谐统一以及与道德境界的和谐共生。只有人类秉持顺应自然、尊重自然的伦理观念,实现从人为自然立法到人为天地立德,变革人与自然之间物质交换的方式,才能达到人与自然全面和解的生态伦理至善图景。

一、人与自然欲求境界的和谐统一

马克思反对割裂人与自然之间的关系,强调人与自然之间不是对立的主仆关系,而是相互依赖、相互依存的生命共同体。在欲求层次上伦理之善的完成依赖于人与自然和谐统一的生命共同体的构建。对于人和人类来说,自然界无疑具有客观实在性和先在性,同时自然环境也构成人和人类存在的现实基础。自然界是人及人类历史发展的基础,自然界还是人的无机界的身体。人不仅是自然存在物,而且是受动的存在物。在欲求层次上,人和动物有着本质的区别,因为人不单单是受动的存在物,还是能动的自然存在物。人类对大自然的伤害最终会伤及人类自身,这是无法抗拒的规律。如何缓和人与自然的紧张关系,迫切需要至善的伦理道德与智慧。只有秉持顺应自然的伦理观念,才能构建人与自然的生命共同体,真正实

现人与自然的和谐统一。

二、人与自然道德境界的和谐共生

马克思生态文明思想强调人的高层次道德境界和伦理追求,主张摒弃人为自然立法的思想观念,承认自然的伦理尊严,将人类应尊重自然、敬畏自然的要求摆在了突出位置。伦理之善的完成依赖于人与自然和谐共生的命运共同体的构建。马克思生态文明思想强调人与自然的和谐统一,与人类中心主义的伦理传统有着本质的区别。人为自然立法是人类中心主义的核心精义。在人类中心主义伦理传统的关照下,一切践踏自然界尊严的理论和实践也就具有了合法性,而悖逆自然规律的结果必然是人类的灾难。生态危机意味着人类的人性危机,马克思认为,在处理人同自然的关系过程中,人类道德良知的发现具有特殊作用。马克思的生态伦理思想更强调人的高层次道德境界和伦理追求,即人要为天地立德。基于生态文明的伦理道德立场,人们在利用自然、开发自然的过程中,对自然界及一切生命物就应存有大爱之心。马克思强调人与自然彼此之间是相互依赖、相互影响的辩证统一关系,其中就蕴含了构建人与自然和谐共生的命运共同体思想,体现了马克思生态文明思想的道德至善。

三、生态伦理的至善图景:人与自然的和谐发展

人与自然之间的冲突与疏离,究其原因是人与自然辩证统一关系受到资本至上和发展至上双重遮蔽的结果。一是,资本至上根源于人凌驾于自然的文化传统。二是,资本至上衍生并固化了唯指标至上的社会观念。反思资本至上和唯指标至上的固有弊端,只有确立和坚持保护自然的原则,生发满怀友爱的生态道德情感,才可能亲近自然、聆听自然、走进自然,从而解决人与自然之间的疏离,消解人与自然之间的道德冲突。马克思生态文明思想中的人与自然和解的观点,蕴含着浓厚的生态伦理色彩,体现了人与自然和谐发展的至善图景。在马克思看来,只有彻底摆脱人的自在状态,才能彻底解决人与自然之间、人与人之间的矛盾。造成人与自然的道德冲突与疏离的制度性根源是资本主义生产资料私有制。按照马克思的判断,只有人类文明进入到共产主义阶段,人与自然之间的矛盾才能真正得到解决,人与自然之间达成全面的、而非片面的和解。

问题、事件与先验的经验主义——试论德勒兹划分伦理学与道德哲学的根据　张能,道德与文明,2021(6)

德勒兹通过对休谟、康德、斯多葛主义、斯宾诺莎的研读而发展出一个个包含伦理意蕴的概念,如问题、事件(斯多葛主义)、先验经验主义(康德)、身体的力与活力论(尼采)。而这些包含伦理意蕴的概念本身在学理上揭示了德勒兹伦理学本质构造的来源问题的同时,也为其区分道德哲学与伦理学提供了深层依据。在德勒兹看来,真正的伦理学应该表现为对既定道德规范义务或者在先价值秩序的僭越,它是描述性的"内在存在模式的类型学",关键在于这种类型学区分于道德哲学。

一、"问题":优于前道德判断的潜在领域

相比于康德的义务论伦理学所关注的"义务""道德律",德勒兹的伦理学始终聚焦于"问题"。在德勒兹看来,"问题"不是一个心理的或认识论的范畴,而是一个本体论范畴,即对于"问题"来说,首先应该聚焦于"问题"本身。德勒兹将"本体论"的伦理学展现为一种激进的流变的伦理学,这种伦理学在其本源意义上区分于道德哲学,在这种激进的流变"问题"本体论伦理学形态的构造中,"问题"与"伦理学"相互预设,它不再表现为谁"先于"谁、谁"在先"的问题。根据德勒兹的看法,世界都是基于"问题域"而展开和表达的。我们所遭遇的伦理问题首先反映出的是诸如此类的"问题域",我们潜在所遭遇的问题本身已经在一定意义上规定了我们自身的生存方式或生存模式。真正的伦理问题涉及的是"前道德判断"的生存领域。

二、道德价值秩序:虚拟潜在的"现实化"

德勒兹坚持认为,伦理学不再关联到既有的外在于经验的形式或具有约束性的客观道德准则,或者说,真正的伦理问题从来不是一个涉及先验的规范性价值评估的问题。德勒兹指出,由这种基于个体生存实情的生存论而形成的伦理学更注重伦理问题的描述,拒绝将自身的生存诉诸超越的价值或者道德。在这里,德勒兹对伦理学的思考已经从先验的道德价值判断转到"事件"这一生存论的具体实情当中,即"事件"不再是被动地接受业已发生的一切。对于德勒兹来说,事件指向的是现时事态/理想本质的差异结构。基于对事件这一概念的阐发,德勒兹所建构的伦理学已经超出了通常意义上的"伦理学"。我们不妨将德勒兹对事件的思考视为生存论意义上的描述性的伦理学的探讨。

三、如何将超越的抽象的道德价值剥离于先验

德勒兹认为,并不存在所谓的存在者的经验或者主体的经验,仅在的或者能在的唯有经验本身。德勒兹因此将这种经验定义为先验的经验主义。站在先验经验主义的立场,这就意味着德勒兹所谈论的伦理学从来不是传统的经验主义伦理学,而是必须朝向伦理经验的条件,探究其决定作

用,铺展其伦理问题的场域。先验的经验主义则不再将经验拘泥于固定的形式之中,而是要求扩展经验,努力去思考超越固定形式的经验。德勒兹的先验经验主义涉及的是一种"差异—分化"的思想运动,这种运动折返于先验与经验之间,先验并不是关于伦理经验的可能性,并不解释这个伦理经验或者那个伦理经验何以可能,而是要逃离一般意义上的普遍的伦理经验,也即促使差异于一般意义上的伦理经验,这种"促使"的效果就是差异的差异者,即"在己的差异"。

四、结语

不同于传统伦理学,德勒兹对过分强调道德律令本身或者作为规范的先天价值秩序提出质疑。真正的伦理问题关涉的是前道德判断的生存领域,事实上,这种生存领域先于任何外在客观的普遍有效的道德规范。德勒兹试图将问题、事件、先验的经验主义等概念引入伦理学,并作为其区分于伦理学与道德哲学的依据,这就转变了伦理学自身整体的生成方式,即关于伦理学的研究不再拘泥于传统固有的认知范式,伦理学应该从问题、事件、先验经验的构成中获得其描述。

《庄子》道德论是"以行为对象为中心"吗——与黄勇先生商榷　曹晓虎,道德与文明,2021(6)

"道德铜律"是黄勇先生提出的学说,主张"人所(不)欲,(勿)施于人"。在此基础上,黄勇先生又进一步提出"差异伦理学"(ethics of difference)。"道德铜律"或"差异伦理学"是思想理论创见,笔者叹服其深刻的思想性,也赞同黄勇先生将该思想运用于分析《庄子》得出的基本结论:"宇宙和谐的实现是通过让每一个体依循自己的标准,同时不把它强加给他者,因为万物齐同平等。"只是对于黄先生关于"《庄子》中的道德相对论确实是一种以行为对象为中心的道德相对论"的观点,笔者不能赞同。与此相应,笔者认为黄先生根据《庄子》提出的"道德铜律"的两个主张并不全然是《庄子》的主张。

一、《庄子》道德标准没有中心

无论是黄勇先生所反对的"行为主体相对论"和"评判者相对论",还是他主张的"行为对象为中心的道德相对论",都有个"中心",这个中心就是道德评价的具体立场和依据,但这不是《庄子》的主张。《庄子》否定任何基于特定立场之行为的道德属性,其道德观反对任何中心化的价值标准。所谓中心化的价值标准,即以某种具体事物为中心,不考虑其他事物的利益或立场的道德、审美等领域的价值标准。黄先生已经揭示了《庄子》思想反对以行为者为中心的特点,可谓精准。如果更进一步,就能发现《庄子》更彻底地去中心化的思想特点。《庄子》否定主客二分的行为之道德价值,反对建立在主客二分基础上的道德评价。因此,《庄子》道德观具有彻底的批判性。

二、自然界无须中心

黄勇先生的"差异伦理学"不能完全覆盖《庄子》的问题域。"人之所欲,施于人"的原则无法贯彻到自然领域。《庄子》道德观是自然主义的,即以是否符合自然状态为标准。自然界事物是没有我执的,不需要以自我为中心。之所以不以行为对象为中心,根本原因在于《庄子》反对任何试图基于狭隘的、具体的立场去设定判断标准。面对无"所欲"的自然界,《庄子》并没有提供一个主体如何去判断自己的行为是否以行为对象为中心的标准,因为这样的标准评判权仍然掌控于行为主体。

三、《庄子》反对人伦道德领域"人之所欲,施于人"的原则

即使在人伦道德领域,"人之所欲,施于人"的原则也面临难以与《庄子》思想相吻合的困境。且不说对植物人这种特殊情况,该原则无法得到贯彻,即使对于有清醒意识的人,"人之所欲,施于人"是否就是道德的行为也存在争议。因为人的欲求具有主观局限性、可变性、阶段差异性,甚至不同时期的欲求相互矛盾,如何有选择性地"施于"?《庄子》显然超越了这个难题,在《庄子》看来,以对象为中心不一定产生道德行为,任何依据特定立场——包括以行为对象为中心的立场——进行的道德评价都是道德的异化。诚如黄勇先生所言,《庄子》不是道德怀疑论者。《庄子》道德观也有标准,只是其标准不是任何基于具体事物之立场,而是基于"道",以"道"为道德评价的标准,超越了行为对象的立场。

四、以行为对象为中心理解"两行"的困境

以道为标准,就不会有因具体立场不同而产生的是非纷争,所以可以"和之以是非"。在这个意义上,"两行"就是各行其是,不相菲薄。笔者也不能完全赞同黄先生对"是以圣人和之以是非而休乎天钧,是之谓两行"的解释。《庄子》关于"两行"的表述,并没有主张或暗示站在他人立场就是道德的。因为对方的立场也属于特定立场。倘若面对同一个行为对象,可以"站在他人立场",但面对立场相互冲突的不同行为对象,如何"站在他人立场"?一旦站在其中一方"他人"立场,就具有了自己的立场,也就站在了另外一方"他人"(此时已经是对方)的立场的反面。在这种情况下,没办法贯

彻"站在他人立场"的原则,这正是《庄子》的结论之一。《庄子》不提倡"同时走在他人与自己的道上"的做法,因为这种做法从根本上违反了道家顺其自然的原则。

五、"差异伦理学"的理论价值和现实意义

首先,"差异伦理学"思想的提出是《庄子》研究中的方法论创新,"差异伦理学"与《庄子》思想有内在的相通之处——道德评价标准要超越道德主体的狭隘立场,这有助于揭示《庄子》道德论的价值。其次,更为重要的是,"道德铜律"和"差异伦理学"本身都是伦理学理论的突破,能够避免"评判者相对论"的立场差异困境,也能够解决"道德金律"和"道德银律"以行为主体为中心的道德相对论可能带来的主体的主观局限性问题。此外,在文明冲突问题的研究中,对于文明冲突问题的应对之法,思想界的贡献仍显不足,而黄勇先生相关理论的提出,表明《庄子》可以成为这种理论突破的思想资源。

中国共产党百年乡村道德建设的历史演进与内在逻辑　王露璐,道德与文明,2021(6)

中国共产党在百年的革命、建设和改革过程中始终高度重视道德建设,道德建设已成为中国共产党自身建设的重要内容和特殊优势。乡村道德建设对中国乡村社会的发展和中国共产党自身的建设都发挥了不可替代的重要作用。中国共产党在百年乡村道德建设的进程中,坚持马克思主义唯物史观的立场、观点和方法,根植中国乡土文化,传承中国优秀传统道德和革命道德,适应乡村社会的转型和发展,形成了具有中国特色的乡村道德建设思想。

一、翻身(1921—1949):土地改革与乡村伦理秩序重建的革命性探索

从1921年中国共产党成立直至1949年新中国成立,中国共产党以土地改革为中心,在中央苏区、延安边区和各解放区领导农民运动、政权建设、经济建设和文化建设。这一时期,中国共产党通过以土地改革为中心的乡村建设,领导农民实现经济、政治、文化上的"翻身",为乡村伦理新秩序的重建提供了经济基础和思想启蒙,也为中国共产党乡村道德建设积累了最初的理论架构和实践基础。处于社会最底层的贫苦农民在中国共产党的领导下行动起来,封建等级秩序的合法性开始动摇,取消阶级差别的平等观在广大农民思想意识中萌芽初生,广大农民的思想觉悟、组织程度和道德素质全面提升。

二、改造(1949—1978):国家权威的建构和乡村道德生活的同质化

1949年,中华人民共和国的成立翻开了中国历史新的一页。自1949年到1978年,中国共产党通过开展多种形式的乡村道德建设,对乡村社会的主体——农民以及原有的乡村伦理关系和道德生活进行了改造。中国共产党继续以革命根据地的乡村建设路线为指导,通过土地改革恢复和发展农业,同时加强对农民进行反封建主义的道德教育。社会主义改造进程强化了农民对中国共产党建构的政治权威的服膺及对集体主义道德话语的认同,增强了农民政治参与的主动性、合法性,使农民不仅认识到自己已经成为主人,也通过思想的改造产生与主人身份相匹配的价值观念和思想意识。人民公社政社合一的体制进一步强化了社员对公社及其所代表的国家权威的高度认同,也导致村庄内部出现了各方面的同质化倾向。

三、改革(1978—2012):乡村转型与发展中的伦理变革与道德建设

十一届三中全会的召开是新中国成立后党的历史上伟大转折。这一时期,中国共产党将乡村道德建设与乡村经济社会发展融为一体,以乡村经济的快速发展和社会的全面进步为道德建设奠定坚实基础,又通过道德建设为乡村发展提供强大的精神动力,为马克思主义唯物史观视野中经济发展与道德进步的关系提供了鲜活的中国例证。市场经济的发展既推进了乡村社会的全面进步,也在一定程度上导致乡村社会出现了村庄共同体内部凝聚力、道德评价和道德权威力量弱化等问题,其根源在于转型中的乡村伦理出现了传统理念与现代意识间的冲突与紧张。也正是基于对乡村社会转型中伦理冲突的深刻认识,这一时期,中国共产党在扎实推进各个层面的思想教育和道德实践的过程中,始终高度关注农村精神文明建设。总体上看,这一时期的乡村道德建设与农村经济、社会发展紧密结合,以农民关切的民生问题为抓手,以农民喜闻乐见的形式为平台,创造了很多鲜活经验和生动案例。

四、振兴(2012年至今):乡村发展伦理的重构及道德建设的全面推进

党的十八大提出全面建成小康社会、全面深化改革、全面依法治国、全面从严治党的战略布局,将建设美丽乡村作为推进社会主义新农村建设的重大举措。党的十九大报告将乡村振兴战略上升为国家发展战略,乡村振兴战略的目标在于实现农业、农村和农民的全面发展。党的十八大以来,以社会主义核心价值观为引领,以培育文明乡风、良好家风、淳朴民风为目标,包含社会公德、职业道德、家庭美德、个人品德建设的乡村道德建设持续推进,乡村社会文明程度和农民公德素质不断提高。通过对地处中国不

同区域的典型村庄进行田野调查,笔者认为,社会主义核心价值观引领、"地方性知识"融入和自治、法治、德治相结合,是乡村道德建设在党的十八大以来不断推进的主要路径和成功经验。第一,以社会主义核心价值观为引领,建设文明乡村。第二,以"地方性知识"的融入为特色,创新乡土文化。第三,以自治、法治、德治的结合,完善乡村治理。

在不同的历史时期,党始终如一地在乡村开展形式多样、卓有成效的道德建设,在领导乡村道德建设的进程中始终以"四个坚持"的内在逻辑为基本遵循。其一,始终坚持党的领导;其二,始终坚持马克思主义唯物史观的基本立场和方法;其三,始终坚持以农民为中心;其四,始终坚持从实际出发。深刻认识和始终遵循这一内在逻辑,既是中国共产党百年乡村道德建设取得历史成就的宝贵经验,也可以而且应当成为乡村全面振兴中进一步加强道德建设的理论支撑和实践保障。

中国共产党道德建设的百年演进及现实启示 赵增彦、张佳,道德与文明,2021(6)

百年来,中国共产党之所以能够成功开辟伟大道路、创造伟大事业、取得伟大成就,其精神密码就在于我们党在坚持以伟大自我革命引领伟大社会革命的历史征程中持续加强道德建设,伟大的民族精神与坚韧的道德力量为我们党领导的革命、建设、改革以及进入新时代的复兴之路提供了坚强思想保证、强大精神力量、丰润道德滋养,"中华民族迎来了从站起来、富起来到强起来的伟大飞跃,实现中华民族伟大复兴进入了不可逆转的历史进程"。

一、中国共产党道德建设的百年演进

百年来,我们党领导的道德建设是传承发扬伟大建党精神,矢志践行初心使命,紧紧围绕救国、兴国、富国、强国,以实现中华民族伟大复兴为己任、为主题的守正创新、继往开来的历史过程。在新民主主义革命和社会主义革命和建设时期,我们党在紧紧依靠人民进行新民主主义革命、社会主义革命、社会主义建设的漫长岁月中,坚持以为人民服务为核心、以集体主义为原则,紧紧抓住坚定理想信念、加强理论武装、传承中华美德、培育优良作风、塑造崇高精神、厉行法规纪律等方面大力开展革命道德建设与革命精神培育,着力培养造就德才兼备、又红又专的革命者和建设者。在改革开放和社会主义现代化建设时期,我们党坚持物质文明和精神文明两手抓,建设精神文明,培育"四有"公民,全面提高公民道德素质,建设社主义核心价值体系,实行依法治国和以德治国相结合,坚持先进性要求与广泛性要求相结合。新时代要有新的精神面貌,新时代要有新的"精气神儿":(1)新使命:培养和造就担当民族复兴大任的时代新人,为实现民族复兴伟大梦想强筋健骨、凝心聚力;(2)新要求:以培育和践行社会主义核心价值观为引领,加强"四德"建设;(3)新部署:抓好领导干部、公众人物、青少年、先进模范等重点人群,树起新时代全社会向上向善的道德风向标;(4)新作为:营造风清气正的网络空间,强化制度和法治保障,在落细、落小、落实上下功夫。

二、中国共产党百年道德建设的现实启示

加强道德建设是一项长期而紧迫、艰巨而复杂的重大战略任务。回望过往的奋斗路,眺望前方的奋进路,我们党要走向继续成功、取得更大胜利,就必须深刻把握人民对美好生活的向往,传承百年道德建设的宝贵经验,适应新时代的发展要求,为全面建设社会主义现代化强国、实现民族复兴伟大梦想提供坚强思想保证、强大精神动力、丰润道德滋养、良好文化条件。我们要坚持和加强党史学习教育,传承和弘扬中华优秀传统文化与传统美德,强化以"关键少数"示范带动"绝大多数",持之以恒抓好网络空间道德建设。

道德焦虑的伦理疗愈——基于伦理与道德关系的视角　王艳,华东师范大学学报(哲学社会科学版),2021(6)

作为一种痛苦之情,道德焦虑产生于人不能应对的特殊境遇之中,是人对道德的不确定性或不确定性的道德的直观体验和当下反应。基于不确定性对象的区分,道德焦虑内涵有规范性焦虑(生存焦虑)、信念性焦虑(存在焦虑)两种不同的层次。从不确定性的终极指向来说,道德焦虑是以道德方式对人的自由或自我受限的伦理处境的一种揭示。反溯人之关系性存在的事实及价值性存在的应当,在群己物我的关系联结中重思人的境况、重塑人的形象,是伦理为道德焦虑开出的疗愈之方。

一、道德焦虑的情境体认

道德焦虑产生于道德主体日常生活的情境体验。道德抉择的适当与否关乎道德焦虑是否引发的问题,继而产生自我的否定或肯定。

具体的、特殊的、个体的道德情境具有丰富性、多样性、复杂性的特征,是一种"多"的存在;抽象的、普遍的、一般的道德规范具有确定性、规定性、普遍性,是一种"一"的存在。在"一"实现对"多"的有效指引、"多"实现对

"一"的准确体认的良性互动中,道德生活得以有序展开。但在具体的实践中,"一"与"多"之间存在着不确定性,既有"多"对"一"的不确定性,也有"一"对"多"的不确定性。在"多"体认"一"的过程中,对"一"的终极性理解不到位,出现对"一"的不确定性解读而焦虑;在"一"统摄"多"的过程中,对"多"的独特性把握不到位,出现对"多"的不确定性指导而焦虑。

二、道德焦虑的伦理本性

道德焦虑是对人的自由或自我受限的伦理处境的一种揭示。伦理并不是纯粹建构的产物,而是有其因循之基,道德即道之德,重心在于"德","德者,得也","外得于人,内得于己也";"道"原指道路,后引申为社会规范、法则。道德乃是伦理之用,伦理乃是道德之体。道德的具体内容、功能指向、实现方式是在伦理的框架内展开,由伦理决定并反映伦理的要求,而伦理的共同意识、共通情感、共鸣精神则需要"化理论为德性",通过"反求诸己"的道德方式汇通凝聚。因而,道德焦虑实则是伦理处境的现实表征。

伦理不是对人的一种束缚或约束,而是对人的一种解放,一种从人的生命目标、本质性存在中涌现出来的对于自由的表达。焦虑则相反,"焦虑就是有限,它被体验为人自己的有限",一切有限都威胁自我存在的基础,指向了人的非存在,因而焦虑也即存在物对其可能的非存在的意识。焦虑的疗愈不能从个体性的经验出发,必须要在整全性的框架中去反思人及其存在,才能获得对焦虑的整全性认识。

三、道德焦虑的关系疗愈

首先,基于人之关系性存在的事实,构建人己之间对称性关系,是道德焦虑疗愈的前提。基于这种要求,一种"自我—他人"对称性的道德不仅是必要的,也是可能的。

其次,基于人之情感性存在的需求,扩充人己之间关怀性情感,是道德焦虑疗愈的关键。基于这种考量,一种"人—己"关怀性的情感就是顺应人的情感所需的道德的体现。情感虽不同于理性,但它给予了道德充分的动机支撑和普遍的福利关照,它并不囿于个人的主观性感受,而是以人性完善、社会效用的通感为基础,由感而生关怀之情。

再次,基于人之意义性存在的追求,体悟人己之间超越性意义,是道德焦虑疗愈的核心。意义是人之为人的重要标显,是人理解和改造实在包括人自身及人的世界的根据,因而意义的失落,意味着人整个存在的失落。

四、余论

作为一种时代征候,焦虑不唯在道德,亦在伦理。一直以来,学界认为伦理学的研究对象是道德,而道德与伦理又"大体相通",拘泥于此认识,人们习惯于撇开伦理谈道德,在就道德论道德的做法中反有"只缘身在此山中"之感,因而回归伦理与道德的原初内涵来观察和分析道德的个中问题,不失为一种有益的研究进路。

后疫情世界规范秩序重构的伦理基础　　王强、杨祖行,东南大学学报(哲学社会科学版),2021(6)

疫情的常态化使得我们无法回到前疫情世界,这意味着一种与病毒共存的"世界性"基础的颠覆,以及被疫情改变的伦常日用。后疫情世界的"非伦理性"到"伦理性"世界的思想重构,即规范秩序的重构,成为紧迫的学术议题。在马克思主义学术资源下的重构包括两个层面:其一,从伦理世界的规范性依据来看,规范秩序是"伦理性"规范,重构是建基于"伦理性的东西"即对于特定共同体来说的"具体的现实"之上;其二,从伦理世界的"国家—社会"结构来看,世界秩序是"规范性"的,秩序重构一方面是要把政治国家层面的信任(伦理性东西)上升为民族共同体的文化战略,另一方面要走出市民社会(个人原子状态)重建社会"资本—技术"治理的公正基础。

一、后疫情世界规范的伦理性基础

后疫情世界最紧要的问题是,"带病毒"的传统社会伦理瓦解以及新规范秩序的重构。后疫情社会秩序重建既有"内在张力",又有规范秩序自身的正当性要求。后疫情社会秩序的正当性要求表现在三个层面:首先,现代社会疫情的"大流行",瘟疫成为一种"公共化"产物的存在,因而其影响及后疫情社会秩序的重建也成为一种公共性问题。其次,后疫情生活规范的正当性并非自由主义的所谓普遍性的,而一定程度上是社群主义的民族国家意义上的。最后,具有伦理普遍性的自我意识就成为秩序重建的有效性前提。

二、重建政治民主秩序的信任基础

首先,重塑病毒的道德歧视与身份歧视造成的信任危机。病毒之所以造成身份上的"歧视",起点在于其从自然性存在到道德身份的隐喻的转变,道德身份的隐喻转化为社会身份的象征之后,伦理"不信任"才变成现实的真实的存在。重塑对政治民主秩序的信任基础,根本上是防止"国家—社会"之间断裂。

在"肯定—否定—否定之否定"之逻辑中,国家共同体的伦理普遍性规范秩序重构才是可能。西方政治民主秩序的伦理规范性难题给予我们的启示是：一方面，要防止以市民社会的个体性原则来重构规范秩序，导致国家—社会的进一步分离以及国家伦理资源的亏空与异化；另一方面，规范秩序的重构要基于普遍性伦理之上，把伦理信任上升为国家共同体的文化战略。中国社会不能被简单归结为西方式的"市民社会"，但随着市场经济体制的确立及互联网技术手段对个体化的塑造，个体化、抽象化的规范秩序重构思想在社会生活乃至政策中滥觞。在此基础之上，一方面，现代中国社会仍然是"伦理社会"，中国伦理道德发展遵循伦理型文化规律。其二，中国社会的现代转型与现代化发展是不争的历史现实，在现代原则性高度对社会秩序的重构并非资本主义"市民社会"模式，而是马克思主义对批判与超越"市民社会模式"基础之上的。

最后，重塑信任也成为构建全球治理秩序的四大难题之一。构建全球治理秩序的信任基础，其伦理性的根基是"人类命运共同体"。

三、重建社会"资本—技术"治理秩序的公正基础

疫情下社会治理价值冲突的加剧，典型展现了现代社会善的个体与共同体、自然性与社会性的二元分裂状态；但是在"非伦理"的市民社会对伦理的探讨似乎只能是"原子式地"。首先表现为每一个公民生命权的正当性重构。生命权的真正保障仍然要回到政治国家的层面，真正对人民权利的保障上政治国家要从伦理原则高度牺牲社会自身的原则。其次，这一矛盾冲突的原因归根结底是由于市民社会中真正对社会治理的主导因素不是政府而是资本，资本在社会治理下的公正秩序就成为规范秩序重构难题。同时，智能时代与资本匹敌甚至更为直接地影响社会治理的另一因素是技术，而且资本与技术往往合谋，因而技术的规制成为重构规范秩序的重要保障。因此，重构"资本—技术"治理社会秩序下公正基础的实质是要坚持走出"市民社会"的个体性原则。

伦理学视阈的社会偏好　龚天平，湖北大学学报（哲学社会科学版），2021(6)

作为个人的一种情感和态度，社会偏好是指个体对他人福利状况的关心和维护伦理规范的愿望。社会偏好的伦理本质体现为个人的共情心与正义感的有机统一，是人的道德行为的重要诱因。社会偏好是关系塑造的结果，关系性就是相互性，相互性塑造了人的社会偏好，因而相互性是社会偏好的伦理根基。社会偏好对于社会生活和个体生活具有积极价值，但这

种价值的彰显,既需要个体自身注意保持道德情感与道德理性的平衡并加强道德修养,也需要社会对个体加强道德教育,这两方面的结合构成对社会偏好的伦理引导。

一、社会偏好的伦理本质

第一,社会偏好的伦理本质首先体现为人的共情心。共情心在心理学中被称之为同感、共感、移情,意指某人对他人之境遇或处境在情感上发生共鸣。对他人福利状况的关心是社会偏好的重要组成部分。此处的他人既包括作为个体的另一个人,也包括社会。

第二,社会偏好的伦理本质还体现为人的正义感。维护伦理规范的愿望是社会偏好的重要组成部分,所谓维护伦理规范的愿望,是指个人关心社会伦理关系是否正常持续、伦理规范能否得到遵循和践履的情感和态度。很多人具备一种利他性惩罚的偏好,如对不公平现象的指责和抨击、路见不平拔刀相助的义举等,体现的就是人的正义感。

第三,社会偏好是人的亲社会行为即道德行为的重要诱因。亲社会行为一般可以分为"己他两利"和"无私且亲社会"两种类型:前者指既对自己有利也对他人有利的亲社会行为,后者指不会给行为者带来利益但确实有益于他人和社会。一般说来,偏好包括社会偏好常常是指个体满足自己目的的手段。然而,当人们以实际行动去追求这些手段时,这些手段也就成了目的。

二、社会偏好的伦理根基

社会偏好是属于作为个体而存在的人的共情心和正义感,而任何个体及其情感都是关系所塑造的产物。关系性实际上就是人的相互性,相互性作为一种人类价值,构成社会偏好的伦理根基。

第一,人与他人、社会构成人的关系世界。这种关系世界体现为三个维度:一是人与自然构成的关系世界;二是人的自我身心构成的关系世界;三是人与他人、社会所构成的关系世界,这是关系世界的狭义性内涵,也正是这种关系世界才真正把人证成为关系性存在。

第二,相互性是人类伦理价值。从形态上看,价值具有物质、精神等诸种形态,相互性属于交往价值。此外,相互性还是一种伦理价值。相互依存意味着任何主体都并非"孤立的个体,而是始终处于和他者的关系之中",人与他人、社会之间任何一方的存在和发展都要以对方的存在和发展为前提,双方互为因果、互为条件,都不能离开对方而独立存在和发展。这就意味着,相互性不仅创生了道德,而且还是道德完善发展的动力。

第三,相互性塑造人的社会偏好。需要是人从事各种积极活动的内在动因,在它的驱动下,人参与交往,进入关系世界,从而就无法与他人、社会分离,而是相互关联、相互依存,这就是相互性。当需要表现在个体的人身上时,就体现为在一定意识支配下的想要、欲望,这种想要、欲望就是个体的特殊偏好。个体的特殊偏好又体现为自利偏好和社会偏好。因此,是相互性创造、形塑了社会偏好。

三、社会偏好的伦理引导

第一,对社会偏好的伦理引导需要个体自身注意保持道德情感与道德理性的平衡,加强道德修养。第二,对社会偏好的伦理引导需要家庭、学校和社会对个体加强道德教育,培育个人的共情心和正义感。第三,对社会偏好的伦理引导需要社会对个体给予舆论支持,调动人们参与群众性活动的积极性,也要发挥优秀传统伦理文化的影响力,助推奖善贬恶之良好氛围的形成。

西方马克思主义"重写"良善生活　李进书、冯密文,社会科学报,2021-06-03

"良善生活"自古以来就是人们追寻和讨论的永恒话题。在西方马克思主义看来,良善生活的核心就是通过推行个体美德,确立一种富有爱心和正义的伦理环境,反过来,这种遵循互爱和正义原则的环境有助于维护个体美德,其最终目的是建构和享有多元文化共存的家园与空间。

一、良善生活:一种解放兴趣的体现

西方马克思主义是基于解放兴趣来谈论良善生活的,这种解放兴趣提倡通过个体的意识觉醒和自我反思,推动文化群体的解放以及人类的进步。这意味着这些理论家的良善生活既涉及个体的自由和群体的幸福,又关系着人类的福祉。不过,这些理论家最终目的是希望全人类享有良善生活,相互尊重和彼此关爱。

对于身处极权时代的阿多诺而言,虚假社会造成了无数虚假个体,良善生活则更多的是人们对未来的一种美好期待和向往。而到了哈贝马斯和伊格尔顿所处的时代,现代性的诸多偶然因素造成了无数流动的陌生人,这些人需要得到他人的尊重和包容,进而共同建构一种多元文化共存的良善生活。弗斯特和麦卡锡指出,后传统社会中很多异质群体因其文化身份而承受着蔑视和侮辱,这些群体应该拥有为自己辩护的权利,而这种辩护权是良善生活成员的一项基本权利。

二、依据美德与正义构建良善生活

虽然西方马克思主义理论家们对良善生活的认识并不一致,但是他们基本上都是依据美德与正义这两方面来构建各自的良善生活理论的。

关于美德,它是个体作为权利书写者与接受者同时具备的品德,这些品德既是个体素养的体现,也是某种文化整体气质的凸显。从伦理学意义上看,西方马克思主义认为,个体兼备权利的"书写者"与"接收者"双重角色,前者意味着个体依据自我理解和需求而表达着自己的幸福观与民主观等,后者指个体有权享有其应有的公民权。

对于正义,它指社会依据人权公正地分配物品,平等地对待所有人,营造一种多元文化共存的氛围。这意味着正义大体上涉及物质分配与地位承认这两方面,而正义所遵循的是人权,即依据生命体平等的原则来制定和实施各种措施与各项法律,这样就能减少种族歧视和文化偏见而导致的相互猜忌与暴力事件。

至于美德与正义两者的关系,它们相互依存,内容上也有交叉,而这两个概念的发展会促使理论家重构良善生活。可以说,个体美德的养成得益于正义的社会环境,这种环境肯定和鼓励着个体展现自己的良知与言说自我的幸福诉求;同样,社会正义的确立受惠于个体对美德的实践。

三、多元文化共存的良善生活

关于良善生活的最终目的,西方马克思主义认为,它应是多元文化共存的家园和空间,每种文化都得到尊重,都享有平等权利,同时这些文化共同参与着良善生活的建构。良善生活给予每种文化尊重和平等对待,同时它也依据它们的具体诉求来完善其内涵和功能。在良善生活的建构上,西方马克思主义强调科学、法律或伦理学和艺术共同参与、相互合作,它们分别对应着工具理性、实践理性和审美判断力,相应地凸显着真、善和美等原则。

开放和反思性的良善生活总在被人重写,这种重写不断丰富着美德和正义的含义,也使得良善生活能为个体以及人类创造更多自由和幸福的契机。从阿多诺到哈贝马斯,再到麦卡锡和弗斯特,他们不断重写着良善生活这个概念,使其具有开放性,吸纳新观念,承受更多解放任务;也赋予其反思性,使其基于个体诉求和历史发展及时地调整其框架。

反思增强技术以增进人类福祉　　杨庆峰,社会科学报,2021-06-12

习近平总书记在中国科协第十次全国代表大会上的讲话中有两个亮

点,一是要贡献中国智慧,让科技更好地增进人类福祉;二是要注意到诸如生命技术带来的与生命设计和改造有关的伦理、风险与治理问题。这为思考当代新兴增强技术提供了很好的参照系。关注技术本身及其问题的理性反思路径,是技术哲学所要承担的责任所在。本文是国家社科基金重大项目"当代新兴人类增强技术的人文主义哲学反思"的阶段成果。

一、引发人类从未体验过的变革

通过神话形式增加了人类文化发展与形态的多样化。人类增强技术能够带来文化的丰富性。从文化起源的角度看,增强观念成为各国神话的一个重要素材。比如后人类形象、飞行增强与情绪增强。

提升身体机能。技术手段可以增强人类的身体机能以及有利于整个人类社会的福祉。以视网膜色素变性的视力疾病来说,光遗传护目镜的出现,提升了病患微弱的视力,能够让他们很清楚地看清眼前的物体,从而改善生活质量。

改善我们的生活质量。增强技术带来了巨大机遇,不但提升个体的生活质量和福利,也提升了个体生活在其中的共同体的质量和福利。这一点从第四次工业革命中充分体现了出来。技术将在我们自身体内产生作用,改变我们与世界交互的方式,突破身体与心灵的界限,提高身体的技能,甚至对生命本身产生深远的影响。这些技术不仅是工具,而且能够增强人类能力、影响人类行为或侵犯人类权利,对此我们需要特别留意。

二、新的可能性路径:条件路径与体验路径

在讨论技术增进人类福祉的同时,还需要注意到一些问题。从生命本身来说,增强技术不仅涉及改造生命与设计生命,还会带来对人类本质的冲击、改变人类定义、重新定义生命质量等问题。这些都是技术发展本身的问题所在。

常见的路径是本质路径,即从人类本质出发的讨论。但是由于术语本身的理解差异,往往会出现两种完全不同的理解,其一是偏重道德性的人性路径,其二是偏重形而上的人类本质路径。从前者看,又往往细分为技术性路径与价值性路径。技术性路径强调的是如何让技术更具有人性或者伦理性。价值性路径强调的是如何让人类本质或人性始终保持一种本然状态。大多数情况下,这个点会成为批判的基础,比如桑德尔等人捍卫的要让事物本来的样子在技术的肆虐中保留下来;哈贝马斯认为人性具有不可抛弃的特性,要让人性在技术高速运行的离心力中保持下来。

本质路径目前受到了诸多批判,比如缺乏历史意识的概念混合使用、基础主义的实体论假设。实体论假设至少有三个问题：首先，人性被看成现成的、不变的，而这一点是必须加以批判的。其次是偏执的道德预设。最后是脱离现实的抽象命题。

条件路径即从人的条件出发。"人的条件"的说法来自阿伦特的《人的条件》，这本书讨论人类主要的三种活动形式：劳动、工作和行动。可以说这是一种基于类活动的讨论。体验路径是从人的体验出发。这条路径不应该与人类增强混淆，而是强调基于体验构成与特定体验类型展现的路径。体验并不能理解为能力、机能层面，而是肩负有抵抗与反思本身的责任范畴。与之相关的问题是理性内在地有着怎样的普遍情绪。我们需要的是一条摆脱认知附属论的以记忆为内核的路径，在记忆哲学与记忆研究的推动下，这条路径逐渐变得清晰起来，其中记忆增强以一种不同于认知增强的方式凸显出来，使得与反思生命体验和生命理解内在地联系在一起。

中国共产党人道德的人民性　靳凤林，光明日报，2021-07-05

中华民族善于从文明的渊源和根柢出发探寻事物发展的来龙去脉，强调借助历史的客观规律凸现公平正义的崇高价值，彰显惩恶扬善的道德光辉。当代中国共产党人充分继承了这一优良传统，并对其予以创造性转化和创新性发展。尤其是我们党善于通过党的光荣传统和优良作风坚定信念，善于运用党的奋斗历程和伟大成就鼓舞斗志，善于借助党的实践创造和历史经验砥砺品格。

一、人民性是中国共产党人道德的根本价值属性

一是在持之以恒的明大德中锤炼忠诚品质。即共产党人要铸牢理想信念、锤炼坚强党性，在大是大非面前旗帜鲜明，在风浪考验面前无所畏惧。二是在日常工作的守公德中大力弘扬担当精神。即共产党人要强化全心全意为人民服务的宗旨意识，始终把人民利益摆到至高无上的地位，自觉践行"人民对美好生活的向往，就是我们的奋斗目标"的承诺。三是在个人生活的严私德中努力落实干净要求。即共产党人要严格自己的操守和行为，戒贪止欲，克己奉公，不断强化政德修养，高度重视家庭、家教、家风建设，倡导爱国爱家、相亲相爱、向上向善、共建共享的良好家风。

二、人民性贯穿于中国共产党人百年发展的道德追求

在社会主义建设初期，面对一穷二白、人口众多、百废待兴的新中国，如何医治战争创伤，如何巩固经济基础，如何重塑中华民族的精神世界，成为我们党和国家的头等大事。

党的十一届三中全会后,中国共产党人在坚持四项基本原则和改革开放的历史进程中开创了中国特色社会主义道路。改革开放40多年来,中国共产党人坚持以社会主义核心价值观为引领,加强爱国主义、集体主义、社会主义教育,广大人民群众的思想觉悟、道德水准和文明素养不断提高,民族自信心和民族自豪感大大增强,整个道德领域呈现出积极健康向上的良好态势。

三、中国共产党人道德人民性的制度伦理保障

首先,在现代国家治理体系中牢固确立以人民为中心的价值依据。衡量一个国家的制度好坏,评判一个国家治理体系是否具有显著优势,关键是看它的制度构成及其伦理指向是否始终代表最广大人民群众的根本利益,保证人民当家作主,维护人民群众的合法权益。其次,不断健全和完善人民当家作主的社会主义政治制度伦理体系。最后,通过法治与德治相结合不断推动国家治理体系现代化。法律是成文的道德,道德是内心的法律,法律和道德都具有规范社会行为和维护社会秩序的作用。要治理好一个国家,既要重视发挥法律的规范作用,又要充分发挥道德的教化作用。因为只有通过加快推进相关法律的制定与完善,才能充分张扬社会主义的公平正义原则,取得和谐稳定的社会治理效果。

中国共产党人道德的革命性　柴艳萍,光明日报,2021-07-05

马克思说,"革命是历史的火车头",革命的本质在于打破生产力束缚,推动社会进步。从这个意义上讲,"革命"内涵丰富,只要是解放了生产力、推动了社会进步就是革命。它可以是一个阶级推翻另一个阶级的暴力革命,也可以是对体制机制的改革,还可以是其他促进社会进步、人类解放的重大举措。中国共产党领导中国人民在各个阶段进行的伟大斗争、形成的伟大精神,都体现出中国共产党人道德鲜明的革命性。

一、革命性是中国共产党人道德的重要特征

每当提起革命道德,人们往往只注意"革命"二字,却忽略了进行革命的根本动机,难以全面理解中国革命道德的丰富内涵和伟大意义。从革命的本质在于打破生产力束缚、推动社会进步这个意义上来说,中国共产党百年来一直领导中国人民进行持续不断的革命,只是不同阶段任务不同,锻造的道德品质也不同。新民主主义革命时期,革命充满艰辛和牺牲。党不仅要武装夺取政权,还要"打土豪、分田地",实行"耕者有其田",实现人民当家作主。这是对几千年来中国剥削制度的根本性变革,是对中国政治制度最深刻最彻底的武装革命;新中国成立后,通过社会主义改造,消灭了私有制,实现了公有制,确立了社会主义制度,这是中国经济制度的根本性变革,大大解放了生产力。改革也是革命,中国特色社会主义进入新时代,面临的一项重要任务就是消除贫困、共同富裕,从这个意义上说,脱贫攻坚也是革命。

二、中国共产党人革命道德的丰富内涵

独立自主、自力更生。经过28年浴血奋战,中国共产党领导全国人民取得了革命斗争的胜利,建立了中华人民共和国。中国人民虽然站起来了,但国家百废待兴、一穷二白,还面临帝国主义的封锁,新中国建设之路异常艰苦。但是,中国共产党人将新民主主义革命时期排除万难、争取胜利的革命精神发扬到社会主义建设中,铁人精神、大庆精神、红旗渠精神、两弹一星精神、西迁精神等,都是在极其困难的情况下"没有条件创造条件也要上"的独立自主、自力更生的集中体现。

忘我工作、无私奉献。共产主义事业既需要轰轰烈烈的革命斗争,也需要在平凡的岗位上默默奉献。张思德就是为人民服务的平凡英雄代表;焦裕禄是心中装着全体人民、唯独没有自己、任何时候都不搞特殊化的好书记;雷锋是不怕苦、不怕累,干一行、爱一行、钻一行,将有限的生命投入到无限的为人民服务之中的好战士;还有永远听党的话,当一辈子掏粪工,宁可脏一人、服务千万家的环卫工人时传祥等,他们都是忘我工作、无私奉献的楷模。

三、自我革命是中国共产党人鲜明的道德品质

马克思、恩格斯指出,无产阶级政党必须"不间断地进行革命",抛掉自身"一切陈旧的肮脏的东西"。中国共产党历来重视自我修养和完善。我们党之所以不断壮大,成为世界上最大的政党,关键在于有自我革命的勇气。

中国共产党的伟大在于不讳疾忌医,敢于直面问题,勇于自我革命。全面从严治党、反腐倡廉是新时代我们党刀刃向内进行自我革命的突出表现。一方面加强党要管党的制度建设,从整治"四风"入手,严格执行中央八项规定及其实施细则精神,形成了反腐败斗争的压倒性态势。另一方面还大力开展自我教育活动,加强道德自律和舆论监督,如党的十八大以来,从群众路线教育实践活动要求"坚守共产党人精神追求"到"三严三实"专题教育强调"加强党性修养",从"两学一做"学习教育明确"把思想政治建

设摆在首位"到"不忘初心、牢记使命"主题教育强调"保持斗争精神"。如此软约束与硬约束有机结合,既能惩治腐败,增强党的团结统一,提高凝聚力战斗力,又能深化认识,强化自律,形成良好的道德风尚。

个体的崛起与道德的主体　甘绍平,哲学动态,2021(8)

现代性呈示出一种不可逆转的个体崛起的趋势,这一趋势以前所未有的规模与速度提升了人之个体的尊严与价值,为每一个人内在潜力的迸发和自主生命的展现提供了历史性的机遇,但也意味着选择上的风险与挑战。在这种风险与挑战面前,每一个人想要证明自己是一位理性、成熟的行为主体,就必须基于人性需求,通过对自身整体利益及长远利益、他者利益及社会利益的全盘统一的研判与考量,自觉主动地与他人建构起一种对于自身福祉与社会秩序均有保障作用并体现出自主、理性、普适的契约道德。

一、个体崛起的世界

现代性的根本特征与核心价值在于人之个体的崛起,现代性所能提供的最重要的历史事实与历史经验就是个体性或个体化。

1. 个体与个体性

作为现代性的一个本质特征的个体性或个体化一方面体现为人的独特性,另一方面则呈示为人的自我决定的能力。就像其他任何一种社会科学的观念一样,个体性往往首先表现为一种应当遵循的价值模式或应当追求的规范目标,独特性与自我决定的现实实现程度则取决于当事人所处的具体境遇和宏观的社会经济环境,以及法律规制的框架性条件。

2. 个体化的两个极端

个体化的趋势呈现给每一位个体的既是机遇也是挑战,既无需诅咒也不值得庆贺,而是有赖于当事人理性态度的慎重应对,特别是要避免走向两个极端:一是由于难以承受选择的风险与责任,一些个体会放弃自己的自由,倒向极权专制的掌控;二是一些个体在选择之机遇面前变得无限的自我膨胀,从而滑入自私自利的极端个体主义。

3. 团结的个体

自由的个体要想持续生存且不因其自然本性中恶的一面对社会需求与秩序造成损害,就必须自觉进入道德约束,从而接受社会控制。个体的人成为社会的人的过程,就是自由的个体转变为受控的个体和道德主体的过程,是从外在强制向理性的自我强制转变的过程。

二、契约伦理的时代

人类之所以有能力构建道德规范并自觉予以遵守,要归功于其在婴儿时期通过父母之爱就已营造出来的最原始的道德基底。

1. 原始信任的作用

这种所谓最原始的道德基底亦被称为"原始信任",它是婴儿在与其父母的接触交往中产生出来的,并且对其随后一生的道德意识的奠基与发展都会造成重大的影响。在对自身的存在受到持续可靠的关爱与珍视的感受体验中,婴儿可以推导出一种"对人尊重"的倾向与态度,而尊重个体不仅是道德的核心原则之一,也是所有道德价值得以塑造的最初基底。

2. 契约道德的特征

在由自由的个体向道德的主体转变的过程中,自由个体所自主建构的道德就是契约道德。契约道德具有以下几项重要的特征:第一,契约道德体现了道德的自主性。第二,契约道德体现了道德的理性价值。第三,契约道德体现了道德的普适性。

3. 契约道德的保障与对后现代主义挑战的回应

契约道德普适有效性的最有力的保障便是相关法律法规的建构。然而,这样一种为了防止自由了的个体堕入自然状态而创制的以法律框架为呈现形式的、新的而且是人造的结构,遭到了后现代主义思想家的批评。后现代主义者仅仅看到人所具有的本真的道德自觉性的一面,却看不到人也有恶的潜能,殊不知这种潜能相当程度上也影响到了当事人素质的塑造。

三、结语

作为现代性的一个重要表征,一方面,个体化状态天然便具备一种道德制高点的地位。另一方面,个体化趋势本身含有一种强制性的意味,它迫使个体作为个体来行动。与此同时,个体化并非意味着与团结无缘,而是将会孕育与催生出一种超越过往的新质的团结。如罗尔斯那样,不满足于一种纯粹的意志自由,而是将自由与正义联系在一起。这样,现代性语境下的成熟的理性个体也就通过自立规则和自守规则,证成了将自由与道德统一于一身的逻辑必然性。

"伦理学"回到"伦理"的实践哲学概念　　庞俊来,哲学研究,2021(8)

伦理道德研究期待从"伦理学"向"伦理"的回归,这种回归是一种"伦理理论"到"伦理生活"的实践哲学复兴。面向"伦理生活"的实践哲学应当厘清德性生活、实践智慧与伦理实体等伦理概念。德性生活是实践哲学的存在论基础,当代伦理道德实践就是从古典伦理学的"德福一致"至善追求,经过现代道德哲学的"自由意志与道德责任"的科学理性,回归到生活世界的"德性生活"。实践智慧是实践哲学的实践论形态,主要包括以人的感性为基础的道德的心理形态、以人的理性为基础的实践理性的科学形态与以人的德性为基础的伦理精神的精神形态。伦理实体是实践哲学的现实理念,是"伦理共体"的"伦理生活",从"实体下的个体"的古典伦理学演绎的伦理实体,经过"主体间性"的现代道德哲学公共规范,走向"具体个体的实体"的开放性人类命运共同体建构。

一

"伦理生活",通常用来翻译黑格尔意义上的"Sittlichkeit"。在黑格尔那里,也常称为"伦理秩序",意指所有社会成员所公认和接受的社会伦理规范与伦理秩序,个体能够通过这个伦理规范体系保证或实现其个人自由和幸福。当代人的伦理生活与伦理道德困境,不同于古代人和现代人,在于先于其存在的"生活世界"根本性质的变化。威廉斯正是不满足于这种"元伦理的"与"伦理的"的区分,在当代道德哲学困境中思考"伦理学"的"哲学限度",提出其特有的"伦理理论"。威廉斯非常精准地看到了在实际生活中伦理思想与伦理实践之间存在永恒的张力,但是从哲学怀疑论的立场出发,威廉斯对待伦理学的态度是"理论的",而非"实践的"或"生活的"。

二

伦理生活首先是一个个体的德性生活,"伦理生活"之实践哲学的第一个"伦理概念"是"德性生活"(virtue life)。德性生活的要义有二:一是生活,二是德性。"德性生活"所要指明的第二个意义在于,"生活"尤其是"人的生活"本身在于"德性",德性本身就是目的,德性本身就是生活。从古典伦理学的"德福一致"到现代道德哲学的"自由意志与道德责任","伦理"的问题一步步转化为"伦理学"问题。站在当代人的道德生活实践视角,复兴实践哲学,我们不是要回到亚里士多德,而是要重新发现实践哲学的"生活"问题。

三

从"德福一致",经过"自由意志与道德责任",回归"德性生活","德性"与"生活"的矛盾不可避免,现代文明需要超越古典的地方,通过科学发展与技术实践,苏格拉底悲剧应该被得到克服,现代道德责任需要扎根"生活"。对人、人性的基本认知,是主体确证的基本前提。正如水有固态、液态、气态一样,实践生活中的人的"实践智慧"也呈现出不同的形态。道德心理涉及"想什么",它是道德行为"做什么"的前提。实践智慧的科学形态,实质上就是实践理性的形态,不同于"想什么"的道德心理,它是"做什么"的行为呈现。

四

如果说以"伦理生活"为核心的实践哲学以德性生活存在论为本体基础,以实践智慧为其实践论形态呈现的话,那么,"伦理实体"就是其现实性的伦理理念。"实体间的个体"中的个体不是那种"自在"的个体,不是那种经过哲学反思"自知自己无知"的个体,也不是那种"万物皆备于我"的全能全知的人,而是在具体的知识语境中意识到人是一个有限的存在者,在具体的社会境遇中意识到人是无法逃脱偶然性的人,在具体的历史语境中意识到自己是一个拥有一定习俗传统的人。

道德增强与人的自由——自主原则的视角　胡永文、柯文,自然辩证法通讯,2021(9)

道德生物增强构想通过生物科技途径对人的情感或认知能力进行修正,从而达到道德增强的目的。该构想遭遇到威胁人类自由的诘难,由之引发了辩护与质疑的观念交锋。文章概观了道德生物增强的途径以及争议双方的论证,指出这一诘难的真正问题在于澄清自由观念的自主原则,亦即论证道德生物增强能否摆脱行为操纵之诘难。通过对层次欲望理论以及"理由回应理论"等自由理论的分析表明,道德生物增强会破坏自由所要求的自主原则。

一、道德增强的技术途径及其引发的争论

道德生物增强之所以会引起威胁人之自由的疑虑,根本原因在于其增强途径的争议性。粗略概观,道德生物增强乃是通过修正人的情感动机或认知能力从而达到道德增强的目的。诸如药物手段,经颅磁刺激技术,植入型人脑—计算机交互界面技术,可穿戴计算机技术等等,同样也可用于道德增强之中。以诉诸情感修正而达到道德增强之目的的 MBE 相对倾向于情感主义伦理学观点,难以避免威胁人之自由的诘难,故而质疑者也多聚焦于情感的 MBE,而道德认知方面的认知增强(cognitive moral bio-enhancement)则在此问题上争议较小。

二、道德增强为何威胁人之自由:从 PAP 原则到自主原则

澄清情感的 MBE 是否会威胁人的自由这一论题依赖于澄清如何理解

自由,但澄清角度却并非他们所认为的相容论与不相容论之争,而应当致力于澄清自由的规定性条件。依照当前比较公认的看法,自由概念具有两个基本的规定性条件,其一为可供取舍的选择可能性原则,即所谓的 PAP 原则;其二为自主原则。自主原则包含了两个子原则,其一为所有权原则,其二则为控制原则。但是,基于相容论立场将"作恶的自由"与 PAP 原则等同这一做法并不能为道德增强正名。

三、道德增强如何威胁人的自由——基于自主原则的探讨

法兰克福的层次欲望理论与费舍尔和拉维扎的自主观念在当代关于自由与自主问题的讨论中影响巨大,笔者在本节中也主要借助这两种理论及其他学者的理论尝试表明,MBE 如何威胁人的自由,最后指出,除了动机的本真性要求,自主还要求行动者具有一定程度的"胜任力",这一胜任力并非情感的 MBE 可以达成,过度的情感强化反而会削弱"胜任力"的作用。

四、结语

自主能力本身具有层次性,人类既非按照康德式的严格的理性自律(autonomy)行动,也非完全按照欲望动机行动,其中间有较大可调整的弹性空间,对人的自主能力进行修正也非完全不可触碰。由于动机强度因人因时因地而异且并无强度的具体标准,药物"治疗"并非完全不可接受。但笔者建议,如果不能充分证明情感的 MBE 的必要性,这一方式应仅仅被视为最后一个备用方案,这不只因为生命科学和生物医学的发展尚未完全论证这一方式的有效性和无害性,更因为道德增强面临的伦理诘难既深且广,其或比之任何富有伦理争议的生物技术应用都不遑多让。

数字化时代的人格反思　徐强,社会科学报,2021-09-02

随着数字化时代的来临,在实体空间之外产生了另一个空间,即数字空间或赛博空间,为了实现在数字空间的关系建构,在数字化时代,个体除了具有生命实体,还必须建构身份虚体,实现网络身份认同。作为生命实体的个人存在,处于实体空间,借助身体感知世界;作为身份虚体的个人存在,处于数字空间,借助虚体从事网络活动。数字化不只是一项人类的新技术,同时也是一项能够改变人类自身的新文化。它不仅是对人类包括生产方式、生活方式以及思维方式等社会生活的改变,而且包括对人类自身的改变,引发了对人自身存在论的思考。

一、数字人格不是真正的人格

在数字化时代,人格的实体虚体化即所谓数字人格的形成。严格来说,数字人格并不能叫作人格。数字人格不过是基于数据和算法作为虚体存在的人的虚拟化表征,它的构成要素是与个体相关的各种数据,它的实质是数据的聚合体,它的形成途径是算法,它的载体是网络平台,而它的运行逻辑则是资本。数字人格实质上反映的是算法对人的控制,而不是对人格的真实再现;是个体借助网络平台实现网络行为的权利让渡,而不是人之为人的确证。

二、虚体实体化:潜移默化地影响真实人格

随着数字时代的来临,网络为我们不仅提供了新的交往空间,而且提供了新的交往方式,形成了新的聚合关系。在这种新型聚合关系下,由于数字空间的出现扩大了人们之间的交往范围,提升了人们的交往效能,使得人们在短时间内很容易找到自己的趣缘群体,进行集体"自嗨",从而催生了一种新型文化即网络文化。它具有如下特点:第一,依附性增强。第二,具有封闭性和排他性。第三,对个性自由的误读。第四,集体无意识的形成。

从最初的追求标新立异,与众不同的弱社交、非功利性的网络小圈子慢慢发展成强社交性的、功利性的圈层,由圈子文化发展为圈层文化,进而随着网络资本的介入,通过平台化和产业化,原先私人化的小团体发展成以互联网头部平台为依托的、平台化生存的网络同温层。不同的网络平台以不同的社群观念吸引着具有不同趣缘的群体,实现网络聚合。它们各取所需,维持着一种相互依存关系。个体以身份虚体的方式进入网络社交,长期处于虚拟网络空间,在圈层文化的熏陶下,作为生命实体存在的人们的真实人格就会受到潜移默化的影响。

《管子》中德教与法治的结合　王威威,哲学研究,2021(10)

"德治"倡导道德教化在治国中的首要地位,"法治"则肯定法律的至高权威,二者分别被看作儒家和法家治国思想的标志。而齐法家的代表作《管子》则既主张法治,也推崇道德教化,在礼义廉耻的教化之中融入了法治的因素,实现了德教与法治的结合。《管子》认为道德与法具有一致性,通过道德教化养成良好的风俗,民众就会守法听令,刑罚就可以减少使用。重视君主的道德品格在化民中的作用,认为君主以法约束自身并严格执法,可以引导民众敬畏并遵从法律。《管子》从人的本性出发,认为君主首先应通过利民、爱民满足民众的欲求,进而推行道德教化,再施以严格的赏

罚。利民、爱民和道德教化这两个环节都属于德治,而赏罚则属于法治。

一、国有四维,礼义廉耻

《管子·牧民》提出:"国有四维。一维绝则倾,二维绝则危,三维绝则覆,四维绝则灭。……何谓四维? 一曰礼,二曰义,三曰廉,四曰耻。"这里既明确了道德教化的内容,又肯定了道德教化对于维系国家存在的关键作用。"礼"为"四维"之首。"义"即适宜、适当,是正确行为的准则。"廉"的本义是堂之侧边。"耻"意为羞耻、羞愧,即孔子所讲的"免而无耻"和"有耻且格"中的"耻"。在《管子》一书中,"礼"与"义"并立、"廉"与"耻"并用的情况较多,体现出"四维"之中"礼"与"义"、"廉"与"耻"分别有着更密切的关联。儒家重视君主以德化民,相信君主个人美德的感染力。

二、教训成俗,而刑罚省

对民众进行礼、义、廉、耻的教化,首先是一种认知教育,即要了解个人处于不同的关系中应遵守怎样的礼节和行为规范,处理不同的人际关系和社会事务应遵循怎样的原则,要知晓何为善,何为恶,何为直,何为枉。礼、义、廉、耻的教化,使民众能够有礼、有义、有廉、有耻,既要规范行为,也要养成品格、培育情感,这可以说是对人的道德的全面培养。通过一个国家的风俗习惯、民众所接受的教化的状况,可以了解一国的治乱,这就是《管子·八观》所讲的"入州里,观习俗,听民之所以化其上,而治乱之国可知也"。此外,《管子》还直接将法治的因素注入道德教化之中。

三、爱利、教化与刑赏

《管子》认为人性有所"欲",有所"恶"。《牧民》中提出"四欲"和"四恶","四欲"即人对佚乐、富贵、存安、生育的欲望,"四恶"即对忧劳、贫贱、危坠、灭绝的厌恶。另一方面,人性中的"欲"和"恶"也是法令之所以能够发挥作用的根据。此外,《管子》承认父母与子女之间的爱出于天性,《侈靡》讲:"亲戚之爱,性也。"俞樾云:"古人称父母亦曰'亲戚'。……'亲戚之爱,性也',正见人子之于父母,其爱出于天性。"教化的有效,必须以满足人性中的欲求为前提,但不能停留于此。教化之所以能实现是因为"下从",而"下从"的前提是"君道立","君道立"的前提是"胜","胜"就是"法立令行"。德治和法治通常被看作儒家和法家各自治国思想的标志性特征,二者也有着各自的论证逻辑,《管子》则将二者较好地融合在了一起。

机器伦理学的当代争议及其解决方案 阮凯,自然辩证法研究,2021(11)

机器伦理学是思考智能机器带来的伦理问题的新兴研究领域,但其内部已存在重大争议和分歧。这些争议可以粗略地划分为两类:第一,在应然层面,人工智能体是否应该具有伦理判断能力?如果答案是肯定的,那么在程度层面,要实现何种程度的人工道德体?第二,在实现层面,如何设计人工道德体?分歧产生于人们对于人工智能体的道德角色、道德责任、道德能力等均有不同的理解,而有限人工道德体可以成为解决机器伦理学中重要争议的有效方案。该方案不仅充分考虑道德行动的条件与期望等限定因素,同时也在彻底反对人工道德体和完全支持人工道德体之间开辟一条切实可行的进路,为未来发展人工道德体打下坚实基础。

一、目前机器伦理学的主要争议

一是人工智能是否应该具有伦理判断能力。人工智能发展不可避免地带来了机器伦理或人工道德的合理性问题,也即让人工智能具有自主的道德决策能力是否在伦理上是合理的。该问题之所以重要,是因为它是机器伦理的元问题,决定了我们应不应该研究和发展机器伦理学,但即使在该元问题上学界也争议不断。二是如何设计人工道德体。瓦拉赫等人早已提出实现人工道德体的三种路径:自上而下、自下而上和综合进路。

二、为何要提出"有限人工道德体"

本文提出有限人工道德体(Bounded Artificial Moral Agents,简称BAMAs)基于如下两方面理由。(1)专用人工智能已成为社会现实,当人工智能辅助人类决策,甚至单独做出对人类社会有重要影响的决策时,必将引发越来越多的伦理道德问题。(2)从认知和决策科学视角看,人类一定程度上也是一个有限道德体,人类的很多道德决策都出于有限理性,道德决策和行动能取得道德上的相对满意即可。

三、如何解决机器伦理学中的两大争议

有限人工道德体方案对两种不同态度的批判:(1)针对完全支持设计人工道德体的主张,BAMAs方案无疑是一副清醒剂,它指出了毫无保留地支持人工道德体的立场为何是有缺陷的。(2)针对完全不支持让人工智能拥有道德判断能力的主张,BAMAs方案也可以详细驳斥其立论的三大理由。以应用为中心发挥不同设计思路的优点:针对机器伦理学的第二大争议——在实现层面,如何设计人工道德体?我们可以沿着BAMAs的思路做出合理回应:相关争议揭示出不同的设计进路各有其优势和弊端,根本没有完美设计人工道德体的进路。因此一种合理的策略是根据具体的应用需求选择设计进路,才能做到扬长避短。

四、结语

提出有限人工道德体,有助于我们解决困扰机器伦理学的长期争议,在彻底反对人工道德体和完全支持人工道德体之间找到一种切实可行的方案,既能较好地借鉴人类的道德实践,也能充分重视机器学习等人工智能技术。将发展 BAMAs 设定为未来机器伦理学的核心任务的好处是:第一,我们既不会因为哲学家、未来学家们所构想出来的潜在伦理风险,而放弃当下有益于人类福祉的技术的发展;也不会发展一种违背人类价值观的机器伦理学。第二,暂时避免对一系列抽象、笼统的形而上学问题进行讨论,而更关注有限人工道德体如何更好地实现等问题,最终发展一门重视科技理论和应用实践、尊重人类社会规范的机器伦理学。第三,由于对应用场景、目标的重视,将决策和行动置于伦理评价的中心位置,注重吸纳不同设计进路的优点,机器伦理学可以更多地与经典伦理学、机器学习、具身认知、认知和决策科学等进行跨学科的交叉研究,为更好地实现具备可行性和安全性的人工道德体打下坚实基础。

基于新冠肺炎疫情的生命伦理思考　　陶涛,光明日报,2021-11-01

如何理解生命,或者说,如何理解怎么活与怎么死,是伦理学自古以来最重要的话题之一。对人类而言,生命或生死的问题,可以说是一个相对普遍性的、超越性的问题。毫不夸张地说,在任何时代、任何地域、任何文化、任何国家之中,该问题都必然受到人们的重视,并且与每一个人息息相关。

首先,就自然界与人类的关系而言,我们似乎要重新反思人类所处的地位。在西方开启现代化道路以来,人类的主体性得到了空前膨胀,而自然界则沦为了人类统治或随意改造的客体或对象。尤其是随着科学技术日新月异的变革,人类似乎不仅拥有了统治自然界的信心,也拥有了统治自然界的工具。人类享受着科技带来的便利,也习惯于无节制地寻求技术的扩张。可是,我们似乎忘了,无论现代科技有多么强大的"异化"力量,但它依然只是一种工具性的存在,而不具有目的性的价值。科技的发展,看似使人类具有了操控自然界的力量,但这或许也只是一种假象。有学者指出,随着全球变暖、南北极冰层的融化,地球的生态系统将发生一系列连锁变化,这也包括生命史远远早于人类的病毒有可能会再次现身,等等。于是,放到更长远的时间维度去看,人类所有无节制的肆意妄为,都最终会受到自然界的惩罚,因而我们今天试图"拯救地球"的所有努力,或许都不过是为了拯救人类自己。

其次,就政治共同体与个人的关系而言,我们应该认识到,人无法脱离政治共同体而生存,并且也只有在良序的政治共同体之中,每个人才有可能实现自己的幸福与卓越。正如亚里士多德所说:"在本性上而非偶然地脱离城邦的人,他要么是一位超人,要么是一个鄙夫。"因此,一方面,我们每个人都不是一个孤独的个体,我们更是政治共同体中的一分子。这就要求我们要积极地参与到公共生活之中,并且为国家更美好的未来承担起自己的责任,"天下兴亡、匹夫有责"。另一方面,政府不仅是一个权力机构,同时也还肩负着保障并促进公民安居乐业、生活幸福的道德职责。

最后,就个人的生命与幸福问题而言,我们应该将自己有限的生命过得更有价值。经过这次疫情,我们无疑深刻地感受到了生命的脆弱性。但其实,无论是否出现新冠肺炎疫情,或者说无论出于何种原因,包括人类在内的所有生命物都必然难以避免这种脆弱性。而为了应对这种脆弱性,人类也早已使用了诸多方式,包括宗教的、哲学的、文学的,等等。但更重要的是,相较这种脆弱性而言,我们更应该明白,我们究竟应该如何在有限的生命中度过一种有价值的人生。当我们看到那些身在前线的医务工作者与志愿者的忙碌身影时,相信我们对此或多或少都有了答案。

所以,综上所述,对人类而言,生命伦理的问题是且应该是一个永恒的问题。毫无疑问,面对新冠肺炎疫情,我们更容易反思这些问题。但当新冠肺炎疫情退却之后,生命伦理就不重要了吗?我们就不用反思这些问题了吗?答案显然是否定的。甚至可以说,在处理完这场突发公共卫生事件之后,我们更应该冷静地思考这些伦理问题。因为对这些问题的思考,显然不应是面临困境后的被动反思,而应是处于顺境时的主动探索。

核伦理研究的历程、内容及其特征　　罗公波、冯昊青、姚婷,中国社会科学报,2021-11-23

核伦理问题深刻影响着人类的生存与发展,关乎人类的福祉、安全与命运,显示着人性的善恶与价值追求,构成了人类道德生活的重要组成部分。对此伦理问题展开研究便具有重要的理论价值,对于解决当前不断恶化的核安全局势更具必要性。回顾核伦理研究的历程,受人类追求和平、安全与幸福的强烈愿望推动,迄今已历经三个发展阶段,正在面临新的形势。

首先思考核伦理问题的是科学家。核武器实验成功所显示的巨大毁灭性，促使参与研制的科学家思考核伦理问题。主要代表性人物有奥本海默、西拉德、弗朗克、爱因斯坦、鲍林、罗素等。主要代表性文献有《弗朗克报告》《罗素-爱因斯坦宣言》《维也纳宣言》等。此阶段对核伦理的思考尽管零散而不成理论体系，但它揭示了核武器的邪恶性和核战争的非正义性，增强了"反核"的道德力量，提高了人类核伦理认识，造成了公众的"核厌恶"心理，强化了发动核战争的道德压力，为维护人类和平与安全做出了积极贡献。

核伦理学研究伴随着核威慑战略的兴起而走向理论化（1965—1986）。大国之间核威慑博弈的加剧，促使国际关系学界围绕"核战争与道义"问题展开核伦理研究。其间主要代表性人物及其著作有：阿尔佩罗维茨的《原子外交》，基辛格的《核武器与对外政策》，雷蒙·阿隆的《和平与战争》，沃尔泽的《正义与非正义战争》，以及小约瑟夫·奈的《核伦理学》等。有学者认为"以核威慑的道义原则为核心内容的核伦理学本质上是反道德、反伦理的"，还有人认为核威慑根本实现不了防止核战争的道义目的，甚至有人认为二战后的和平并非核威慑的"恐怖平衡"导致的，而是日趋强化的核道德舆论所形成的"核禁忌"阻止了核武器的使用。诚然，虽然众说纷纭，但若历史地、辩证地看，此阶段的研究自有其不可抹杀的理论贡献和积极意义，至少在推动核伦理研究理论化、建构了以传统核伦理问题为研究对象的核伦理学范式的同时，也使得核伦理问题得到了更多关注。毫无疑问，"无核武世界"是最理想的！

核伦理学研究内容的拓展并进行新的建构。1986年切尔诺贝利核电站灾难事故，使非传统核伦理问题凸显并得到普遍关注，核伦理学研究进入了新阶段，呈现出新特点。一是非传统核伦理问题开始得到关注而成为研究热点。二是围绕"核战争与道义"的传统核伦理研究因冷战结束而趋冷，但随着21世纪国际核安全局势的急剧恶化，核伦理学研究又呈现出复兴势头。有学者论证了复兴核伦理学的紧迫性，并将非传统核伦理问题纳入核伦理学研究内容之中。综合来看，这个阶段的国内外研究内容较广泛，特别是非传统核伦理问题的研究，既反映了现实的需要，又丰富了核伦理研究视域，并创新了核伦理学研究范式。但总体上看，这些研究还很薄弱，既不深入亦不全面，特别是国内研究尚在起步阶段。

总之，现有研究虽对核伦理问题做了较为广泛而有益的探索，但相对于核安全发展所面临的诸多困境与核伦理难题，无论广度、深度皆还远远不够。且西方传统核伦理学范式还存在诸多局限甚至偏颇，已不适应当代核伦理问题研究的迫切需要。构建核安全命运共同体,促进中国特色核伦理学研究,打破西方核伦理话语霸权,推动核伦理学研究的繁荣发展,为完善核安全治理体系提供中国方案和中国智慧。

先秦儒家仁义礼关系论的现代省思　　周广友,哲学动态,2021(12)

先秦儒家已经把仁义礼观念理念化、实体化,并注重三者之现实的实践关系,为作为一般德性原则的仁义做出了理论奠基,阐明了礼作为宗法制度和行为规范对仁义实践的节文修饰作用。三者关系的主要表现形态和演进历程为:义为礼之本(孔子之前)—仁为礼之本(孔)—推重仁义(孟)—推重礼义(荀)。郭店楚简和孟告的仁义内外之辩探讨了仁义的发生根源、精神实质及实践等问题,对现代诠释具有重要的启迪作用。以现代性视域观之,把作为不同质地和品格的仁义视为并列互补关系,把礼义、仁礼、仁义视为阴阳或体用关系更为合理,而重视"义"的谱系更具现实意义。仁义礼共同构筑了中华民族的精神空间。

一、从孔子之前的"义为礼之本"到孔子的"仁为礼之本"

孔子之前的先秦时期礼义并称更为普遍,成为政治社会中一切文化思想之核心。前孔子时代"礼"以"义"为本,至孔子时终于从"义为礼之本"转为"仁为礼之本"。孔子"义"之外推重"仁",就是要为礼义行为寻找坚固的道德基础和强有力的精神支撑,为其找寻理论根据以便作为人类行为的总根源。"仁"的提出为见诸行事的"义"找到了内在于人心的根据,可谓"以仁实义","仁之于义,并非取代而是深化"。一个人必须对别人存有仁爱之心,才能高效、真实、充分地完成他的社会责任和义务。

二、从郭店楚简的"仁内义外说"到孟告的"仁义内外之辩"

郭店楚简的出土佐证了"仁内义外"是一个在当时被广泛认同的观念。当时人们认为"仁"与"义"是两个彼此独立而又相互对应的概念,在内为"仁",在外为"义",仁义的界限相对分明。孟告的"仁义内外之辩"实质上反思了德行与德性的关系,两者的出发点、立场和考察重点都不同,孟子从仁义所潜存的包含善端的人性出发,重点是行为背后的仁义本质;告子从"生之谓性"的自然人性论出发,考察了仁义行为的发生场景和现象,仁可算作基于自然人性(血缘)的存在。

三、从孟子的"推重仁义"到荀子的"推重礼义"

孟子推重仁义,其核心观念是"居仁由义"。孟子认为"仁"不仅是情感的发挥也是人性的表现,"性"系"天"所赋,"仁"存在着基于天命的客观性,是具有更高境界的超越性道德,可作为最高理想的行为原则,而"仁"的实现必须有实践理性——"义"的参与和助推。荀子继承了孔子"为政以德"的思想,对孟子的仁政和王道理想予以深化,探索了一条实践儒家仁义理想的外王之路——隆礼重法。荀子虽然以礼义为重,但思想归宿仍为仁义,可谓"以仁义为本,以礼义为要"。

四、仁义礼构筑的精神空间及其现代省思的多元化路径

以哲学而论,仁义礼是人类的一种具有普遍性形式的思想,三者的普遍性与其作为儒家思想特质之间并不矛盾,同时,仁义礼关系也蕴含了现代价值的多元面向。可以说孔、孟、荀的仁义礼关系论是理解先秦儒家思想特质的关键,三者构筑了中华民族存在的价值理想与意义世界,兼具政治制度与道德伦理、社会性公德与宗教性私德等丰富内涵。

中国式现代化进程中的乡村振兴与伦理重建　王露璐,中国社会科学,2021(12)

中国式现代化是一条独具中国特色的现代化道路。这一理解为中国乡村伦理的现代转型提供了基本指向。在中国乡村的现代化进程中,城市和乡村分别完成了从"寄生"到"中心"、从"主宰"到"依附"的"转身",这一"转身"既包括了乡村与城市关系、乡村内部关系与结构的转向及其所指向的伦理转型,也体现为中国农民的身份转变及其所引发的道德问题,并由此而生成转型期中国乡村社会特有的道德图景。以中国乡村伦理的现代重建实现乡村伦理的现代转型,方能为乡村振兴战略的实施提供价值引领和精神动力。中国乡村伦理的现代重建应当基于马克思主义唯物史观的基本立场和方法,确立以农民为本的乡村发展伦理;以现代化样式和发展路径多样性的阐释为参考,重视"地方性道德知识"对乡村伦理现代重建的资源意义;以对"现代性危机"的反思和批判为警醒,将"记得住的乡愁"作为乡村伦理现代建构的道德文化之根。

一、中国式现代化与乡村伦理现代转型的内在关联

如果我们将中国的乡村现代化放置于中国式现代化的大背景之中,借助"中国式现代化"的四个"版(板)"考察作为中国乡村现代化当下进程的乡村振兴战略,亦可获得理解中国乡村伦理现代转型的四个基本方面:其一,中国乡村伦理的现代转型不能简单延续中国传统的乡村伦理文化。其二,中国乡村伦理的现代转型不应简单套用马克思主义经典作家关于城乡关系和农村发展道路的阐释。其三,中国乡村伦理的现代转型无法照抄照

搬苏联和东欧社会主义国家的乡村建设与实践。其四,中国乡村伦理的现代转型不能模仿复制欧美的乡村现代化道路及其内涵的现代性指向。乡村伦理的现代转型与重建,既是以乡村振兴为当下体现的中国式现代化进程在伦理文化层面之必然结果,又是中国式现代化进程在乡村得以丰富、发展和实现的必要前提。

二、"转身(份)"中的中国乡村与农民及其道德图景

在现代化进程中出现了城市从"寄生"到"中心"、乡村从"主宰"到"依附"的"转身"。这种"转身"在中国乡村现代化进程中不仅表现为因乡村与城市关系的变化、乡村内部关系与结构的转向而带来的伦理转型,还突出体现为中国农民特殊的身份转变所产生的道德问题。在此基础上,产生了中国乡村现代化进程中特有的道德图景。在第一个层面上,中国乡村的"转身"既具有现代化进程的普遍性特征,又有着体现"地方性知识"意义的特殊性表现;在第二个层面上,中国农民的身份转变具有更加特殊的背景和语境。

三、乡村伦理的现代重建:乡村振兴的价值引领和精神动力

基于中国式现代化内涵及由此形成的对中国乡村伦理转型的四重理解,我们仍然可以获得中国乡村伦理现代重建的立场、方法和路径启示。其一,基于马克思主义唯物史观的基本立场和方法,确立以农民为本的乡村发展伦理。其二,以现代化样式和发展路径多样性的阐释为参考,重视"地方性道德知识"对乡村伦理现代重建的资源意义。其三,以对"现代性危机"的反思和批判为警醒,将"记得住的乡愁"作为乡村伦理现代建构的道德文化之根。

四、结语

乡村伦理的现代重建和乡村道德建设的全面推进,是实施乡村振兴战略的重要环节。走进村庄,贴近农民,是认识和了解中国乡村的基础,也是理解"转身(份)"中的中国乡村和中国农民及其道德图景的基本路径。中国乡村发展不平衡,区域性和地方性特点丰富多样,地域伦理文化传统亦存在较大差异。在田野工作中,村庄都呈现出独特的道德生活样式,村民都以自己的话语讲述着不同的乡村道德故事。

著作简介

慈善伦理：文化血脉与价值导向　周中之，上海三联书店，2021

该书以"大慈善"概念为立论基础，以几千年的传统文化血脉的大视野梳理和阐发慈善伦理，并通过中西比较，揭示两者的差异性和共通性。面对现代市场经济对传统慈善伦理的挑战，作者提出要变革、升级传统慈善伦理观念，精心建构当代中国慈善伦理的规范体系，大力加强慈善组织和企业慈善伦理建设，并充分发挥慈善伦理在立德树人中的作用。

该书共有八章。第一章"慈善伦理导论"总体上介绍了慈善的内涵与伦理评价、慈善事业的伦理价值及其在当代中国面临的伦理新课题以及慈善伦理研究的前瞻。第二章"中国慈善伦理的文化血脉"分别探讨了儒家文化、道家文化、墨家文化和佛教文化中的慈善伦理思想。第三章"西方慈善伦理的文化血脉"分别谈论了西方理性主义文化、情感主义文化和功利主义文化中的慈善伦理思想。第四章"中西慈善伦理思想的比较"分别探析了中西慈善伦理思想的发展轨迹、原则规范、实践理念与实现途径的异同。第五章"当代中国慈善伦理的价值导向与规范体系"，介绍了当代中国慈善伦理的价值导向、规范体系及其法律支撑。第六章"当代中国慈善组织的伦理建设"，详细论述了"伦理建设是慈善组织生存和发展的生命线""公信力是当代慈善组织伦理建设的核心"，探讨了当代中国慈善组织伦理建设的对策，并对抗疫中慈善组织的道德建设进行了反思。第七章"企业与企业家的慈善伦理"具体讨论了企业慈善与企业社会责任，并分析了企业家慈善伦理的文化动因，探讨了关于企业家慈善活动的道德评价问题。第八章"慈善伦理与立德树人"阐述了慈善的育人功能、慈善伦理教育在立德树人中的价值，呼吁要以慈善伦理教育推进德育的改革与创新。

价值论与伦理学研究（2019年卷）　江畅等主编，社会科学文献出版社，2021

该书以价值论和伦理学前沿问题为研究旨趣，汇集了传统价值与伦理、西方价值与伦理、社会主义核心价值观融入社区生活的路径等问题探讨的文章,以期通过这些思考获得对我国社会建设的有益借鉴。

该书分为四部分:传统价值与伦理,西方价值与伦理,理论探讨,综述与书评。第一部分收录了六篇文章:梳理了孟子之前的性善论;分析了任法融道家思想研习的内容特点;揭示出第一轴心时代的辉煌与遗憾,以提醒我们在人类未来新时代要利用"身先于心"命题,努力实现智慧共享;在肯定人类道德意识的进步性的同时,指出叶适功利之学的义利观对当代精神文明建设和物质文明建设的协调发展以及群众路线的发展的重要性;劳思光基源问题研究法能够更加真实、系统和客观地进行哲学研究,为今后的哲学史研究提供了新思路。第二部分收录了七篇文章,主要是对西方价值和伦理进行介绍,重点阐释了托马斯·阿奎那的自然法学说对近代西方资本主义的影响、伊壁鸠鲁快乐主义的价值意义、边沁之前英国功利主义的历史、休谟对"归纳问题"的质疑与后世归纳推理的发展、阿马蒂亚·森的可行能力平等理论及哈贝马斯对"技术统治论"的批判等,为我们研究西方价值与伦理提供了借鉴。第三部分收录了六篇文章,从理论层面探讨了党建、社区生活建设、思想政治教育等现实问题,对人的本质力量、人的全面发展的探究有助于我国当下的社会建设。第四部分收录了两篇文章,《自然法视域下的苏格兰启蒙运动》是对"激情与财富:苏格兰启蒙时代政治与道德"研讨会的综述,探讨了霍布斯政治学思想研究、马基雅维利的去道德化政治学研究及其对当代的影响、18世纪的启蒙思想研究和卢梭的政治哲学思想研究;《必须从严治理大众传媒道德失范》是对《大众传媒道德失范治理研究》一书的评析,全书以马克思主义为指导,深入分析和探讨了大众传媒道德失范的现象、内容和原因,提出了具有建设性的对策。

人的尊严和生命伦理　程新宇,华中科技大学出版社,2021

该书对人的尊严理论进行了研究。随着生命科学技术的不断发展,其干预身体引起的伦理问题日益凸显。在其中的许多问题上,人们都热衷于诉诸人的尊严。然而,对于什么是人的尊严、某种生命科技是否提升或贬损了人的尊严,人们却缺乏共识。

该书分为三部分。第一部分,梳理了人的尊严的基本理论。首先,对西方历史上"尊严"概念的内涵及其变化做了系统梳理,并对其中两个非常有代表性的理论(基督宗教视野中人的尊严和康德哲学中人的尊严)做了详尽考察,进而对当前学术界关于人的尊严论争的现状及原因做了较为深入的分析。最后探讨了人如何活得有尊严,并具体到相应生命伦理实践领域。第二部分,首先在关于尊严的基本理论的基础上,探讨了生命伦理语境中的人及其尊严的内涵,区分了人类和位格的尊严、存在论和价值论意义上的尊严,并结合平等主义和等级主义初步定位生命科学技术干预下的"人"和"尊严";进而研究了尊严和身体的关系,检视了生命伦理学中身体的特征,论证了重构身体理论的必要性及可用的资源和途径。第三部分,深入考察和辨析了实践中生命科学各种高新技术对人的尊严的影响,如运用生命科学技术从事人工辅助生殖、整形美容、基因干预、死亡判定和安乐死等。

全球生命伦理学导论 [美]亨克·哈弗(Henk ten Have)著,马文主译,人民卫生出版社,2021

该书是原联合国教科文组织科技伦理司司长、现美国匹兹堡杜肯大学医疗伦理中心主任亨克·哈弗教授的一本力作。解决当今世界的全球性问题需要全球化的视野,这使得生命伦理学走向全球生命伦理学成为必然。该书作者引入并充分阐释了全球生命伦理学的概念、内涵和框架,将传统生命伦理学赋予全球性的视野。在生命医学之外,作者主张将社会、经济、政治环境等因素考虑在内,并将与医疗保健、社会包容和环境保护有关的主题纳入全球生命伦理学的框架中,从而变革性地重塑了生命伦理学的维度,前瞻性地探究了生命伦理学的深度,创造性地丰富了生命伦理学原有的内容和框架,并充满洞见地指明了利用生命伦理学审视和解决全球性问题的途径。

该书共有十二章。第一章介绍了生命伦理学的现状及其面临的广泛的挑战。第二章和第三章具体阐述了从医学伦理学到生命伦理学、从生命伦理学到全球生命伦理学的发展进程。第四章主要探讨了生命伦理学的全球化进程,认为经济、政治、环境、文化和意识形态的全球化进程极大地改变了生命伦理学的背景,介绍了生命伦理学之全球化的四个阶段以及全球生命伦理学的三种版本的分类。第五章从全球性特征、生命伦理学意义和问题特征三个方面详细阐明了全球生命伦理问题。第六章讨论了全球生命伦理学因不能响应全球生命伦理学问题受到的批评问题,探究了解决全球性问题需要全球生命伦理学的原因,作者认为通过对主流生命伦理学和全球化的新自由主义意识形态的批评,全球生命伦理学能够从更广泛的视角为全球问题提供对策,阐明了当前方法中所缺少的内容。第七章介绍了全球生命伦理学框架的形成和发展,突出了全球性原则框架的基础是两个道德理想——人权话语和世界主义。第八章具体阐释了人权话语和世界主义的三个共同理念：全球共同体、共同遗产和公地。第九章说明了生命伦理正日益成为一种治理机制，生命伦理越来越直接地参与全球治理。全球卫生治理需要新的治理形式，而全球生命伦理在这方面可以有所助力。生命伦理可以通过对治理机制、治理方向和治理结果的批判性思考，为全球卫生治理做出贡献。第十章中作者认为生命伦理学治理起初是在国家层面上建立的，在国际和全球范围内采用了相同的路径和方法，问题和关注点的本质在各个层面上是不同的，通过生命伦理学进行治理与生命伦理学治理之间是有区别的。第十一章主要探讨了全球实践如何受到全球生命伦理学框架影响的问题，全球实践在全球原则与当地活动间的辩证互动中发生变化，遵守全球伦理原则可能是权力（强迫）、利益（长短期利益）和规范考虑（应做之事）的结果。第十二章主要讨论了全球生命伦理学话语的问题，表明与主流生命伦理学相比，全球生命伦理学话语提出了不同的观点和原则。

出版伦理研究　　胡虹霞等，首都经济贸易大学出版社，2021

该书在廓清出版与伦理的概念，探讨在出版伦理的内涵及学理依据的前提下，对当代中国出版伦理失范的诸种表征、危害及原因进行了分析；同时从历史和跨文化的视角对我国和国外一些发达国家的出版伦理建设发展情况做粗略考察的基础上，整理了马克思主义经典作家出版伦理思想的核心内容；最后梳理了中国化马克思主义出版伦理思想的大致发展脉络和一脉相承的演变关系，旨在为我国当代出版伦理建设提供传统与现实、理论与实践的参照。

该书共有七部分，由导论和六章内容构成。导论"从无到有：出版的伦理研究视角"从学术、学理的角度回答了出版伦理研究现状、出版伦理研究何以兴起、何以定位和何以推进等问题，并说明了该书要做的尝试研究。第一章是"出版伦理的基础理解"，本部分主要在廓清出版、伦理概念的基础上，界定出版伦理的内涵，从而阐明出版伦理道德的理论依据，揭示出版伦理建设的客观必要性。第二章是"当代中国出版伦理失范及反思"，本部分对当代中国出版业道德失范的表征、危害进行了分析，并做了伦理归因，旨在说明出版伦理建设的现实紧迫性。第三章是"我国出版伦理建设的历史视角"，本部分以王朝时代、民国时期、中华人民共和国成立以来三个不同的分期，梳理我国出版伦理建设的历史进程、我国传统社会出版伦理建设的历史经验,希望在历史的追寻中获得出版伦理建构的历史资源及出版伦理文化发展的线索,增强新时代出版伦理建设的历史厚重感。第四章是"出版伦理问题的跨文化视角",本部分主要考察以英、美为代表的西方发达国家出版伦理建设,以日、韩为代表的东亚后发现代化国家出版伦理建设的历史演变及现实举措,并从中借鉴经验,以此来拓宽我国出版伦理建设的国际参照视野。第五章是"马克思主义经典作家出版伦理思想概述",本部分从马克思主义经典作家的出版实践活动入手,分别总结和提炼了马克思、恩格斯和列宁的出版伦理思想的主要内容,为我们今天理解中国化马克思主义出版伦理思想提供理论基础。第六章是"中国化马克思主义出版伦理思想概述",本部分梳理了毛泽东、邓小平、江泽民、胡锦涛等中国化马克思主义经典作家的出版伦理思想及其一脉相承的核心内容,以期为我国当代的出版伦理建构提供理论指导和方向指引。在上述研究的基础上,该书最后补充了一些国内外关于出版伦理建设的重要机构、有代表性的出版伦理规范章程,旨在从多个角度为我国出版伦理建设提供借鉴。

"纯粹恶的神话"之批判:基于西方伦理学的视角　陈常燊,中国社会科学出版社,2021

该书揭示了一种在伦理学上和日常生活中由来已久同时又根深蒂固的善恶观念——"纯粹恶的神话",并且分别从"恶的角色""恶的近因""恶的表现""恶的性质""恶的象征"等五个方面对之展开经验反省尤其是观念批判的工作,分析了其形成机制并对之进行矫正,以便帮助我们在"恶"的问题上形成一套正确的价值观念。

第一章是"恶行中的角色"。表明不管是受害者、施害者、仲裁者、旁观者,还是不同意义上的幸存者,这些角色对于恶行的解释尽管是不可或缺的,但在概念上把握起来仍然可能忽视恶之泯然性以及非纯粹性。在第二章里,借助"动机型之恶"与"非动机型之恶"的区分,以及对阿伦特"恶之平庸性"和施克莱"平常之恶"概念考察,揭示了依据"恶的动机"解释模型可能存在的某些粗糙性和局限性。第三章列举了一些常识的"恶行的表现",如残酷、暴力、伪善、麻木,揭示了其间的概念勾连及复杂样态,帮助我们克服"纯粹恶的神话"中所蕴含的本质主义的冲动。第四章着眼于"恶"的形而上学进行观念批判,揭示"纯粹善""纯粹恶"这些神话的形成机制、恶之顽固性以及潜在危险。第五章是"恶的象征",通过仪式化、娱乐化、艺术化、形式化和无声化等视角,考察了"纯粹恶的神话"在日常生活的象征性呈现中的隐蔽性。上述五个章节所揭示的，不是理论框架的五个层面，而是从五个不同角度围绕"纯粹恶的神话"所展开的概念考察、经验反省以及观念批判。该书并不旨在提供整套的理论，而是以"纯粹恶的神话"之批判再三提醒一个无法还原的"原始事实"：健全常识和直觉经验向我们展示的恶是多样而复杂的，不管它是神学、科学，抑或形而上学，它不容被削足适履地嵌入任何的单一理论之中。

伊壁鸠鲁主义实践伦理学导论 ［德］迈克尔·埃勒（Michael Erler）著，陈洁译，北京大学出版社，2021

伊壁鸠鲁主义自伊壁鸠鲁公元前4世纪在雅典创立学园后逐渐发展壮大，在希腊化时代、罗马共和国、罗马帝国时代影响深远，现代自然科学、伦理学和政治哲学等也借鉴了其理论。该书内容是迈克尔·埃勒教授在中国人民大学哲学院的"人大古希腊哲学名师讲座"中围绕"伊壁鸠鲁主义者如何与他人共度幸福生活"的问题所做讲座的讲稿的修订。

该书共有六章。第一章"伊壁鸠鲁的智慧者：实践伦理学作为'治疗的哲学'"，主要讨论了伊壁鸠鲁主义"智慧者"的理想。伊壁鸠鲁主义者主张倾听自然，认为观察和理解自然是伊壁鸠鲁主义的智慧者自我修养的一部分，他们能够从科学思考中得到快乐，因为幸福取决于正确与合理地理解自然过程。第二章"伊壁鸠鲁的花园：宗教与哲学"，主要讨论有死自我的完善如何与对他者的关怀结合。第三章"伊壁鸠鲁主义'真正的政治学'"，主要讨论如何理解伊壁鸠鲁主义的智慧者应当远离政治的主张。伊壁鸠鲁建议回避的是传统政治，伊壁鸠鲁主义推崇的新的、适用于所有社会的"哲学式的"政治在柏拉图-苏格拉底的传统中能够看到。第四章"治疗的神学：伊壁鸠鲁对传统宗教实践的转化"，主要证明了尽管伊壁鸠鲁被指控是无神论者，但他接受神的存在并接受传统宗教的特征，他将这些都转化为"治疗的神学"，并将它们整合到其实践伦理或者说"治疗的哲学"之中。第五章"'治疗的阐释学'：伊壁鸠鲁、诗歌与伊壁鸠鲁主义的正统学说"尝试为伊壁鸠鲁主义辩护，传统教育在伊壁鸠鲁主义传统中扮演着重要的角色，他们接受一定的灵活性，为创新留下了空间。第六章"罗马共和国和罗马帝国基督教时期的伊壁鸠鲁主义"主要讨论伊壁鸠鲁主义实践伦理学在罗马及古代晚期的某些体现，并讨论伊壁鸠鲁主义的学说如何适应新的罗马语境，甚至是古代晚期和文艺复兴时期的基督教语境。伊壁鸠鲁主义的实践伦理关注的是在群体中的良好生活，它们在古代甚至可能在今天都有着重要意义。

笛卡尔的伦理学说研究 施璇，上海人民出版社，2021

该书尝试对笛卡尔的伦理学说进行一个整体的研究。笛卡尔是法国数学家、哲学家、物理学家。他被认为是现代西方哲学的奠基人，他的思想深深地影响了后世西方哲学的发展进程。与同时代的霍布斯、洛克等相比，笛卡尔的伦理学说关心的仍然是经典的伦理学主题——人的幸福生活。那么究竟什么是人的幸福生活？或者如何实现幸福？笛卡尔认为，真正的幸福在于心灵的满足，而好好运用理性、好好运用意志、建立习惯则是实现幸福的三个条件，其中好好运用理性是关键。好好运用理性是为了得到实现幸福的真知。

该书尝试以笛卡尔的幸福学说为线索，通过回答五个相互关联的问题，勾勒出其伦理学说的整体面貌。第一个问题：什么是人的幸福以及如何实现幸福？第二章通过比较笛卡尔与塞涅卡对幸福生活的定义，并论述笛卡尔提出的实现幸福生活的三条规则，从而回答这个问题。在笛卡尔看来，真正的幸福在于心灵的满足，是人对占有某种完善性的内在意识，而好好运用理性、好好运用意志以及建立习惯则是实现幸福的三条规则或条件，其中好好运用理性最为关键，在这个意义上他说"人的至高幸福依赖于理性的正确使用"（1645年8月4日给伊丽莎白的信）。于是产生第二个问题：人们如何才能做到好好运用自己的理性呢？第三章通过分析笛卡尔在《谈谈方法》中提出的好好运用理性的方法来回答这个问题，并重点论证这套方法并不是仅仅停留在探寻真理层面的理论方法，而是以实现人的幸福为目标的实践方法。第四章进一步解释《谈谈方法》中提出的"临时的道德规则"同好好运用理性的一般方法之间的关系，并追问笛卡尔详细介绍与解释这套临时道德规则的必要性，为后续的论证埋下伏笔。在了解笛卡尔提出的好好运用理性的方法之后，第三个问题也随之产生：人们在好好运用理性之后获得的有助于实现幸福的真知有哪些？在笛卡尔看来，这样的真知有两类：一类是总体性真知，它们总体性地关涉人类所有的行动，涉及上帝、心灵、宇宙与人这四个方面，第五章主要阐述这方面的内容；另一类是具体性真知，它们具体地关涉每个个体的行动，并且同我们所有的激情相关。笛卡尔主张"激情在本性上全都是善好的，我们唯一需要避免的是对它们的误用或者它们的过度"（《论灵魂的激情》第三部分第211节）。笛卡尔的激情理论是其伦理学说的一大亮点，因此书中第六至第八章进行了详细的阐述与分析。搞清楚为什么笛卡尔说激情在本性上全都是善好的，以及激情的误用与过度到底有何害处之后，由此产生了第四个问题：如何才能补救激情的误用或过度？在笛卡尔看来，方法有两种：比较容易的方法是好好运用意志，以此对抗激情；比较困难的方法则是改变身心之间的自然联结，也就是建立习惯，第九章与第十章分别讨论这两种方法。这两种补救激情的方法同实现幸福的第二个与第三个条件或规则相一致。至此，以理性、意志与习惯为三点支撑的笛卡尔伦理学说得以呈现出来。第五个问题：既然实现幸福生活的首要条件是好好运用理性并获得对实现幸福有用的真知，那么对于那些受天赋或机遇的限制而没能用好理性，因而也无法获得真知的人来说，难道他们就没有办法获得幸福了吗？对此，第十一章通过分析笛卡尔提出的实现幸福的三条规则同临时道德规则的类似结构，主张笛卡尔提出的临时道德规则可以作为实现幸福的补充原则，从而对这个问题做出回答。

通过以上五个问题，作者以幸福生活为线索勾勒出笛卡尔的伦理学说，并在此基础上主张这是一套建立在理性主义知识论基础上的以实现个人与人类幸福为目的的伦理学说。结语部分在简单归纳笛卡尔伦理学说的结构与三要素的基础上，从当代西方伦理学的视角来审视这套学说，并阐发作为其核心原则的理性主义对后世之影响。该书期望通过这番研究，揭开贴在笛卡尔身上的层层标签，力图展示一套得到文本支持却又不同于传统固有解读的笛卡尔伦理学说。

规范性知识的追求　　陈真，上海三联书店，2021

该书由作者历年公开发表的论文组成，研究领域涵盖当代西方伦理学、分析哲学和心灵哲学，其研究内容主要体现了当代西方哲学家和作者对规范性问题和规范性知识的不懈追求。该书含"知识问题研究""心身问题研究""元伦理学研究""规范伦理学研究"和"应用伦理学研究"五辑，加上附录中的"为什么中国传统文化没有促进现代自然科学的发展"一文，共收录论文41篇。

第一辑"知识问题研究"包含三篇论文，分别是《对西方哲学本质的再认识》《罗素摹状词理论新探》《盖梯尔问题的来龙去脉》。第二辑"心身问题研究"包含两篇论文，分别是《西方心物问题的回顾与前瞻——从实体二元论到生物自然主义》和《心身问题和塞尔的生物自然主义》。第三辑"元伦理学研究"包含十三篇论文，分别是《道德研究的新领域：从规范伦理学到元伦理学》《分析进路的伦理学研究方法之辩护》《决定英美元伦理学百年发展的"未决问题论证"》《艾耶尔的情感主义与非认知主义》《事实与价值之间——论史蒂文森的情感表达主义》《论斯洛特的道德情感主义》《斯洛特是如何从"是"推出"应当"的》《道德相对主义与道德的客观性》《从约定主义到相对主义——评哈曼的道德相对主义》《道德相对主义与先天道德客观主义》《论道德和精明理性的不可通约性》《实践理性和道德的合理性——当代西方哲学道德合理性理论评析》《何为情感理性？》。第四辑"规范伦理学研究"包含十四篇论文，分别是《罗斯的初始义务论及其方法论意义》《心理学利己主义和伦理学利己主义》《哥梯尔的"协议道德"理论评析》《斯坎伦的非自利契约论述评》《"道德"和"平等"——哈佛大学著名哲学家斯坎伦在华演讲介绍》《道德义务与超道德的行为》《何为美德伦理学？》《亚里士多德美德伦理学思想述评》《当代西方规范美德伦理学研究近况》《美德伦理学的现状与趋势》《关爱伦理学与情感主义美德伦理学》《苏格拉底真的认为"美德即知识"吗？》《苏格拉底为何认为"无人自愿作恶"？》《凡是现实的就是合理的吗？——麦金泰尔的美德伦理学批判》。第五辑"应用伦理学研究"包含八篇论文，分别是《应用伦理学研究的几个方法论问题》《当代西方性伦理学综述》《"囚徒悖论"：道德的合理性和国民的道德教育》《个人自由和法律干涉的原则》《美德伦理学和道德建设》《全球正义及其可能性》《佩弗的马克思主义"道德社会论"批判》《伦理学如何研究才能以人为本？——〈人本伦理学〉失误举要》，最后是附录《为什么中国传统文化没有促进现代自然科学的发展？》。

现代性冲突中的伦理学：论欲望、实践推理和叙事 ［英］阿拉斯代尔·麦金泰尔（Alasdair MacIntyre），李茂森译，中国人民大学出版社，2021

麦金泰尔是当代西方最重要的伦理学家之一，他探讨一些现代性的哲学、政治和道德主张，认为只有放弃这些主张才能正确理解人类利益。在该书中，他解释了一般的伦理学研究对象，并基于社会背景讨论了一些重要的伦理学问题，为我们提供了一种当代政治和伦理的资源，让身处现代性的我们能够借此去平衡现代性。

该书共有五章。第一章"关于欲望、利益和'善'的一些哲学问题"，麦金泰尔解释了"欲望""利益""善"等基本的哲学概念，呈现了表现主义和亚里士多德主义对于"善"和"欲望"之间关系的理解，并在此基础上讨论了表现主义和新亚里士多德主义之间的分歧。双方都有自己的主张和论点，但这些论点论据不足以说服对方，麦金泰尔在指出这些问题的同时也回答了自己"为什么没有探讨当今道德哲学家的哲学立场和道德立场"这一问题。

第二章"理论、实践以及它们的社会背景"用考察哲学理论诞生、发展的社会背景的方式回应了一些哲学争论。麦金泰尔转换研究方法,考虑哲学理论在研究相关问题时的社会和历史背景以及哲学理论如何在这些背景中发生作用,以此解释一些理论存在分歧矛盾的原因。他讨论了休谟、亚里士多德、阿奎那、马克思等人的重点问题,通过这些问题理解具有明显现代性特征的道德和社会背景,进而理解那些存在分歧对立的哲学理论。第三章"道德与现代性"从一种历史的、社会学的角度研究高度现代性的社会结构和社会生活的几个关键特征,主要强调道德在现代性进程中产生了新的独特的面貌。要理解现代世界的"现代性道德"不但要考虑与之相关的现代性的政治结构、经济结构和社会结构,而且要考虑与之相关的现代模式的情感与欲望。第四章"当代托马斯语义中发展起来的新亚里士多德主义:关于相关性和理性论证的问题"返回到了第一章的哲学探讨,更全面地阐述新亚里士多德主义(尤其是托马斯主义)在当代社会秩序中的道德、政治、经济等方面的局限和可能。第五章"四个叙事"是具体的传记研究,以瓦西里·格罗斯曼、桑德拉·戴·奥康纳、C.L.R.詹姆斯和丹尼斯·福勒的人生经历,研究20世纪四种非常不同的人生中从理论到实践、从欲望到实践推理的关系。

生命伦理学的理论与实践　郑文清、高小莲,武汉大学出版社,2021

该书属于"新时代健康中国(长江经济带)战略研究"丛书,首先从生命伦理学的概念、学科发展概况、基本原则出发,再从具体论述医患关系、器官移植伦理、生命技术、基因工程、临终关怀、死亡伦理等内容,最后从医学伦理学的评价、科学评价、卫生政策等宏观的角度总结医学伦理学的发展。

该书共有二十章。前四章是对生命伦理学的由来、学科发展概况、基本原则和基本理论的说明。生命伦理学的发展要遵循人道主义原则、尊重与自主原则、有利与无伤害原则和知情同意原则,生命神圣论、生命质量论、生命价值论、权利义务论、公益公正论和动物权利论是其理论大厦。第五章到第十二章是对具体医疗行为及其伦理的阐释。医患关系是医疗卫生保健活动中最基本、最重要的一种人际关系,解决好这一关系有利于医疗行为的健康发展;在器官移植、生殖技术、基因工程、临终关怀、死亡、安乐死和脑科学等方面存在伦理问题,对这些问题的讨论能推进医学和伦理学的双重发展。第十三章重点讨论了药物滥用、兴奋剂、医学(疗)美容等关涉行为控制伦理的议题。第十四章介绍了护理伦理的历史发展和在护理行为中的规范等。第十五章到第二十章从宏观角度阐释了医院管理伦理、医学道德修养与教育、医德评价、医学科研伦理和卫生政策伦理,认为道德与伦理是医疗行为中不可或缺的一环,只有从宏观层面制定伦理规范,各医疗行为遵守其相应的伦理原则,这样的医疗行为才能够更加造福于人类。

后果主义的严苛性问题研究　　解本远,北京师范大学出版社,2021

该书主要有两个任务。其一,通过详细地考察后果主义严苛性异议的问题,从而对提出异议的理论进行反思和批评,指出一些反对观点针对后果主义道德要求的严苛性异议是不成立的,从而实现对后果主义理论的间接辩护;其二,希望在批评后果主义反对者之观点的基础上,进一步表明,后果主义者按照后果主义理论关于行为正确性的标准向行为者所提出的道德要求是合理的,从而为后果主义理论做正面的辩护,作者借助了内格尔对利他主义可能性的辩护,并从密尔关于个人与共同体关系的论述中寻找根据,力图表明后果主义理论与其他道德理论相比是一种值得辩护的理论。

该书共分为六章。第一章从"严苛性异议问题的缘起""个人完整性""促进善的初步义务""后果主义者的回应"几个方面初步分析了后果主义严苛性异议的问题。第二章从"适度的道德"的立场探讨了后果主义对行为者提出的严苛要求。第三章从"非后果主义的视角",以义务论者为例,分析了其对后果主义道德要求的约束,探讨了"促进善"和"基于尊重"的两种不同的道德要求,分析了行为在道德重要性上的差异,讨论了义务论对促进善的义务的证明。第四章从"美德伦理学的视角"出发,阐述了美德论对后果主义的批评、当代美德论者的批评及后果主义者的回应。第五章"修正的后果主义",探究了最佳与非最佳的后果、最佳的策略、集体行善原则、混合后果主义等问题。第六章"后果主义的证明"分别探讨了"后果主义的后果""后果主义的证明""利他主义的可能性分析""共同体中的个人""分外善行"等问题,尝试为后果主义理论提供一个正面的辩护。

当代后果主义伦理思想研究　　龚群,中国社会科学出版社,2021

该书为我国伦理学界以后果主义伦理为核心对象的学术著作。当代后果主义伦理是20世纪70年代以来兴起的伦理学重要思潮,后果主义伦理大有取代功利主义伦理,并与德性伦理、道义伦理共同成为主要的三种规范伦理的趋势。当代后果主义的发展起源于20世纪斯马特与威廉斯的争论。为克服威廉斯所指出的行动功利主义的问题,出现了多种版本的后果主义理论:亚最大化后果主义、动机后果主义、德性后果主义、主观与客观后果主义、规则后果主义、混合后果主义以及多维度后果主义等。当代后果主义伦理思想的发展,为我国伦理思想研究和规范伦理学学科发展提供了新视野和新方法,具有重要的理论意义与实践意义。

该书共有十章。前四章对于当代后果主义的问题域进行了梳理。后果主义由于把后果事态置于理论的中心位置,并把后果事态看作唯一具有内在价值的东西,因而首先对后果主义的关键概念、相应的内在价值概念以及其外延的当代演变进行理论清理;此外,后果主义理论是在充满批评与辩护中发展的,这既体现在对个人行为的后果主义讨论中,也体现在对集体性后果的讨论中;在他们看来,后果主义遇到的挑战是日常道德对后果主义的挑战,即日常道德与后果主义的冲突。日常道德与后果主义的冲突,又可概括为行为者中心与行为者中立或非个人观点的冲突。这种冲突的根本在于行动后果主义没有考虑到个人的分立性这一社会存在的基本事实。正因为个体在社会中的存在是以分立或分离的形式存在的,故而他们有自己的个人利益和个人情感的诉求。该书的后六章研究分析了当代后果主义发展的几种新版本。这些版本大都是面对威廉斯对行动后果主义的异议,而试图改进后果主义的进路。这些改进版本的后果主义内容都很新颖,而且给予人们很不相同的思维角度。如斯洛特提出了亚最大化的后果主义或满足的后果主义,在斯洛特看来,不是最大化的后果目标,而是足够好的后果目标就足够了。亚当斯则从人的偏爱动机出发,提出动机后果主义。在亚当斯看来,不是功利的最大化,而是听从自己的动机欲望,即使是为了实现动机欲望而牺牲最大化,也应当在道德上得到辩护。莱尔顿则提出客观后果主义和主观后果主义这样两个概念。在他看来,总体事态最大化的后果目标追求,只是一种主观主义的后果目标,在实践中不可能实现。客观后果主义则是不把那种最大化目标放在心上,只追求现实可能的最大化目标,因而客观后果主义则是可以实现的后果目标。实际上这些版本的后果主义在一定程度上接受了威廉斯对行动后果主义的总体事态最大化后果目标的批评。但降低最大化的要求并非意味着这些版本不是后果主义,而只不过是一些在量上不那么严苛要求的后果主义。在诸多种改进版本的后果主义理论中,胡克的规则后果主义和谢夫勒的混合理论是值得注意的两种后果主义。胡克的规则后果主义继承了布兰特的规则功利主义,并在此基础上推进到规则后果主义的发展阶段。规则后果主义与其他改进版的后果主义不同,它所注重的是规则与后果的关系。与其他版本的后果主义仍然将后果作为理论基点不同,规则后果主义将规则与后果置于同样重要的基础性地位。谢夫勒对于威廉斯提出的后果主义的严苛性要求破坏了人的完整性,以及导致人格和个人自我规划的异化问题进行了相当有深度的思考。在他看来,从非个人观点或行为者中立立场出发的、严苛性的总体后果事态最大化的要求,无视了个人利益或个人道德情感等存在的合理性。基于这样的前提,他提出"行为者中心特权"与非个人观点的后果主义的最大化要求相结合的混合理论。该书研究表明,几乎所有版本的后果主义理论都遭到了不同程度的挑战。这些挑战既表明这些理论形态本身不是完美无缺的,同时也表明,所有版本的后果主义都处于开放讨论之中——这正是激发理论进一步完善的动力。质疑与反驳,证明与辩护,推动着理论向更深度的思考层面发展。彼得森的多维度后果主义与上述多数版本的后果主义不同,他在主要方面并不是回应威廉斯对斯马特的行动功利主义或后果主义的批评。他的新版本的后果主义是在前人的基础上拓展了一个后果主义发展的新方向,或按他自己的说法,在这一版本意义上是没有"前辈"的。当然他的新版本的后果主义并非没有人批评,但当代英美同人对他的贡献的肯定充分说明了他在这一领域里的创造性贡献。

论恐惧 [美]玛莎·纳斯鲍姆(Martha Nussbaum)著,谢惠媛译,北京师范大学出版社,2021

纳斯鲍姆是美国当代著名哲学家,在哲学、政治学和法学领域均有建树,尤其在能力进路、政治情感和社会正义等方面的研究影响显著。译者谢惠媛在芝加哥大学访学期间与纳斯鲍姆是合作者,该书除了介绍纳斯鲍姆关于恐惧的认识外,还收录了谢惠媛与纳斯鲍姆的对谈。

该书共有七章。第一章"前言"介绍了该书谈论的主题的社会背景,纳斯鲍姆认为有大量的恐惧笼罩着今天的美国,有很多人将这种恐惧的感受转换成责骂,社会更加分裂。纳斯鲍姆指出该书不是一本关于公共政策或经济分析的书,而是更具普遍性、更内省化的书,旨在更好地了解推动我们前进的力量,并在这方面提供行动的一般方向。第二章"恐惧,早期的与强有力的"对恐惧进行了界定,纳斯鲍姆借助哲学家、心理学家和神经科学家等对恐惧的认识,指出恐惧是原生的和反社会的。婴孩、童年阶段的恐惧

著作简介

可以用关怀、爱和互惠消解,恐惧一方面让人害怕、逃避和犯错误,另一方面又能让人思考进而激励我们追求安全、和平等好的方面。第三章"愤怒,恐惧的孩子"指出,愤怒是美国社会中一种常见的情感,它的根基在于盛怒和不公平的观点,它是一种带有独特思想的独特情感,被恐惧感染,由恐惧产生,它是恐惧的孩子。第四章"受恐惧驱使的厌恶:排他的政治"中指出,厌恶这种情感不需要有不当行为或不当行为的威胁就能生成,厌恶的非理性是许多社会罪行的根源。厌恶源于"原初的物体"、体液、具有相似特性的动物及尸体,它向外蔓延,进而变成了一种"投射性厌恶"。第五章"嫉妒的帝国"中,纳斯鲍姆认为嫉妒是一种令人痛苦的情感,它关注人的优点,认为自己的处境不如他人的处境,它会制造敌意和对立,进而阻止社会目标的实现。政治中存在的嫉妒不利于我们联合起来构建一个更好的社会,要想克服这一非理性的批评,我们需要关乎美德的文化,创造一种条件抑制嫉妒。第六章"有毒的混合:性别主义与厌女症"指出,性别歧视和厌女症不能互换使用,前者充满了难以看见的不确定性,性别歧视者认为女性不应该从事男性的工作;后者思想的主要根源是自我利益,加上对潜在损失的焦虑。第七章"希望、爱、视界"指出,希望是恐惧的对立面,与信念和爱紧密相连,通过艺术、苏格拉底的精神、宗教、抗议运动、对正义的论述等实践。最后附录部分是谢惠媛与纳斯鲍姆的访谈,纳斯鲍姆阐述了她对恐惧和爱等情感问题的最新看法。

学术活动

第二届全国美德伦理论坛

参加人员：来自清华大学、中国人民大学、武汉大学、华中科技大学、华东师范大学、上海交通大学、华中师范大学、湖北大学、山西师范大学、南京师范大学等高校的学者和《哲学研究》编辑部、《道德与文明》编辑部和《湖北大学学报》编辑部的专家参加了此次论坛

主办单位：论坛由清华大学高校德育研究中心、清华大学道德与宗教研究院、湖北大学哲学学院、湖北大学高等人文研究院、中华文化发展湖北省协同创新中心、《湖北大学学报》编辑部和湖北省伦理学会共同主办，湖北大学哲学学院、湖北大学高等人文研究院承办

时间：2021 年 3 月 27 日—3 月 28 日

地点：湖北大学

主要议题：本届论坛以美德、情感和规范性为主题，重点研究美德伦理研究中的核心问题

卫建国教授在致辞中提到，当前是研究并推动美德伦理学的最佳时机，希望以本次会议为契机，充分挖掘和开发中国传统伦理学中美德伦理资源。龙静云教授表示，美德伦理研究是当今学术界研究的热点问题，本次论坛将是美德伦理学研究的一个良好的发展进程。李义天教授表示，期待全国美德论坛能长期举办，加强学术交流，促进学术研究。舒红跃教授介绍了湖北大学哲学学院和高等人文研究院的相关情况。他说，新时代公民道德建设离不开对美德的培养，尤其离不开对传统美德的继承和发扬。来自全国不同高校的伦理学研究者汇聚一堂，探讨美德问题，恰逢其时。

开幕式后，南京师范大学陈真教授和华中师范大学龙静云教授分别做了大会主旨发言。陈真教授以"美德伦理古今之辨"为主题，以时间为线索回顾了美德伦理学 60 多年的发展历程。龙静云教授以"人类的生态美德与生命共同体的繁荣"为主题，围绕人类生态美德与生命共同体，探讨了人和自然之间的关系。

研讨阶段，与会专家分别围绕美德伦理古今之辨、美德伦理与情感、美

德伦理与规范、儒家美德伦理和近代美德伦理及其当代回响等五个主题进行了交流研讨。

科技伦理学术论坛

参加人员:来自清华大学、中国科技大学、复旦大学、南京大学、东北大学、大连理工大学、华中科技大学、北京航空航天大学、同济大学、东南大学、上海社会科学院、上海大学、南京农业大学、河海大学、中国矿业大学、上海师范大学、曲阜师范大学和上海交通大学等单位的60余名师生聆听了本次学术论坛

主办单位:上海交通大学马克思主义学院

时间:2021年4月17日

地点:上海交通大学

主要议题:主要围绕"中国技术哲学的文化遗产与创新发展""人工智能伦理风险防范问题""科学实验的'可重复性'危机与'学术不端'""深度智能化时代的伦理现实主义及其超越""数据主义的伦理反思"几个议题展开讨论

一、中国技术哲学的文化遗产与创新发展

陈凡教授介绍了美国哲学家杜尔滨教授和我国哲学家陈昌曙教授的贡献和精神遗产,特别是陈昌曙教授对我国技术哲学做出的卓越贡献。他指出,我国技术哲学应该"立足本土化、面向国际化、促进中国化,走向中国特色的技术哲学学派"。"立足本土化"是中国特色技术哲学的实践根基,"面向国际化"是中国特色技术哲学学派的理论视域,"促进中国化"是中国特色技术哲学学派的未来发展。陈凡教授强调,中国特色技术哲学的建构过程应坚持四项原则:第一,坚持了解"新兴技术发展"与深化"传统技术认识"相结合;第二,坚持通晓"国外技术哲学"与直面"当下中国实践"相结合;第三,坚持"经验转向"与"理论升华"相结合;第四,坚持"专一化"与"多元化"相结合。陈凡教授认为,中国技术哲学创新发展的技术路线要坚持"五位一体"的方针,即向上发展(加强智库建设)、向下发展(走向企业、社会)、向外发展(建构国际学术平台)、向内发展(打造中国技术哲学年会等三大品牌)、向高发展(学科之间互动)等五个维度的一体化。

二、人工智能伦理风险防范问题

成素梅研究员认为,关于人工智能伦理风险防范问题的研究需要澄清两个层面的问题:一是人工智能本身的伦理风险防范问题;二是由人工智

能引发的伦理风险防范问题。首先需要明确什么是人工智能,或者说如何恰当地理解人工智能。因为过分乐观的态度,轻视了人工智能的伦理风险,从而导致错失防范良机,造成不可逆的后果;过分悲观的态度,则会夸大人工智能的伦理风险,约束人工智能的发展。她对"机器能否思维"这一问题的肯定性和否定性回答进行了分析。在她看来,从物理主义和机械论的角度做出的对机器能否思维的回答是不可取的。她认为当前的智能是人机合作智能,带来的问题是劳动伦理问题;未来的智能是人机融合智能,带来的是神经伦理问题。因此,伦理问题始终是一系列动态变化的问题。

三、科学实验的"可重复性"危机与"学术不端"

肖显静教授指出,在传统科学那里,科学实验的"可重复性"是一个基本原则,只有得到"可重复"的科学实验,其可靠性才能得到保证,也才能被科学共同体承认。随着科学的发展,尤其是新的复杂性科学如生态学等的出现,科学实验呈现"可重复性"危机。肖显静教授给出了十种可能引发这种危机的具体原因,包括选择性报告、发表的压力、低的统计效力和糟糕的分析、原初实验室中没有足够复现、失察和缺乏指导、方法和编码难以获得、糟糕的实验设计、来自最初实验室的原始数据无法获得、造假、同行评审不足等。他强调,这些原因中大部分又与学术不端重合。他从研究者个人、编辑与审稿人、出版社或杂志、行业协会四个角度给出了相应的解决方案。

四、深度智能化时代的伦理现实主义及其超越

段伟文研究员指出,随着大数据和人工智能的普遍应用,人类社会正在步入深度智能化时代。面对由隐私侵犯、算法歧视和各种技术滥用所带来的伦理冲击,由于人们对技术系统日益依赖,加之缺乏认识和改变智能技术黑箱的能力,普遍出现了默然承受各种伦理风险的伦理现实主义态度。针对这种伦理冷漠现象,应该以深度智能化的技术社会环境人机协同与生成认知为切入点,透过对人类智能与机器智能的动态图灵边界的分析,探讨突破伦理现实主义和走向人性化的可能。段伟文研究员告诫我们勿忘人类尊严,要永远尊重人类的情感需要;永远最大限度地尊重人类的隐私权,永远尊重人类的脆弱。

五、数据主义的伦理反思

李伦教授认为,促进数据化是大数据社会发展的应有之义,然而,在技术、资本和权力的驱动下,数据化呈泛在化之势,即数据化的极端化,无所不在的数据化。他对数据主义的本质和主要观点进行了分析,认为数据主

义是唯科学主义在大数据时代的化身,是以人为本走向以数据为本的数本主义,是赋予数据以自由的数据自由主义。因此,数据时代的伦理问题主要聚焦于隐私、自由和数据巨机器等问题上。为了应对这些问题,他提出了人本主义数据伦理,其具体要求:第一,以人为本、尊重人的自由;第二,坚持必要原则(最少原则),尊重数据权和隐私权;第三,倡导算法透明和算法公正。

"大数据的挑战与数字人文"学术研讨会

参加人员:来自中国社会科学院、中国人民大学、清华大学、北京师范大学、南京大学、复旦大学、华东师范大学、浙江大学、中山大学等20余所高校和科研机构的30余名学者,以及《哲学研究》《中国特色社会主义研究》《华中科技大学学报》《江海学刊》《南通大学学报》《江西社会科学》《科学·经济·社会》《数字人文研究》《阅江学刊》等学术期刊编辑部代表参会

主办单位:南京师范大学数字与人文研究中心

时间:2021年4月28日—4月29日

地点:南京

主要议题:大数据时代产生的诸多问题以及数字人文研究的思考

学术研讨会分五个阶段进行。第一阶段由《哲学研究》编审黄慧珍主持。刘永谋教授讨论了"智能治理的综合",邹诗鹏教授探讨了"技术社会及其生存问题",段伟文教授阐述了"数字方法与社会计算的哲学思考"。

第二阶段由《南通大学学报》主编顾金春主持。吴向东教授论述了"数字劳动的建构之维",李伦教授通过实际案例分析了"人如何智能地栖居",夏莹教授探讨了"当代资本的平台化趋势及其理论",杨庆峰教授围绕"数字人文方法及新人文主义"问题展开了深入阐释。

第三阶段由《江海学刊》编审赵涛主持。吴冠军教授讨论了"技术政治学与数据资本主义",蓝江教授论述了"外主体的诞生"问题,吴静教授围绕"第三持存与数字神话"阐述了数字人文的哲学反思意义,徐强教授对数字化时代的人格问题进行了深入反思,广东外语外贸大学程林副教授阐述了"数字人文理念的史前萌发"。

第四阶段由南京师范大学吴先伍教授主持。南京师范大学李志祥教授从大数据与后疫情的时代背景讨论了"隐私让渡",西安交通大学丁晓军副教授探讨了"大数据下的大我与小我"问题,温州医科大学龚东风教授讨

论了"詹姆士·瑟伯:科技时代的脱节者",东南大学张学义副教授讨论了"行动者网络理论视域下的脑机融合技术",四川师范大学路强副教授讨论了"数字何以被伦理纳入",南京师范大学张福公讲师讨论了马克思技术批判理论的当代启示。

第五阶段由《江西社会科学》编辑赵伟主持。浙江大学刘永强副教授讨论了"数字人文与文化技术",中山大学江晖副教授探讨了"人文研究中大数据与可视化应用的可能与限度",南京师范大学董美珍副教授从女性主义角度分析了"大数据时代的科学无知",南京航空航天大学董金平副教授阐述了"数字时代的精神政治学批判",清华大学李凌助理研究员阐述了"智能时代信息价值观的哲学论纲",中华女子学院周旅军讲师借助实例分析了"人工智能平台传播中的社会性别问题与治理"。

最后,数字与人文研究中心主任吴静教授对本次会议做了总结发言。她指出,本次研讨会具有重大意义,学界同仁从不同角度对数字时代的诸多问题进行了深入讨论。南京师范大学数字与人文研究中心学术委员会的成立将是推进数字人文研究事业的新起点。

2021年中国环境哲学环境伦理学学术年会暨首届儒、释、道文化与环境哲学环境伦理学高峰论坛

参加人员:来自清华大学、北京大学、北京林业大学、厦门大学、中国石油大学、山西大学、南京师范大学、南京林业大学、广西大学、广州大学、哈尔滨工业大学、福建师范大学、四川师范大学、山东理工大学、合肥工业大学以及南京信息工程大学多所高校和研究机构的100多名学者参会

主办单位:中国自然辩证法研究会环境哲学专业委员会、中国伦理学会环境伦理学分会、中智科学技术评价研究中心编辑部、山西省道教协会主办,中国环境哲学环境伦理学年会组委会、北岳恒山三元宫承办

时间:2021年5月2日—5月3日

地点:浑源

主要议题:本次高峰论坛围绕"习近平生态文明思想研究及新时代我国生态文明建设新智慧""儒、释、道及中华民族传统文化中的环境哲学环境伦理学探析""环境伦理视域下中外环境治理新思考"三大主题展开学术研讨

一、习近平生态文明思想研究及新时代我国生态文明建设新智慧

立足于百年未有之大变局,从人与自然和谐共生的命运共同体到人类

命运共同体的共建是人类文明发展的新趋向。清华大学卢风教授认为我们当前面临着空前的未来不确定性，人类文明的未来走向大致呈现两种大趋势：一是走向社会主义生态文明新时代；二是走向信息文明时代。他认为未来的文明必须是走出生态危机的文明，但不是重返农业文明的文明，而是继承了工业文明的积极成果同时避免了工业文明弊端的更高水平的文明。数字化技术（大数据）和人工智能技术必然会继续进步。北京大学郇庆治教授创新地探讨了马克思主义人与自然关系理论的三重"生态意蕴"，即马克思主义哲学视域下的生态意蕴、马克思主义政治经济学视域下的生态意蕴、马克思主义的当代绿色变革理论意蕴，并从"经济愿景""社会愿景""进路难题"三个方面论述了我国社会主义生态文明建设的伟大意义和面临的挑战；他着重强调了社会主义生态文明理论及其研究绝不仅仅意指马克思、恩格斯的人与自然关系或生态思想的文本诠释或再阐释，更在于结合时代条件对于合乎生态可持续性原则的社会主义价值理念与制度构想的持续推进。南京信息工程大学徐海红教授从当代劳动的"生态困境"出发阐释了资本主义社会条件下的劳动具有反生态性，其根源在于生产资料私有制；而社会主义制度的确立为生态劳动的实现提供了根本制度保障，然而实现社会主义社会中的这种生态劳动或劳动生态化是一个漫长的历史性过程。社会主义生态文明建设就成为促进生态劳动实现或生态劳动化的重要平台或进路，但更为关键的却是基本制度完善与具体体制机制建设。哈尔滨工业大学迟学芳副教授指出，人类命运共同体和生命共同体的历史和逻辑构建是走向生态文明，也是我国倡导的生态文明的意识形态核心观念和生态文明的两个基石。她指出人类命运共同体和生命共同体的逻辑构建体现在生态文明实践观念的世界进程中、生态文明理论观念的创新中和从工业文明走向生态文明的历史规律中。

二、儒、释、道及中华民族传统文化中的环境哲学环境伦理学探析

探讨如何从儒家经典文化中挖掘现代环境伦理思想并与之相对接是本次会议的亮点之一。北京大学徐春教授指出儒家文化中包含着非常重要的环境伦理思想，其基本精神是"天人合一"，并从"畏天命""体认自然内在价值""承担对自然的责任伦理"三方面出发，将儒家"天人合一"理念与现代环境伦理学进行思想对接。福建师范大学陈云副教授也探讨了"天人合一"的议题。他认为，应把"天人合一"的思想真正当作一个文化哲学命题来看待，在研究时需要注意三方面的问题：一是不能限于"文献研究"；二是不能囿于"文意争鸣"；三是不能沦为"文化自负"。他强调要以人本身及其生活世界的文化发展逻辑为立足点,将"天人合一"究竟是生态的抑或非生态的这一争论内化或转化为每一位学者在文化弘扬、文化创新和文化包容方面的努力方向。北京林业大学周国文教授提出,挖掘儒、释、道思想中的自然蕴涵,既是重视在原生态语境中凸显儒、释、道思想面对自然的本来面目,又是聚焦突出儒、释、道思想触及自然界及其多样事物的哲学思考,也是着力于儒、释、道思想体系中呈现散状分布的自然哲学内涵的挖掘。山西大学王继创副教授提出,儒家的孟子以"性善论"为基础确立儒家美德论伦理学思想体系,指出人性与动物的区别就是人有"不忍之心",即从道德情感和道德理性出发关心他人与自然万物,在人与自然之间形成伦理关系,即所谓生态伦理。合肥工业大学董军教授提出道家是以"自然、无为"为核心思想,以无贵贱、有机和谐为生态伦理原则,以无为、知止、贵生、爱物为生态伦理规范。道家以一种整体主义的思维方式看待万物,这是一种平等主义的生态价值观。厦门大学杨胜良副教授指出,朱熹之学的主旨是修身成己,通过自己人格的完善实现齐家、治国、平天下。他认为,儒家道德包含如何对待鸟兽、昆虫、草木等"物"的内容,"格物致知"包含着爱物、成物,"爱物"关系到人的美德的养成,"成物"是圣人的德性。他还强调,朱熹从修己成己的角度,把儒家传统德性论思想、天生人成的天人观、环境伦理、环境政治思想等改造、整合起来,构成了完整的儒家环境美德论。

三、环境伦理视域下中外环境治理新思考

在百年未有之大变局中和交相叠加的文化境遇中,环境伦理学基于概念、命题与理论的角度聚焦人类生存家园及人与自然界之关系的辩证反思。广西大学杨通进教授指出,目前比较流行的观点分别是怀特提出的人类中心主义命题和哈丁提出的公地悲剧命题,不同的是生态马克思主义是通过诉诸资本逻辑来揭示生态危机的深层根源。他指出,资本逻辑命题通常包含四个基本原则,即功用原则、积累原则、强制生产原则与强制消费原则。广州大学常向阳教授围绕城市环境管理之环境教育价值的命题提出两点疑问:如何通过环境教育的手段提升公众保护环境的知识和技能?如何在环境教育的理念作用下促进生态城市建设及社会经济的协同发展?他指出,环境教育价值之核心在于培养数量众多且适应生态文明时代素质要求的自然科学、社会科学与人文科学的人才。这远比培养仅仅具有较高环境专业素质的人才更具价值且长效。中国石油大学叶立国教授以"福岛核污染"为例,指出事故引起的核污染问题已经成为当前环境伦理学中的焦点问题,合理地确定责任主体是提出应对之策的逻辑前提,也可以为未来科技发展及其理解相应的环境问题提供重要启示。叶立国教授基于约纳斯"责任伦理"相关思想,揭示出被遮蔽的两类责任主体:第一类是科学发现者和技术发明人;第二类是相关的科学和技术本身。他指出被遮蔽责任主体旨在为人类制定应对之策奠定逻辑根基。四川师范大学路强教授针对环境伦理的出现探讨了其情感主义源头,指出当我们以宏观的维度来看待环境伦理的理论特征时会发现,人们之所以能够将原本属于人类社会内部的伦理关系投射于自然环境中,很大程度上是由于道德情感的边界随着人类社会的发展被扩展到自然环境中,环境伦理的发生首先是情感性的。他认为人类能够以情感纳入的方式在经验层面赋予自然环境以及其中的自然存在物特定的伦理地位与道德价值,环境伦理的产生是情感主义伦理的致思结果。山东理工大学白洋副教授认为环境法的理论与实践离不开正确的伦理哲学思想的指引,在既有的人本主义法律框架内,以生态整体主义为理念指引,对我国环境法加以改造与修正,对于完善我国的环境法治建设,无论是理论还是实践层面都具有重要的研究价值。

部分学者还对环境美德、生态整体主义、中国生态现代化、后疫情时代的社会主义生态文明、习近平海洋生态文明观等展开了探讨。

第十一次全国经济伦理学学术研讨会暨"新时代马克思主义经济伦理问题与实践"高端论坛

参加人员:来自清华大学、中国人民大学、南京师范大学、上海交通大学、《道德与文明》编辑部、《马克思主义研究》编辑部、人民出版社等 30 多名专家学者,以及河南财经政法大学马克思主义学院师生共计 100 余人参会

主办单位:本次论坛由中国伦理学会经理伦理学专业委员会、中国人民大学国家治理现代化与应用伦理跨学科重大规划创新平台、河南财经政法大学马克思主义学院主办,河南财经政法大学华贸金融研究院、河南省高校人文学科重点研究基地——道德与文明研究中心承办,《道德与文明》编辑部、河南省高校人文社科重点研究基地——经济伦理研究中心协办

时间:2021 年 5 月 15 日

地点:河南财经政法大学

主要议题:以"新时代马克思主义经济伦理问题与实践"为议题进行研讨河南财经政法大学党委副书记王全良强调,经济活动是人类最基本的

实践活动,有其道德规范和行为准则。法治意识、契约精神、守约观念是现代经济活动的重要意识规范,也是信用经济、法治经济的重要要求,在这种背景下开展"新时代马克思主义经济伦理问题与实践"的研讨,具有重要的理论意义和现实意义。

万俊人教授、曹刚教授、王小锡教授先后致辞,从经济伦理学学者的责任和经济伦理学研究的现状、成就、存在问题及未来发展做了深入的论述,提出经济伦理学研究要创新思维方式,观照经济社会发展现实,拓宽研究视野等富有前瞻性、现实性的研究导向。

在会议发言阶段,曹刚教授深入分析了经济伦理的基础规范,龙静云教授分析了生态平等主义与生命共同体的协同互动,周中之教授站在当前百年未有之大变局的背景下梳理了中国经济伦理研究的现实,徐大建教授梳理了当前经济伦理的基本问题,郝云教授对新时代我国基本经济制度建设的效率与公平进行了再探索,等等。这些研究无论是经济社会实践基点,还是经济伦理研究趋势,都具有鲜明的前瞻性、创新性,为今后开展经济伦理研究提供了视角,开阔了思路。很多学者的发言立足于新阶段我国经济社会发展现实,深刻回应了经济伦理学科发展的重大实践课题和理论课题,具有鲜明的问题导向。

朱金瑞教授在总结发言中指出,各位中国伦理学界学术大咖、青年才俊的发言紧紧围绕论坛主题,聚焦学科发展前沿,观照经济社会发展现实,突出问题导向,进行了多维度、多视角、多学科探讨;以开阔的视野、创新的思维、战略的眼光和执着的担当,为推动新时代马克思主义经济伦理实现集内涵发展、科学发展、协同发展于一体的高质量发展,提供了智慧,拓宽了思路,明确了方向,具有很高的思想价值、理论价值、实践价值。

法律职业伦理教育国际研讨会

参加人员:来自日本名古屋大学、美国波士顿学院、美国康奈尔法学院、美国丹佛大学、美国加利福尼亚大学旧金山分校、意大利热那亚大学、澳大利亚莫纳什大学、香港大学、中国人民大学、复旦大学、山东大学威海校区、西北政法大学、北京大学、北京师范大学、吉林大学、上海交通大学、中国政法大学等国内外知名高校的专家学者和实务部门代表共80余人参会

主办单位:中国政法大学法律硕士学院

时间:2021年5月22日—5月23日

地点：中国政法大学

主要议题：现阶段法律职业伦理教育所面临的问题、机遇与挑战

中国政法大学副校长时建中指出，为贯彻落实习近平总书记"立德树人，德法兼修，培养高素质法治人才"的重要指示精神，教育部已将"法律职业伦理"课程列入法学专业核心必修课，将法律职业伦理教育贯穿法治人才培养全过程。当前，各法学专业高校均开设了法律职业伦理必修课程，不断加大法治人才的法律职业伦理培养力度，相关理论、制度和实践的研究也蓬勃开展。但是，中国法律职业伦理教育起步较晚，基础理论研究仍相对薄弱，尤其需要不同法系、不同国家和地区的相关理论成果和实践经验，在相互交流中取长补短。因此，本次研讨会的召开非常必要，也恰逢其时。他希望以本次会议为开端，不同国家和地区的专家学者共同努力，推动法律职业伦理教育的改革和创新。研讨会设有"法律职业伦理教育的理论与方法""法律职业伦理基础理论""各类法律职业人员的职业伦理问题"三个主题论坛，还专设"法律职业伦理教育学生论坛"，展示法律职业伦理教育教学成果。与会嘉宾围绕法律职业伦理相关理论、教育改革与创新，分享了自己的观点和见解。中国政法大学法律硕士学院院长许身健在闭幕式上做了会议总结。他回顾了此次会议取得的诸多成果，指出这是法律硕士学院认真对待法律职业伦理教育，聚焦法治人才培养，努力探索使法律职业伦理教育贯穿人才培养的整个过程相关问题的集中体现。他认为，法律职业伦理课程是法律人的思想品德课，至关重要，除了要加强课程教学体系建设，还要重视实践教学和理论研讨及学科建设。许院长最后对法律职业伦理教育的未来表达了美好的期许。

新时代会计职业道德高峰论坛

参加人员：来自全国各高校、山西省财政厅会计处、山西省注册会计师协会、大信会计师事务所等单位的代表参加了本次论坛

主办单位：山西财经大学会计学院教育中心、山西财经大学会计职业道德研究中心共同主办

时间：2021年5月22日

地点：太原

主要议题：新时代会计职业道德理论与实践

会议围绕会计职业道德理论与实践、教学科研与队伍建设、会计专业人才培养质量、财务转型与会计职业发展等议题展开深入探讨。与会嘉宾

认为,提升会计人员的职业道德水准是推动我国财会事业发展的必要手段和有效保障;会计从业人员应当诚信执业、信誉至上,以高标准、严要求更好地服务于经济建设,助力经济高质量发展;呼吁大学应当把责任、公益和社会价值理念融入教学;倡议加强会计科学研究中的职业道德与诚信观;诚信是企业的立根之基础,是个人的立身之本,提倡每一位企业家、会计人都应当从善出发,履行职业道德;应通过加强职业道德教育培养会计人员转型后的爱岗敬业精神、保守企业秘密等。

医学伦理学学科发展研讨会

参加人员:来自北京大学、河北医科大学、广州医科大学、新疆医科大学附属第一医院、《医学与哲学》杂志社等单位的近20名专家学者出席会议并发言,另有百余名专家学者线上参与

主办单位:会议由中华医学会医学伦理学分会、医学与哲学杂志社主办,北京大学医学人文学院承办

时间:2021年5月22日

地点:北京大学

主要议题:研讨会围绕"医学伦理学学科发展的历史、文化与后现代视域""医学伦理学/生命伦理学学科定位""医学人文一级学科建设"三个专题展开

一、医学伦理学学科发展的历史、文化与后现代视域

关于历史视角下医学伦理学发展,北京大学张大庆教授指出,20世纪60年代后,伴随器官移植等医学技术飞速发展、病人权利意识不断增强和卫生保健制度不断完善,国际上医学伦理学的发展逐渐成熟。令人欣慰的是,我国学者也逐步融入国际社会,特别是党的十八大以来,医疗卫生体制改革正在不断促进我国医疗卫生体系向更公平的方向发展。对于2005年前后出现的"中国医疗改革基本上是不成功"的评价,他认为这反而说明医学伦理学关于公平的视角是更根本的,并且如果从效率的视角看,我国的医疗改革应该是很成功的。

关于医学伦理学与生命伦理学的文化意义,二者都是围绕医学衍生的专业,其中所含的文化意义与医学不能分割。台湾中央大学李瑞全教授认为如果从文化视角为医学定位,中西医学的起源都可追溯到原始巫术,但二者有不同特质。西方文化与哲学常用理性思辨分析,因此西方医学重视理性的研究,而不理会生命整体情况。此外,西方医学没有自身的基本理

论研究,而是应用其他基础研究,并以各种诊断工具和医疗手段为辅。中医的方式则是累积使用自然药物治病的经验,结合早期的自然观点,把人的生命视如小型宇宙。因此,中医是一门以实践经验为基础的应用科学。虽然中西医学本质上都属于应用科学范畴,但面对人类的生命,医学必须置于文化价值之下来衡量。医疗行为的选择与特定文化价值取向和人文素养密切相关,特别是在哲学和伦理学的部分。因此,医学伦理学与生命伦理学代表了医学中所必须具备的文化属性,而这两者所代表的文化价值内容,也是医学所必须具备的素养。

关于生命伦理学基于后现代转向何去何从的问题,后现代社会的基本特点可以归纳为社会趋向多元、权威逐渐丧失、个人主义盛行、个人权利得到极端强调等方面。东南大学孙慕义教授认为在这一背景下,医学仍然需要坚守"将良心放在第一位",鼓励行善并主张承担义务。因此,后现代的生命伦理学应当强调如何实现多元与和谐共存,即如何既重视个体价值,又兼顾个人与不同文化之间的关系。对此,他提出"爱是后现代社会的弥合剂",让人与人、人的本性与自然环境之间获得衔接。

二、医学伦理学/生命伦理学学科定位

医学伦理学和生命伦理学兼顾了古老与年轻的特性。回溯医学伦理学历史发展进程,哈尔滨医科大学孙福川教授对医学伦理学的学科定位提出三点:第一,医学伦理学学科定位应该取决于成就它的实践资源和理论资源的相互作用;第二,医学伦理学的学科定位必须考量当今人类认识的现有水平和能力,并最终落脚于价值理想的追求;第三,医学伦理学与生命伦理学之间的关系需要厘清,之后需慎重考量不同的发展前景。通过回顾学科的名称演变和形成过程,南方医科大学陈化教授辨析了古典医学伦理学、医德学、临床伦理学、近代医学伦理学和生命伦理学在话语上的差异,指出医学伦理学的学科使命在于医学职业道德,兼顾医学之"善"和职业之"德"。医学伦理学与医学存在三种逻辑关系:其一是将医学伦理学植入医学实践的外在主义模式;其二是从医学内部考察医学伦理学的本质主义模式;其三是主张以医疗行为的道德合法性判断程序合法性的程序伦理模式。这三种模式均有其合理性与缺陷,因此他提出将医学伦理学看作传统德性和现代规范的融合,发展于医学实践和外在道德之间的互动之中。而生命伦理学应当在"类生命关怀"上,依托于生命科学发展困境所面临的公共议题做出道德回应,并进行跨学科的复合性判断。

重庆医科大学冯泽永教授探讨了两个学科之间的联系与区别,认为二者有着共同的学科基因。一方面,包括美德论、规范论在内的很多理论都来源于哲学伦理学范畴,坚持相同的伦理原则;另一方面,二者也都与医学科学的发展紧密相连。因此,哲学伦理学是二者的"学科之父",医学则是"学科之母"。两个学科各有相应的方法和路径,是互相补充、各有特点的"兄弟关系"。关于二者关系类型的辨析,厦门大学马永慧教授将国内外对医学伦理学和生命伦理学在逻辑关系上的研究归纳为包容论、互异论和交叉论(延续论)。包容论认为生命伦理学关注范围更广,而医学伦理学是生命伦理学的一部分。互异论主张两个学科在跨学科特点方面存在着根本性不同:生命伦理学必须跨学科协作,以公共性为导向;而医学伦理学较为单一,以职业性为目标。交叉论(延续论)强调二者在医疗领域的关注几乎可以等同,但在非医疗领域,生命伦理学的边界更广。作为结论,她认为包容论与互异论较为片面,过于强调二者的相同或区别,割裂了二者的内在联系;而交叉论(延续论)则看到了二者的内在逻辑,更为合理。

北京师范大学田海平教授指出,目前关于中国生命伦理学主要有两种研究路径:"应用伦理学"范式和"建构中国生命伦理学"范式,存在"应用论—建构论"对峙的难题。"应用论"的研究重心在于如何让普遍的生命伦理学理论适应中国国情,"建构论"则强调在当代中国背景下将传统道德原则进行重构。他认为随着现代医疗技术的发展,这两种范式出现了从对立走向融合的趋势,并将这种趋势解释为生命伦理学的"第三条道路",即用道德形态学方法研究生命伦理学,不强调传统与现代、国内与国际的冲突,而强调人类道德生活的整体特征。"第三条道路"包含三个基本方法论要点:第一,通过"问题域还原"面对道德分歧,在跨学科条件下应对道德多样性难题;第二,通过"认知旨趣拓展"面对共识坍塌危机,在跨文化条件下应对"文化战争"的文明难题;第三,通过"社会经济形态"的关注视角考察传统与现代性、本土与全球化的矛盾运动,在一种跨时代语境下展现生命伦理学的道德形态过程。

北京大学医学院丛亚丽教授从目前对于医学伦理学和生命伦理学学科定位问题上的初步共识与争议引入,对两门学科的定位进行再探析:第一,"我是谁",即从二者差异和相互影响入手进行考量;第二,"我从哪儿来",即从应用伦理学自身定位进行分析;第三,"我站在哪儿",即从历史和文化视角进行再思考。在此基础上,进一步探析"我到哪里去",即"为了谁"和"未来将成为谁"的问题。医学伦理学的起点是医学,重点也是医学,不变的是核心价值理念,变化的是更全面地考虑患者的健康权益;生命伦理学则具有社会导向而非患者导向的特点,利益相关方较多,因此没有类似医患关系的核心关系,理论根基更侧重于功利主义,关注社会总体的幸福。因此,关于两个学科,"它们就是它们自己,有各自的历史使命,不取决于谁需要定位和为了谁去定位"。

三、医学人文一级学科建设

在医学人文一级学科建设过程中,不仅要关注学科建设,也要同样关注课程建设。《医学与哲学》名誉主编杜治政教授指出,从医学生的培养角度来看,学科建设必须与教育相结合,从培养目标出发,承担起帮助医学生成为一名合格医生的使命。他还提出要重视社会在医学中所发挥的作用,医学人文一级学科建设要关注将"社会"融入其中,医学人文学科的建设一定要从生物医学模式转为社会模式。刘俊荣教授认为,医学人文是从人文的角度审视医学中的人文问题,以完善现行医疗行为和现有医疗体制,最终促进医学发展;而人文医学则是从人文的角度审视医学中的问题,并落实到如何做一名良医。医学是自然科学和人文科学交叉的学科,而近代医学中人文元素在不断流失,需要大力倡导让人文回归医学。刘健医生从临床医生视角对上述观点进行了回应。他提出可以先让与临床关系较为密切的医学伦理学进入临床的建议,同时也指出医学伦理学进入临床面临的挑战。一方面,医疗机构的基本属性存在差异,对于伦理的需求也有所不同;另一方面,目前临床所涉及的医学伦理活动并未与关怀患者形成密切关系,更需要得到医学伦理学的关注。北京协和医学院张新庆教授进一步分析了伦理学进入临床的可行性。他认为临床伦理学是医学伦理学学科体系内一个重要的具有支撑意义的学科,但很多具体工作尚未同步,需要在理论化和系统化上做更多努力。同时,张教授也提及了医患共同决策的问题,指出临床伦理学要有很强的可操作性,要让医生参与其中;就医学人文作为一级学科建设,提出了不仅要关注其研究对象、理论体系、基本概念、研究方法等一系列问题,也要关注其与医学门类等其他一级学科的关系。在专家学者的共同努力下,医学人文一级学科建设的过程本身将获得更长远的发展空间,并在研究生培养、人才梯队建设、服务社会等方面发挥更大作用。

中国伦理学会法律伦理专业委员会成立大会暨首届法律伦理论坛

参加人员:来自中国人民大学、北京师范大学、中央民族大学等多所高校,以及司法机关、律师事务所和企业界的百余名代表出席了会议

主办单位:北京师范大学刑事法律科学研究院与北京师范大学法学院

联合主办

时间:2021 年 5 月 29 日

地点:北京京师大厦

主要议题:法律伦理问题研究、法律伦理研究队伍建设以及我国法律伦理学的学科发展

北京师范大学副校长涂清云表示,中国法律伦理专业委员会的成立将有助于提升法律伦理问题研究,法律伦理研究队伍建设,以及我国法律伦理学的学科发展,加深我们对依法治国与以德治国相结合的国家治理理论体系的认知,提升我国法律伦理的理论水平和应用程度。中国人民大学伦理学与道德建设研究中心主任曹刚认为,法律伦理学研究的是人类法律活动中的道德现象,回答的是法律活动中的"善与应当"问题。当我们在概念、规范、应用、角色伦理层面讨论法伦理学问题时,任何一个重大的、基本的法律问题,任何一个重大的、基本的社会问题,都缺少不了伦理学的观照,都缺少不了法学和伦理学的共同观照。

"人工智能心理学与算法伦理"研讨会

参加人员:来自清华大学、西安交通大学、武汉大学、西安外国语大学、北京市社会科学院等单位的十余名专家学者共同参与了会议

主办单位:清华大学社会科学学院

时间:2021 年 5 月 31 日

地点:清华科技园

主要议题:对与算法相关的数据隐私、算法偏见等争议问题进行探讨

一、对技术的不理解容易形成"算法厌恶"

算法决策的发展是不可逆的潮流,但由于人们对算法的认知还未跟上技术进步的脚步,很容易形成对算法的偏见即"算法厌恶"。清华大学社科学院心理学系博士后、助理研究员许丽颖表示,"算法厌恶"的倾向首先体现在对决策的主体上,相对于算法,人们更偏向于人类来做决策;其次是在人类和算法决策的利用程度上,如果他们都做出了决策,人们却更倾向采纳人类做的决策或给出的建议;最后是在评价上,在算法与人都做出决策时,人们对人类做出的决策评价更好。提高人们对人工智能或算法的熟悉度,可以提升对算法决策的欣赏。而可靠和准确的算法,更容易赢得人们的信任,提供关于算法如何执行的解释可以减少"算法厌恶",使用者也应提高对算法的熟悉度。研究发现,如果算法可以很好地了解使用者的个人

偏好,不但算法的决策和推荐会更有效,也有助于人们对算法的接受。算法接受度受到使用场景影响,人们对文娱、网购等领域个性化服务的态度比在严肃信息等领域更积极。西安交通大学人文学院哲学系长聘副教授、硕士生导师丁晓军研究认为,对大数据的使用及推广,可以考虑提升用户对相关技术的使用经验,通过各种途径提升对它的信任程度。清华大学新闻传播学院博士后、助理研究员李凌更关注算法的公开,他认为,算法应当做到可公开、可解释、可追溯。

二、算法的道德责任如何确定

研讨会上,彭凯平提出了人工智能是否需要承担道德责任的问题。面对算法伦理的复杂性和技术与人的互相影响,仅凭空泛的规则并不能很好地解决问题,需要从社会心理学出发,确定人与人工智能的关系、人对伦理问题的感知、对人工智能道德地位的判定以及如何对人工智能进行道德归责,建立以算法辅助人类、促进人机合作决策、以人为本的人工智能发展方向。清华大学社会科学学院社会学系教授、博士生导师李正风认为,透明算法只是一个目标;从某种意义上而言,算法的不透明会受到一些因素的约束。他举例说,国家或者公司的机密中所隐含的技术诀窍往往就不适用透明的要求。即便把算法摆在没有专业素养的普通人面前,它依然是不透明的。讨论伦理道德问题更多的是对公众讲算法透明性,但这解决不了个人所面对的问题,算法透明更重要的是它的可塑性、可设计性和可能性。李正风称,价值反思和伦理治理对于算法设计具有重要的指导作用,应当使算法在伦理的约束下运行,得到具有"道德"的结果。武汉大学哲学学院心理学系教授、博士生导师喻丰指出,对于人工智能来说,不应列出空泛的伦理规条,应该用"美德论"的方法设计出负责任、道德的人工智能体。要设置大量具体情境,把它设置成伦理脚本,这一点不仅对人工智能的使用者、设计者来说很重要,对于人工智能本身也重要。如果只是设计一条所谓的透明度原则,对每个数据的来源都进行等级审查,是没有用的。只有把它设计成具体规则,这样会怎么样,那么会怎么样,自上而下地列出规则,让人工智能体知道它如何做才有用。清华大学社会科学学院院长、长聘副教授、博士生导师孟天广则称,未来要建立适应人工智能社会更有效、更有伦理性的治理结构,必然是一个双边甚至多边的关系,人工智能治理比较好的方法可能是大量主体同时形成共识,并设立一个联合契约。

三、算法的应用提升人们获得感

算法和人工智能技术的进步给社会带来了革命性的变化,可以说,算法决策具有很强的优越性。首先,有些决策可能超出了人类的计算能力,人类无法有效率地甚至没有能力完成这些决策;其次,算法决策在许多方面的表现优于人类;再次,算法决策可以弥补人类的主观性、偏见等缺陷;最后,算法决策相对于专家建议,成本更低、适用更广。彭凯平称,现在的人工智能与机器算法,可能让那些能干的人掌握了一些知识、技能及资源,而在未来,让普遍人也有参与感和获得感也是很重要的。他认为短视频让普通老百姓都参与了进来,增加了人们的获得感。如今,算法正在与更多学科进行深入融合,赋能社会更加健康地发展。武汉大学信息管理学院副研究员赵靓将人工智能与社会心理服务结合起来,研究个体及群体的心理变化。她称,人工智能的技术帮助人们以一种数据的方式来理解更加宏观的社会心理文化上的变化;把专家的知识和数据及技术本身的优点结合起来,可能是更好的探索,可以整合多元、多模态的大数据,提供社会文化心理的监测服务,助力社会治理,提供各种政策建议。清华大学社会科学学院心理学系副教授、博士生导师伍珍关注的是智能教育领域。她称,人工智能在一定程度上可以做到尊重学生的个性特征、兴趣、特长,满足学习者的个性化需求,并能够完成一些适应性的教学策略选取、个性化资源推荐,等等。但是,如果人工智能算法使用的是片面化、不完整的学习样本进行训练,那就可能会出现错误的结果或者加深偏见,人工智能背后的开发者需要思考怎么塑造价值观、引领学生思想、创建知识图谱和学习路径。谈及当前火热的短视频,北京市社会科学院外国所助理研究员单许昌称,短视频改变了人们的生产与生活方式。他指出,短视频促进了知识传播与行业创新,背后算法要平衡好效率、公平与和谐三种价值。西安外国语大学新闻与传播学院讲师李薇也关注算法公平问题,她分享了某平台不因算法优势而对公司进行优待的案例,指出如果平台没有公平,用户就不会流入。从行业内一些好的做法可以看出,平台的算法公平可以让平台本身和运营企业发展得更好,保证流量池会进入更多创作者的优质内容。清华大学社会科学学院政治学系博士后、助理研究员李珍珍提出应将理论与实证结合起来,加强关于人工智能伦理与治理的研究。

彭凯平最后总结,当前政府和社会科学对人工智能伦理的研究是相对滞后的,人工智能仅仅依靠企业、计算机科学家及商界人才推动是不够的,还需要社会科学各领域的更多人才参与,这样才能确保预见的先进性。

伦理审查原则与实践学术论坛

参加人员：来自全国政协、北京医院、北京协和医院、北京协和医学院、北京佑安医院、江苏省人民医院等全国相关领域的多名专家学者参会

主办单位：中国药学会药物临床试验伦理学研究专业委员会、北京医院与北京杰凯心血管健康基金会共同主办

时间：2021年6月4日

地点：北京国际饭店

主要议题：伦理审查过程出现的问题与解决方法

中国药学会孙咸泽理事长表示2021年5月28日习近平总书记在两院院士大会中国科协第十次全国代表大会上发表了重要讲话，强调坚持把科技自立自强作为国家发展的战略支撑，立足新发展阶段、贯彻新发展理念、构建新发展格局、推动高质量发展，面向世界科技前沿、面向经济主战场、面向国家重大需求、面向人民生命健康，深入实施科教兴国战略、人才强国战略、创新驱动发展战略，把握大势、抢占先机，直面问题、迎难而上，完善国家创新体系，加快建设科技强国，实现高水平科技自立自强。会议精神为医药事业创新发展指明了方向、提供了遵循。我国的新药研发越来越多，临床研究是新药从实验室到临床应用前的重要环节。伦理审查是保护受试者的安全和权益，保证药物临床试验伦理合理性的重要措施之一，在药物临床研究中发挥重要作用。北京医院张烜副院长表示高质量的临床研究是解决临床问题提高临床诊疗实践的重要途径，是促进新药新器械研发和新技术探索应用的重要助力。

北京协和医学院翟晓梅教授以《伦理审查：理论与实践》为题，讲述了临床研究伦理审查委员会建设指南的起草背景和过程、主要内容和特点，强调了若干需要关注的基本伦理概念，同时也指出我们面临的挑战：使命冲突问题，患者既是患者又是受试者；治疗误解问题；脆弱性问题；知情同意问题；收益与风险的评估问题等。北京协和医院吴志宏教授分享了有关细胞治疗临床研究伦理审查的常见问题，介绍了涉及细胞治疗的法律法规及伦理审查关键点，强调了目前细胞治疗中存在的一些值得关注和思考的问题，包括种子干细胞获取的伦理问题、动物试验结果参考价值问题、未知传染病/未知病毒风险、免疫原性方面的问题、供者迟发性疾病的伦理问题等。北京佑安医院王美霞教授以《临床试验的风险受益审查的考量》为题讲解了伦理委员会的定义和职能，详细阐述了伦理委员会关于风险受益审查的重点，包括项目合规性、试验方案和研究者手册、知情同意过程和知情

同意告知必备信息等;强调了招募受试者的方式和内容都应审查,以及哪些语言不能出现在招募广告中,提出很多细节极容易被忽略的伦理审查文件等。江苏省人民医院赵俊院长与大家分享了研究《老年人群参与临床研究的伦理考量》。随着我国的人口老龄化,老年人参与临床试验越来越应该受到重视,不应该忽视老年人,不应剥夺他们公平地获得研究利益的权利。赵院长介绍了老年人参与临床试验的现状,分析了老年受试者参与临床研究数量不足的原因,并根据尊重原则、有利/不伤害原则、公正原则,分析了老年人参与临床研究的必要性。他着重强调了老年人参加临床研究时,科研工作者应尊重个体差异、加强研究设计、强化伦理审查、加强宣传教育、提供额外保护等。同时,根据老年人临床药理特点、老年人生理学改变与 PK 改变,提出了老年人参加临床研究的必要性。北京医院于玲玲教授分享介绍了《老年医学临床研究伦理审查指南》。该指南是国内首部老年伦理审查指南,介绍了老年医学临床研究定义的适用范围及伦理方面的相关要求,特别提到对老年人中的弱势群体及老年受试者的特殊保护。

本次论坛聚焦伦理审查学科的前沿进展,许多临床试验伦理工作者分享了热点与重点问题,并进行了热烈的学术探讨。

第二届"后习俗责任伦理与当代伦理重构"学术研讨会

参加人员:来自澳门大学、上海交通大学、中国社会科学学院、同济大学、浙江大学、清华大学、华东师范大学、上海大学、湖南大学、东南大学、武汉大学、南昌大学及《齐鲁学刊》杂志社等单位的 20 多名学者参会

主办单位:复旦大学哲学学院和《哲学分析》杂志社共同主办

时间:2021 年 6 月 5 日—6 月 6 日

地点:复旦大学

主要议题:后习俗责任伦理理念的形成与发展,阿佩尔、哈贝马斯、霍耐特等人的后习俗责任伦理思想,当代伦理重构的困难和可能出路,如何在美德伦理学的强势复兴中保持伦理的规范性本分

一、"后习俗责任伦理与当代伦理重构"概述

复旦大学邓安庆就中国伦理学和西方伦理学的特性做了简要概括,特别强调中国伦理学不等同于德性伦理学,中国伦理学与中国哲学一样,面临相同的本原性问题:如何为存在的正当性辩护?存在的家园何在?而西方哲学以单纯思辨哲学作为第一哲学,在这种第一哲学中,永远都是存在论为伦理学奠基,而做不到以伦理学作为第一哲学来为存在的正当性辩

护。邓安庆希望这次会议能够结合中国哲学和西方哲学的不同特性,为当代伦理面向未来的任务做出努力和贡献。韦海波则指出,这次会议论题相当丰富,在"古今中外"的思想史经纬中,现代伦理学术视野更为突出,相信这次会议能够在前次的基础上更加深入对当前世界的重重危机进行伦理反思和回应。韦海波还谈到了学术期刊《伦理学术》和《哲学分析》这两本刊物的共同宗旨,指出它们共同的现实关怀,以及对原创性、对理性讨论的论证逻辑和思辨品质的要求。他认为,不管是学术期刊还是哲学研究者之间在知识社会学意义上的商谈和交往,都已经是在这个危机重重的世界"造就一个社会"的初步努力,是根植历史面向未来的思想建构或重构。哲学或伦理学术如果作为一种"志业",那将是价值相关的职业,可以给世界提供价值洞见并祛除价值的欺罔。他肯定了本次会议的重要意义,认为在新冠疫情下的特殊时期,谈论"第一哲学"意义上的伦理学,谈论"责任",以及种种现代道德处境,具有紧迫性与切身性,能够在价值和现实世界发掘更多意义。

二、对当代伦理建构的总体思考

澳门大学周柏乔首先做了题为《在自由与正义的交错之中寻找道德》的发言,他从相容论问题出发,通过对洛克和罗尔斯契约论的反思,讨论了德性与责任的建构问题。湖南大学丁三东发表了报告《告别自然法》,他谈到自然法可以被理解为基于本性之法,从实定法到自然法,关键问题在于从"合理"到"合法"是对伦理行为的一种终极性追问,是关于人性"永恒""普遍"的迷思。我们所要做的是走出具体的规定框架,从人之本性的自由出发来告别传统自然法,思考自由法。在场学者就自然法的概念、自然法与实定法的区别、自然法与自由法的关系进行了热烈的讨论。

很多学者从中国哲学或中西比较的视角出发就当代伦理重构发表了看法。中国社会科学院罗传芳以《"德治"传统与道德的古今之变》为题,比较了中西方文化下的德治与法治的关系,并从多个角度反思法治与德治在现代社会各自的定位和作用。上海交通大学余治平做了题为《儒家恕道的有限性研究》的报告,基于西方哲学的视角,富有洞见地分析了儒家恕道的有限性。《齐鲁学刊》杨春梅编辑结合林远泽教授在《儒家后习俗责任伦理的理念》中阐述的后习俗责任伦理的思想,就荀子的"礼义"学说,与林远泽教授商榷,做了题为《后习俗责任伦理与荀子的"礼义"生成论》的报告。上海财经大学刘旻娇则在报告《功利与差等——重申孟子义利关系》中,非常细致地结合相关文本分析了孟子有关义利关系的思想。

三、关于后习俗责任伦理的探讨

复旦大学邓安庆发表了《后习俗伦理的两种类型：康德 VS 黑格尔》的报告，把康德伦理学与黑格尔伦理学作为后习俗伦理的两种不同范式，分析了它们各自的洞见和存在的问题。东南大学卞绍斌在报告《实践理性与价值共识——重构后习俗时代的伦理话语》中指出，后习俗时代伦理话语重构的主要目标指向在于确立可辩护的普遍规范，进而寻求最大限度的价值共识，他还分别考察了康德式的理性建构路径和中华传统的礼乐文化对于建构后习俗伦理的意义。复旦大学罗亚玲以《柯尔伯格道德意识发展理论遭受的挑战是否可能动摇后习俗伦理的理念？》为题，介绍了科尔伯格的道德意识发展理论遭遇的各种挑战，并分别指出这些挑战不会动摇后习俗责任伦理理念。浙江大学李哲罕做了《论俗成与后俗成的伦理生活——基于新法兰克福学派的一个考察》的报告，他从对黑格尔《法哲学原理》的思考出发，指出以哈贝马斯等人为代表的法兰克福学派通过道德意识发展理论重构了黑格尔的"伦理生活"概念。常州大学徐正旭在《从正义到仁义：后习俗责任伦理在欧美体育伦理学中的运用探究》的报告中，结合体育伦理中很多生动的例子，探讨了商谈伦理学对体育规范的启发。

与此相关，南昌大学孙小玲发表了题为《康德是否有一种德性论？——康德与德性论的交锋》的报告，基于康德的《道德形而上学》思考其伦理学说中的德性论学说，并将之与古典德性论相比较。上海海事大学冉光芬探讨了康德道德学说对中国道德重建的形上意义。东南大学武小西关注现代语境下的康德道德哲学，发表了《基于脆弱性的康德式动物伦理学——对科斯戈尔德动物伦理学的批判》的报告。浙江大学朱渝阳发表了《承认还是否定？——重审霍耐特对黑格尔"否定伦理"的承认式解读与重构》的报告，认为霍耐特对黑格尔否定伦理的重构而来的承认式解读，偏离了黑格尔创作《伦理体系》的哲学意图，并提出只有从黑格尔伦理体系化的视角出发才能正确理解"否定伦理"所承担的结构性的过渡功能。复旦大学叶彬清做了题为《霍耐特对黑格尔家庭观的修正是重要的吗？》的报告，认为霍耐特以"自由的真实性"为中心的承认理论之下，对黑格尔家庭观的解读并不符合黑格尔形而上学语境下的家庭观念，通过梳理和比较两者对于家庭观的定义从中获取理论资源，对社会性别话题下的家庭观做了进一步的思考。上海大学杨丽聚焦哈贝马斯有关道德与伦理的区分，并阐发了这种区分的意义。华东师范大学吕绘生介绍了哈贝马斯的个体学习理论，引发了何以区分人机学习能力的讨论。复旦大学蒋益发表了题为

《一份现代性伦理方案的宣言书——论〈德意志观念论的最早体系纲领〉的实践哲学意涵》的报告,引起了现场对于《体系纲领》文本作者问题的讨论。

四、关于美德伦理的探讨

中国社会科学院大学李涛针对亚里士多德品德培养机制的问题,讨论了伦理美德中的自然、习惯与理性的关系。同济大学孙磊基于儒家的视角,对亚里士多德实践智慧进行了重新审视。上海理工大学刘科认为美德伦理是规范伦理的补充和辅助,推展开由明智到商谈把驻于个体的能力演化为社会合作形式,发表了《论"后习俗社会"美德伦理的定位及创造性——从明智到商谈》的报告。上海社会科学院马庆从学界对美德伦理学没有规范性原则的批判入手,思考罗伯茨提出的美德语法是否误解了美德伦理学中的道德规则,从而反思《美德语法与道德规则》。大连理工大学谢一批关注亚里士多德有关城邦共同体中的友爱与正义的思想,上海社会科学院韩玮就《尼采与德性伦理学运动》做了相关梳理。

此外,浙江财经大学李金鑫在其《试论一种作为解放方式的对话教育——读〈被压迫者教育学〉》的报告中,对对话教育的本质和方法进行了反思。清华大学章含舟的报告《移情、意向对象与利他动机》,对斯洛特将意向对象纳入移情理论之中的做法提出质疑,并认为只有在对他人感受、意向对象和利他动机里添加一个"对象意义"的环节,才能完整说明移情过程以及其所具有的道德哲学基础性。

"构建人与自然生命共同体研究"高层学术论坛

参加人员:来自井冈山大学、哈尔滨工业大学(威海)、广西大学、内蒙古大学、东北大学、东南大学、南京师范大学、南京林业大学、南京工业大学、南京信息工程大学、上海师范大学、苏州科技大学、沈阳工业大学、东华理工大学、江西农业大学等20多所高校和科研单位的30余名专家学者出席了论坛。

主办单位:中国伦理学会环境伦理学专业委员会和井冈山大学联合主办,文化名家暨"四个一批"人才项目组承办

时间:2021年6月19日—6月20日

地点:井冈山

主要议题:生态哲学和环境伦理视角下对构建人与自然生命共同体的解读,构建人与自然生命共同体的生态哲学意蕴和生态实践

一、生态哲学、环境伦理与生态文明

哈尔滨工业大学(威海)叶平教授认为改革开放 40 年来中国生态哲学思想史研究已形成主线—支线结构体系。主线研究是国外生态哲学中国化与中国生态哲学思想史研究,支线研究是中国自然科学应用中生态哲学思想史研究和中国传统生态哲学思想史研究。他还认为自然科学家在应用生态学解决科学问题的同时也需要解决社会建构问题。广西大学杨通进教授认为,资本逻辑命题的核心理念即生态危机的根源是资本逻辑,已经成为中国环境哲学研究领域理解和分析生态危机之根源、寻求生态危机之化解药方的一种颇为流行的话语体系和思想范式。他从环境哲学角度指出资本逻辑命题本身存在的缺陷及其原因:其一,未能正确厘清"资本"与"资本主义社会""资本逻辑"及"资本主义社会的运行规律"这些概念之间的区别;其二,资本逻辑命题把所有的社会问题都归结为经济问题,又把经济问题归结为资本问题,犯了"资本还原论"的错误;其三,"资本原罪论"与"资本万能论"这两个理论预设也是导致其理论局限的重要原因。南京林业大学曹顺仙教授通过梳理近 30 年马克思恩格斯生态哲学思想研究的现状及其趋势,总结出今后的研究方向:以"重读马克思"强化文本挖掘深度和广度;加强生态哲学思想体系化研究,加强马克思恩格斯生态哲学思想贯通研究、根源性研究、历史演进研究、生态哲学思想的内在联系及其发展史研究;坚持问题导向,增强生态哲学思想的主导性、本土性研究;拓展和深化国外马克思恩格斯生态哲学思想研究;沿着"为何挖掘、如何挖掘、如何诠释、以何诠释、如何建构、何以构建"问题域,深度挖掘中外马克思主义生态哲学思想及其建构逻辑和致思理路。

二、构建人与自然生命共同体的生态思想资源

马克思主义生态观、中华民族优秀传统文化中的生态智慧等是构建人与自然生命共同体的重要理论来源。内蒙古大学包庆德教授从现代化概念的生态反思、生产力范畴的生态评析及文明兴衰评价三个层面深度解读马克思历史唯物主义的生态维度。他认为,"我们要建设的现代化是人与自然和谐共生的现代",是对传统工业文明的现代化模式的有效批判、有序扬弃与有机超越,马克思主义生产力理论具有保护自然的生态维度,特别是对因技术使用失当而带来的风险和可能的"破坏力"进行提示,我们应自觉强化文明兴衰的生态评价标准。东南大学刘魁教授通过近 40 年对中国道学的研究,认为道家生命哲学蕴含着丰富的生态思想,对于构建人与自然生命共同体和人与人之间命运共同体具有重要的理论价值。南京信息工程大学徐海红教授认

为,恩格斯《自然辩证法》是理解人与自然和谐共生的重要文献。其中,辩证自然观是对人与自然科学和人与自然界相互依存和转化的理性认识,它以"辩证法三规律"和"生态学四法则"为基本内容,以"两个和解"和"人与自然和谐共生"为共同的目标指向,以"制度批判"和"全民行动"为实现路径。

三、构建人与自然生命共同体的多维解读

南京师范大学曹孟勤教授强调构建人与自然生命共同体要对以下问题进行哲学思考。一是本体论依据问题。人与自然是对立统一的整体,人对自然界的看护是人类必须承担的责任,这是人类保护环境的本体论根据。二是内涵问题。人与自然生命共同体一定要包含人之为人的存在,包含人如何让自然环境美好起来,以及在美好的自然环境之中人如何才能成为自由而全面发展的人的问题,这是人与自然本质的对象化问题。三是理念转变为现实实现机制的问题。要以马克思劳动价值论为指导,劳动使人与自然紧密结合,人与自然本质的相互对象化是构建人与自然生命共同体的内在机制。上海师范大学跨学科研究中心主任王正平教授对生态共同体与人类命运共同体进行比较研究,认为全球环境危机的失衡主要是工业革命以来西方发达国家以不能持久的生产和消费方式过度消耗世界的自然资源和转移环境污染造成的。因此,面对全球生态危机,发展中国家和发达国家拥有共同的责任、不同的要求:一方面要以正义为首要伦理原则协调不同国家、地区、民族之间的利益关系;另一方面要树立人类命运共同体和生态共同体意识。南京工业大学黄爱宝教授解读了人与自然生命共同体的哲学立场:第一,就概念来说,人与自然是生命共同体指整个世界是一个生命体,强调人与世界的关系、生命体与非生命体的关系;第二,生态是生命存在样态,世界的最高价值是生命,生命共同体首先强调生成,因此生命共同体就是生态共同体;第三,人与自然是生命共同体,是基于人与自然生命共同体中人类生命至上的目的价值观;第四,自然生命共同体、人类命运共同体、人与自然生命共同体,三者之间以实践为基础,相互促进。江西农业大学马克思主义学院黄以胜教授认为构建人与自然生命共同体理念是习近平生态文明思想的重要范畴和集中体现,蕴含了人与自然和解的整体性思维、系统性思维、转化性思维。构建人与自然生命共同体理念继承和发展了马克思、恩格斯关于人与自然关系的思想,是对中国传统生态思想文化的创造性发展,超越了生态中心主义所倡导的虚幻生态共同体,彰显了唯物辩证法的生态意蕴,体现了马克思主义生态方法论,为人的自由全面发展、人与自然的全面和解提供了"三重"理论供给,即价值理念供

给、生态思维供给和"绿色"样板供给。

四、构建人与自然生命共同体的生态实践

此次论坛特别邀请"生态英雄"喻中升先生,他分享了自己从最高人民检察院退休、在肝移植手术初愈后来到内蒙古锡林郭勒大草原南端的正蓝旗,带领工人移树播种、围封打井,用8年时间将3000亩荒漠治理成美丽绿洲的经历。他总结了治沙中最核心的要点:治沙既需要实践,也需要理论,更需要科学的理论来指导实践。此外,他还谈到治沙实践过程中遇到的难题,如:治沙资金稀缺;政府政策相关规定无法有效满足治沙工作所需的条件;治沙实践没有及时有效的理论指导及经验获取平台;发展生态产业存在收益分配问题;等等。东华理工大学华启和教授分享了构建人与自然生命共同体在江西的实践情况。其一,推动"山水林田湖草沙生命共同体"建设,重点是通过国土绿化和森林质量提升构建江西一体化生态屏障,对鄱阳湖流域实施系统性生态修复,建设赣州、长江最美岸线,打响山水林田湖草综合治理品牌。其二,践行"绿水青山就是金山银山"的发展理念,江西致力于打通利用生态优势提升农产品价值的通道,打通利用生态产品发展文化生态旅游的通道,打通依托优美环境促进产业迈向中高端的通道,使得资源变资产、资产变资本、资本变资金、资金变股金,打通利用生态平台激励市民践行低碳生活的通道,打通低碳行为惠民惠商惠农、绿色生态共建共享共赢的循环链条。其三,构建生态文明制度的"四梁八柱"。作为生态文明建设的先行者,江西大胆探索,建立"源头严防"管控体系,完善"过程严管"监督体系,健全"后果严惩"责任体系,生态文明制度改革取得战略性成果。其四,构建人与自然生命共同体要积极开展城乡环境综合整治、开展生态创建三项工作,以不断增进人民群众的生态福祉。北京京师律师事务所刘志民律师指出当前环境立法很少采取或借鉴环境伦理方面专家学者的意见。环境立法的完善与生态哲学、环境伦理学的发展正相关,共同目的是为了增强我国面对资源约束趋紧、环境污染严重、生态系统退化的能力,更好地调整社会关系和维护生态秩序。

全国首届"科研诚信与科技伦理"学术研讨会

参加人员:来自中国科学院、北京大学、清华大学、中国人民大学等50余所高校和研究机构的百余名专家学者参会

主办单位:中国自然辩证法研究会主办,中国自然辩证法研究会科学技术与工程伦理专业委员会、中国自然辩证法研究会科学精神与科技伦理

工作委员会、国家社科基金重大项目组"大数据环境下信息价值开发的伦理约束机制研究"、大连理工大学大数据与人工智能伦理法律与社会研究中心、大连理工大学科技伦理与科技管理研究中心、大连理工大学人文与社会科学学部联合承办

时间:2021年6月25日—6月27日

地点:大连理工大学科技园大厦国际会议中心

主要议题:科研伦理原则与科研活动的行为规范、科研诚信的监督与治理、高科技对伦理法律和人的基本权益的影响、工程风险治理的伦理对策、工程伦理与负责任创新、科技伦理教育的模式与方法等当代科研诚信与科技伦理前沿问题

大连理工大学党委副书记、纪委书记李成恩表示,科技创新是国家命运所系,是实现科技强国的关键。科研诚信和科技伦理是科技创新的基石,是实施创新驱动发展战略的重要基础。中国自然辩证法研究会秘书长赵月刚致辞表示,当前我们正在努力建设世界科技强国,科研诚信是科技创新的基石,科技伦理是科技活动必须遵守的价值准则。研究会希望通过打造全国"科研诚信与科技伦理"学术研讨会这个新的学术品牌,为进一步优化我国科技创新环境、推进科研诚信机制的建设做出积极贡献。中国自然辩证法研究会科学技术与工程伦理专业委员会副主任、大连理工大学人文与社会科学学部部长李伦介绍了大连理工大学人文与社会科学学部的科研情况,并表示学部目前正积极探索哲学与理工科交叉发展之路,重视科技伦理教育和研究工作,希望通过加强交流合作,深化科技伦理研究,加强科研诚信建设,推动科技伦理风险治理。此外,会上有来自多所高校的研究生就科技伦理与科研诚信的热点问题做了报告,踊跃发言、热烈讨论。本次会议为推进我国科研诚信和科技伦理体系建设奠定了坚实的基础,从事科研单位管理的领导与高校学者、专家相结合的新形式促进了哲学社会科学等相关学科的融合与发展。

"伦理学前沿问题"高端论坛

参加人员:来自清华大学、中国人民大学、南京师范大学、河南财经大学、上海财经大学、北京科技大学、南京航空航天大学和《江苏社会科学》杂志社等单位的80余名知名学者出席了论坛

主办单位:南京师范大学伦理学研究所和三江学院马克思主义学院联合举办

时间：2021 年 7 月 11 日
地点：南京师范大学
主要议题：建党百年的道德理论和实践前沿问题

一、第一阶段学术讨论

南京师范大学伦理学研究所副所长李志祥教授主持了第一阶段的学术讨论。在这一阶段,河海大学余达淮教授在《资本的道德与不道德的资本》中提出,资本不仅表现为社会关系,也体现为某种轶事和观念;资本促进秩序和规则的培育,也发展出现代平等、自由等概念。河南财经政法大学朱金瑞教授在《当前我国企业伦理研究中应重点关注的几个问题》中认为,改革开放的不断深化和我国社会主要矛盾的变化,对企业道德建设提出了新的更高要求,学术界对企业伦理的研究应着力彰显中国特色、拓展研究内容、加强实证研究等。南京师范大学王露璐教授在《中国乡村伦理研究的方法论基础及其拓展可能》中建议,研究乡村伦理必须走进乡村,参与实际的乡村生活,亲身观察乡村道德生活的点点滴滴,并对乡村社会的道德事实做出合理的文化解释。南京师范大学张振教授在《中国共产党执政伦理建设的百年基本经验》中指出,中国共产党始终勇于和善于推进自我革命,坚持和发展马克思主义,秉持和遵循人民至上的价值取向,确立和维护党的领导核心以及健全和完善党的领导制度建设。南京师范大学汤建龙教授在《资本主义经济理性的界限问题》中表示,资本主义经济理性表现为一个"越多越好"的经济和文化逻辑,其扩张导致了主体的死亡,对资本主义经济理性的批判和否定对于当代中国建设具有重要意义。北京科技大学姜晶花副教授在《"爱"与"争"——天地万物本原的生成之道》中强调,"爱"是人类伦理生活的一个原则,能够让当代人与其他的生命相契合,和谐地共同生活。

二、第二阶段学术讨论

南京师范大学哲学系主任吴先伍教授主持了第二阶段的学术讨论。在这一阶段,南京师范大学曹孟勤教授在《对劳动的第一哲学思考》中表示,以劳动目的为本位,就是扬弃异化劳动,以生态劳动开启新世界,以新世界的真、善、美来映现人性之美,创造真正意义上的人,促进自然的复活。江苏开放大学崔新有教授在《"守正"与"创新"——研学百年党史的基本辩证法》中表示,在百年未有之大变局下,伦理学研究应该以新鲜的血液积极推进中国哲学社会科学的发展,同时应注意加强国别伦理研究,要面向世界做好中国特色哲学社会科学。中国人民大学张霄教授在《从企业社会责任评价到企业社会成就评价:概念与方法》中提出,伦理学既具有限制作用也具有激励作用,"企业社会成就评价"概念试图建构以企业信誉积累为主的道德资本评价体系,将伦理的约束限制转化为内在激励。南京航空航天大学刘琳教授在《新时代需要新经济伦理》中指出,与当代中国改革开放进程相生相伴的中国经济伦理研究,为我国经济发展和社会建设贡献了独特的思想养料和实践论证。上海财经大学夏明月教授在《劳动伦理与企业竞争力》中指出,劳动伦理建设是企业提升核心竞争力的重要手段,也是企业生产活动的有机组成部分,更是决定企业未来发展的重要影响因素。南京师范大学陶涛副教授在《普鲁塔克的实践伦理学》中指出,理解哲学的社会动力即古典德性与当代实践伦理学结合,需要反思美德、幸福以及如何生活。

在交流讨论过程中,与会学者还就道德资本理论及其他重要的经济伦理、政治伦理、社会伦理、生态伦理问题等展开了全面的对话和交流。

"中国共产党的集体道德记忆"学术研讨会

参加人员:来自湖南省社会科学院、上饶师范学院、南昌大学、豫章师范学院、湖南理工学院、中共广东省委党校、湖南师范大学等单位的20余名专家学者参会

主办单位:湖南师范大学道德文化研究院

时间:2021年7月30日

地点:长沙

主要议题:中国共产党的集体道德记忆研究

向玉乔教授总结了课题中期取得的系列阶段性成果,介绍了道德记忆概念的由来、区分个体道德记忆和集体道德记忆的必要性、研究中国共产党集体道德记忆的重大意义。詹世友教授在发言中首先高度肯定了研究中国共产党集体道德记忆的重大意义,并且就如何进一步推进课题研究提出了自己的看法。詹教授认为,研究中国共产党的集体道德记忆应该聚焦于中国共产党的集体道德精神。他将中国共产党的集体道德精神概括为最崇高的理想信念、最深厚的人民情怀、最求实的实践智慧、最坚韧的忠勇德性等内容。他指出,中国共产党建构和传承自己的集体道德记忆会遭遇历史虚无主义、非意识形态化、西化主义、形式主义、享乐主义等方面的挑战,但我们党必须迎接各种挑战,激活自己的集体道德记忆,使之成为党员干部、人民群众的思想引领和精神养料。刘建武教授在讲话中强调了研究中国共产党集体道德记忆的创新性学术价值。他认为中国共产党是依靠

崇高道德精神组建起来的政党,党的百年发展历史显示我们党始终站在道德制高点;传承红色基因与党的集体道德记忆有着高度一致性;我们党具有善于从精神角度看问题和重视集体道德记忆传承的优良传统;从集体道德记忆的角度研究中国共产党开辟了一个新领域,是对党史研究的一种深化。彭柏林教授在发言中强调了提出道德记忆概念的学术价值,并结合自己研究"道德需要"的理论指出:道德记忆是人类不可缺少的一种需要,体现的是人类对过往道德生活经历的依赖性,从一定的意义上说,没有道德记忆就没有人类道德的产生,也不可能有人类道德的发展;道德记忆作为一种需要具有诸多功能,其中最为基本的功能有两个,即道德传承功能和道德认识功能。另外,他肯定了课题的理论创新性、现实针对性和实践引导性,认为中国共产党的集体道德记忆是一个外延很大、内容复杂的论题,研究者应该扩大研究视野。王泽应教授在发言中表达了对课题研究意义的高度肯定。他希望课题组全体成员集中力量攻坚克难、打造精品力作,并就课题研究提出四个建议:一是从"不忘初心、牢记使命、砥砺前行"的层面研究中国共产党的集体道德记忆;二是从党的精神谱系的层面研究中国共产党的集体道德记忆;三是从党的思想道德建设和道德教育层面研究中国共产党的集体道德记忆;四是从"伟大建党精神"的层面研究中国共产党的集体道德记忆。唐凯麟教授在发言中指出,研究中国共产党的集体道德记忆应该注意几个问题:一是应该准确地定义"道德记忆"这一概念;二是应该对道德记忆的结构、特征等重要理论问题展开系统研究;三是应该运用马克思主义哲学来诠释道德记忆的内涵;四是应该体现研究的批判性和创新性,不能将有关中国共产党集体道德记忆的研究变成党史研究;五是应该扩大研究视野,将有关中国共产党集体道德记忆的研究置于人类文明史、国际共产主义运动史的大视野中来展开。向玉乔教授在会议总结中对课题后期研究工作做了布置,要求课题组成员深入研究道德记忆理论、增强批判意识和创新意识,正确处理子课题研究与总课题框架的关系、推出高品质的研究成果。

人工智能伦理与治理研讨会

参加人员:来自中央党校、中国社科院、清华大学、复旦大学、浙江大学、中国政法大学、电子科技大学、山东大学、北京化工大学、中国农业大学、对外经济贸易大学、山东师范大学等单位的多名专家学者参会

主办单位:清华大学数据治理研究中心

时间:2021年8月15日

地点：腾讯会议平台

主要议题：人工智能发展与应用带来的社会风险、人工智能伦理的核心关切和构建方式

一、新形势下的数据保护问题

人工智能伦理准则可以分为安全、透明、公平、个人数据保护、责任、真实、人类自主、人类尊严等八个维度。会上，清华大学数据治理研究中心项目研究员戴思源指出，网民对上述八个维度都有关注，其中关注的安全、公平、个人数据保护、责任方面人数最多；对比之下，对透明、人类自主和人类尊严这几个维度较少关注。清华大学数据治理研究中心项目研究员李珍珍表示，公众对算法公开的支持态度主要集中在算法应用和推广阶段，即在使用人工智能产品过程中直接受算法影响的那个阶段；而对算法的设计过程，尤其是源代码，较多人并不认为应该公开。山东大学政治学与公共管理学院副教授孙宗锋认同上述提出的八个维度的重要性，政府应重视个体信息的保护和公众总体的信息安全，而在推动数据共享的过程当中怎样把握好信息安全的度，值得去研究和探索。清华大学社科学院准聘副教授张开平认为，政府和企业如何使用个人数据应具有双向约束的契约属性，当个人向政府或企业提供数据时，政府或企业应更透明、合理地使用个人数据。公众是否愿意分享个人信息的意愿应得到尊重，在不同情况下的收集个人信息的目的和用途应有更明确的界定。因此，对于责任属性的讨论和隐私的保护应细分大数据的用途、目的和属性，强调责任属性的互利性，这是政府、企业与公众的共同责任。电子科技大学公共管理学院副教授贾开指出，目前人工智能治理的研究和实践提出了诸多重要的价值原则，但缺少对这些原则细分内容的具体分析。例如"公平"原则，事实上存在着不同的指标内涵，当不同的公平指标被运用到不同的社会现象中时，对个体造成的结果可能是不同的。因此，在人工智能治理研究中，应进一步推进重要价值指标的细分讨论，将宏观理念与微观机制相联系。

二、在了解大众的基础上推动"算法启蒙"

不同的群体对人工智能的看法不尽相同，对外经济贸易大学政府管理学院讲师宁晶分享了自己关于社交媒体用户算法接受度的研究。她发现，社交媒体用户的技能熟练度和对算法推荐内容的接受倾向存在正相关关系。也就是说，越不熟练使用社交媒体，越没有办法接受算法推荐内容。而心理效能也会影响算法推荐的接受度。心理效能反映的是用户对于自身能够使用数字技术进而实现特定目标，或者是改善自身境况的一种主观

评估。如果用户对正在使用的社交媒体有着较高的心理效能,那他也会更加关注算法推荐内容的积极影响。因此,心理效能和对算法推荐内容的接受倾向也存在正相关。清华大学国家治理研究院副院长、教授张小劲认为,学界应当推进面向大众的、有关算法正当性的理论建构。在算法正当性理论和算法治理理论的研究和实践进程中,既要保证算法本身不断发展、完善和前进,又要保证包括企业和市场监管部门在内的多元主体都不会误用、泛用和滥用算法,还能够解决社会大众的误解。复旦大学国际关系与公共事务学院副院长、教授熊易寒认为,消除"数字鸿沟",需要有一套相对公开透明的伦理审查机制,把普通人无法理解的代码世界还原成普通人也能够理解的事情。山东师范大学公共管理学院副教授赵金旭则建议,弥补"数字鸿沟",要采取教育培训或者"数字下乡"等措施。

三、解决人工智能伦理问题需实证研究和发展技术

人工智能伦理准则是指"当前在人工智能技术开发和应用中,依照理想中的人伦关系、社会秩序所确立的,相关主体应予以遵循的标准或原则"。浙江大学公共管理学院长聘副教授、研究员吴超指出,人工智能并没有想象中那么强,它很难对复杂的社会系统进行建模。现在人工智能最强的深度学习方法,是用模式识别的方法去拟合泛化能力较强的函数,它对于不同个体的行为以及社会个体之间复杂交互的预测能力较弱。应该从社会科学的视角向人工智能提出新的科学问题和优化目标,驱动人工智能未来的发展和算法的创新。中国社会科学院社会学所经济与科技社会学研究室主任、研究员吕鹏提出,有关人工智能的伦理问题不能凭空争论,需要用实证研究来证实或证伪。中国农业大学人文与发展学院讲师曲甜认为,在基层治理的智能化转型中,目前关于"场景"的开发和讨论已经非常多了,但是,关于智能技术与治理手段的结合,似乎还不充分。特别是在乡村地区,乡村有很多基于熟人社会、传统文化形成的治理手段,在长期实践中取得了很好的治理效果。如何让现代智能技术和传统治理手段有机结合而不是相互排斥,也是基层治理智能化转型应当关注的问题。

四、人工智能伦理应与具体国情相结合

清华大学数据治理研究中心项目研究员严宇称,各国都已经看到人工智能技术对社会的影响,总体可以分为乐观派和悲观派两大派系。美国为了保持其在人工智能领域的全球领先地位,既看重发展,又会考虑伦理风险,但总体来说美国仍然是以发展和创新优先。不同于美国以发展和创新为先的监管体系,欧盟的监管体系更加严格。欧盟人工智能企业的数量、

规模和影响力虽然排在美国和中国之后,但是它的人工智能监管和治理却在全球有相当的影响力,形成了以强监管为核心特征的治理体系。日本则试图从中寻找平衡,一方面肯定人工智能的重要作用,另外一方面又强调要重视它的负面影响,为此也建立了一系列伦理准则。清华大学社会科学学院副院长、长聘副教授孟天广指出,社会大众和科学家在人工智能伦理关切上存在分歧,人工智能伦理及其治理体系需要构建包容监管机构、科技企业、科技社群、算法工程师、社会大众等利害相关者参与的共治共同体。中共中央党校政治和法律教研部副教授李锋则强调,人工智能伦理本身就不是一个完全脱离社会经济状况、脱离社会发展和政府形态的现象,否则我们就无法理解美国和欧盟在规制人工智能发展方面的巨大差异。复旦大学国际关系与公共事务学院教授陈水生认为,为人工智能创造一个比较好的发展环境或创新环境,推动人工智能技术、应用发展,可能会对整个人类社会带来更多的正向功能和价值。技术监管更多的是一种平衡的艺术,即要平衡技术发展、技术应用和技术监管的关系,平衡经济、社会和政治的关系,以及平衡风险与伦理、技术与规则之间的关系。

2021 年科技伦理研讨会

参加人员:中国科学院学部科学道德建设委员会部分委员、院士代表、相关部门领导、自然科学和人文社会科学等相关领域专家、期刊及媒体人员共 40 余人参会

主办单位:中国科学院学部科学道德建设委员会主办,中国科学院昆明分院、中国科学院学部科学规范与伦理研究支撑中心、清华大学科技发展与治理研究中心共同承办,西双版纳热带植物园协办

时间:2021 年 9 月 25 日

地点:中国科学院西双版纳热带植物园

主要议题:中国科技伦理治理体系的构建

一、中国科技伦理建设现状

学部道德委主任胡海岩院士指出,长期以来我国高度重视科技创新事业,实施科教兴国、人才强国、创新驱动发展战略,推动我国科技创新事业取得了长足进步。近年来,人工智能、新生物技术等新兴科技的迅猛发展,带来了个人信息保护、编辑改造生命等一系列潜在的伦理问题和前所未有的挑战。我国科技伦理治理体系的建设起步较晚,相关的规范制度有待完善,这严重影响了一些重大科技伦理事件的应对和处理。基于此,需要政

府、科技企业、科研机构、高等院校、公众、媒体等多元主体密切合作、齐抓共管,构建多方参与、协同共治的科技伦理治理体系。同时,科技伦理治理不仅是单一国家或地区关注的问题,更是全世界共同面临的问题。这就需要加强国际对话、交流与合作,积极推动科技伦理问题的国际规则制定,实现科技伦理的全球共治,让科技为人类更加美好的未来服务。

二、"中国科技伦理治理体系的构建"主旨报告

聚焦中国科技伦理治理,研讨会安排了六个主旨报告。报告内容各有侧重,呈现了多元化的观点。在重要领域科技伦理治理方面,昆明理工大学季维智院士围绕灵长类生物体外胚胎培育、基因编辑、干细胞等问题,深入分析了未来非人灵长类生物医学研究和应用可能面临技术和伦理挑战,提出通过灵长类研究创新联盟等形式,完善相关治理体系和伦理规范。解放军总医院第五医学中心王福生院士围绕新突发传染病临床研究伦理审查存在的现实困境与矛盾,介绍了临床研究的伦理问题与监管的相关内容,探讨了我国重大传染病临床研究的伦理审查、伦理监管的依据。中国科学院自动化研究所王飞跃研究员围绕智能科技智慧社会发展,介绍了如何利用联邦生态和邦联智能的理念与方法;结合具体的区块链技术及衍生的各类 DAO 事件,特别是分布自治组织和分布自治运营方法,提出了促进落实智慧时代的文化规范与社会伦理。在我国科技伦理治理体系构建方面,清华大学李正风教授围绕如何处理科技发展与科技伦理治理二元对立、相互分割的问题,在系统探讨预防式原则的基础上,提出了"反思性发展"与"预防式治理"互补互促的新理念。中国人民大学赵延东教授结合全国科技工作者大样本问卷调查数据,系统回顾了近 10 年来我国科技工作者对科研伦理的基本认知、态度和行为情况及其变化趋势,分析了影响科技工作者科技伦理态度和实践的因素。中国科学院科技战略咨询研究院樊春良研究员结合科技伦理治理思想和内涵的发展,探讨了科技伦理治理体系的理论框架,对国际上科技伦理治理的主要举措逐一做出述评,对中国科技伦理治理体系建设提出若干建议。

三、与会学者自由讨论阶段

大会主旨报告之后,与会院士围绕会议的议题分享了自己的见解与建议。同济大学裴钢院士首先提出三个值得深入研究的问题:如何应对前沿技术在探索过程中带来的伦理风险?如何实现成熟技术在发展过程中伦理规则的重构?如何更好地发挥我国在科技伦理治理体系构建中的制度优势?问题引发了与会人员的热烈讨论。中国科学技术大学谢毅院士表

示,物质科学领域涉及的伦理问题更多表现在应用层面,体现为人身安全问题和环境问题等。中国科学院理论物理研究所蔡荣根院士提出,科技伦理治理体系的建设相对滞后于科技发展,科技伦理的治理要切实发挥实效,在一定阶段或某些方面要进入到立法层面。考虑到科技伦理治理是复杂的,建议以学会、协会为抓手,逐层逐级构建起整个国家的伦理治理体系。中国人民解放军军事科学院梅宏院士认为,信息领域的伦理问题与生命科学领域的伦理问题具有显著差异,需要更多关注个人隐私保护、脑机接口对人的思想和心理改变等方面。

四、与会专家针对议题提出建议

与会专家围绕会议议题深入交流,提出了中肯的建议。针对"科技伦理治理体系的价值导向、主要构成、治理主体、政策工具"议题,专家们认为科技伦理治理具有一定的共性特征,可归纳为利益与风险的博弈、文化的交集及法律与伦理的边界。同时,科技伦理治理体现多元利益主体的互动,既应涉及管理体系的构建,还应强调公众价值观的形成,采取"自上而下"和"自下而上"相结合的方式,促进前沿科学家、高水平社会学家、伦理学家和政治学家共同磋商。针对"我国当前科技伦理治理体系存在的问题及其原因"议题,专家们认为当前我国科技伦理治理体系存在的主要问题包括政策规范的透明度和清晰度不足、科学普及与科技伦理的宣传不够、公众参与的沟通和协商机制不健全、行政干预与科学权威结合不紧密等。针对"国际科技伦理治理体系的经验借鉴"议题,专家们认为科技伦理治理是全世界共同面临的问题,我国科技伦理治理体系构建可以借鉴日本"以高水平磋商为基础,推进科技伦理治理法规"的方式,也可以借鉴美国"法律建设与总统咨询相结合"的方式,并通过多样化的知识支撑,如科学家、政府工作人员等,共同发挥伦理治理效能。针对"构建我国科技伦理治理体系的建议"议题,专家们认为不同科技领域面临的伦理问题不能一概而论,要重视成熟技术与不成熟技术在科技治理体系上的差异性,健全科技创新的伦理准则和规范体系,形成共建、共治、共享的科技伦理治理格局,加强科技伦理研究、跨学科人才培养和科普宣传等。

五、会议总结

胡海岩院士指出,随着我国前沿科技迅猛发展,很多领域进入"无人区",出现了"基因编辑婴儿"等重大科技伦理事件,引发国内外的广泛关注和热议,这也反映出我国科技伦理治理体系存在的不足。本次研讨会为构建我国科技伦理治理体系建言献策,既有对特定领域科技伦理问题的深入研讨,也有对我国现有科技伦理治理问题的客观反思,还有对多方参与、协同共治科技伦理治理体系的系统阐述。他认为考虑到中国的管理体制和社会条件,要发挥政府、科学界、公众等多元主体的作用,构建一种"上、中、下"结合的治理模式。科技伦理领域的专家既承担着为国家治理体系建设建言献策的职责,也肩负着向公众普及知识,促进公众理解科学,以及向广大科研人员传播科技伦理知识、提高科技伦理意识的责任。

"社会养老智能化面临的伦理挑战"研讨会

参加人员:来自武汉大学、北京师范大学、中南财经政法大学、华中科技大学、云南师范大学、湖北社会科学院、湖北大学等单位的100余名师生参会

主办单位:湖北省人文社科重点研究基地道德与文明研究中心和通服(武汉)数字工程有限公司共同主办,湖北省伦理学学会协办

时间:2021年9月28日

地点:湖北大学

主要议题:社会养老智能化

一、社会养老智能化面临的挑战

北京师范大学哲学学院田海平教授以专业领域和通用领域的区分、新冠疫情期间大数据技术的表现为切入点,认为社会化养老是基于大数据的。我们的民族传统从整体出发而不是从个体出发的方式,存在着优势,也存在着不可避免的风险。他将大数据(人工智能)时代老龄生命伦理学的方向归结为四点:优先强调人群健康;以老年健康为中心构建医学道德形态;在回应大数据健康革命的挑战中,探索老龄生命伦理学的方向;关注中医生命伦理学的当代意义。中南财经政法大学哲学学院院长王雨辰教授指出人工智能在给人们提供便利的同时,确实也带来了人机矛盾,使用大数据和人工智能技术获取公共利益的同时,往往会侵犯个人权利。究竟该从个人利益出发去谈公共利益,还是从公共利益出发去谈个人利益就成了一个重大问题。武汉大学哲学学院储昭华教授提出智能化养老除了技术本身面临的难题外,还存在一个"未富先老"的问题:老人是否有消费能力(其中包括城乡差距带来的消费能力差距)?此外,养老更多是满足人的精神需求,难的是从感情和心灵上都做到"孝敬",把养老交给技术,在人生自我完善方面是有所欠缺的。华中科技大学国家治理研究院吴畏教授以"智能决策中心"的研究为例进行论述,引出一个问题:人工智能算法不能做什么?接着,他以"电车难题"为例得出结论:机器在任何时候,都不可能

做出价值判断。湖北省社会科学院研究员胡静认为此议题应该分两个层次来讨论:一是从"养老"到"社会养老"的转变;二是传统与现代之间的矛盾。人机矛盾其实是人和人之间的矛盾,也就是观念的矛盾,当子女用人工智能替代自己对父母进行养老时,子女内心的自我伦理批判也是人工智能带来的挑战。她还提出一个问题:当人工智能取代了"养儿防老"之后,未来的成年人是否愿意养育孩子,是否会造成人类伦理关系的断裂?由这个问题进一步思考,人工智能养老还可能会带来人的非老化、非人化,否定了人会老的事实,让老年人像年轻人一样拥有了自由行动能力,是否在"否定自然的人生经验"?人工智能对人体力和智力的代替,也等于扼杀了被照顾者的潜能,是否导致"人本身的弱化"?最后,她将问题引向更根源的逻辑——"养老,本质上究竟是要解决什么问题?养老养什么,可能要重新界定"。云南师范大学马克思主义学院方熹教授以昆明滇池国家旅游度假区的养老服务问题为例,指出了当今社会养老服务业发展的四项挑战:思想观念的挑战——老人不愿意,是目前阻碍社会养老的最重要因素;治理方式的挑战——没有形成完备的制度、规范、标准;公共服务的挑战——很多机构出现了"不知道怎么管"的问题;政府公共管理能力的挑战——常态的养老服务业从业人数太少。

二、社会养老智能化的有利之处

湖北大学公共管理学院赵红梅教授认为,人工智能养老看似只是一个养老问题,但应该更多地把它看作一个"如何准备"的问题、"末端管理"的问题,她强调养老是社会管理的重要一环。在养老这个话题中,涉及"情绪劳动、志愿精神"的概念,她指出这个话题中更多的应该是"理性和愉悦"。2020年我国的老龄人口有2.48亿,预计2022年60岁以上人口会达到3亿。在这种情况下,她认为"人工智能养老会成为一个新的经济增长点"。同时,她提出,人工智能养老,存在"失德"的隐患问题:人工智能引发的责任问题,到底是由机器承担、制造者承担还是使用者承担?她认为人工智能是不依赖于人、能自主决断的机器,因此并不像很多人所主张的伦理责任只跟人有关,与机器无关。最后,她谈到人与人工智能的关系问题,认为人机关系发展到高级阶段时,人离不开人工智能,应承认"人工智能"存在的价值,给其应有的尊重。通服(武汉)数字工程有限公司董事长彭保林指出,面对养老问题,有多种多样的人工智能技术来应对,将来能够产生很大的社会效益。彭保林主张所有的学术研究要"引起社会的反响"。他认为哲学"可以应用于社会实践",并且强调哲学的社会实践要与国家步调保持一致。武汉市是国家人工智能示范区,其中一项工作就是人工智能养老实践,而这项工作,需要伦理学的研究来提供理论支撑和相关规范。湖北省人文社科重点研究基地道德与文明研究中心主任、湖北省伦理学学会会长、湖北大学哲学学院戴茂堂教授发言称,人工智能养老可以帮助节约大量的成本,但同时引发了一系列的社会伦理道德问题。养老,这个概念是需要分析的,怎样理解"养",怎么理解"老人",这些都需要重新解释。还要思考旧的伦理观念与新的伦理观念之间的冲突,要建立新的伦理观念。戴教授强调,对养老问题的理解,根本在于理解人的概念。

三、会议总结

湖北省伦理学学会秘书长、湖北大学高等人文研究院副院长李家莲致闭幕词时提到,人工智能在一定程度上是可以解决情感需求的。比如在耐心引导方面,人工智能可能比人有更大的优势。由人工智能的话题延伸出去,李家莲副院长谈到了"心智"的话题。西方在理解"心智"时,柏拉图主义认为人的心智是不包含情感的,基于这个观点,人工智能在不涉及情感的领域,是可以替代人的心智的。但是现在的西方前沿哲学家对西方传统的心智观提出了挑战,认为心智中是包含了情感的,比如"信念"是含有情感倾向的。最后,李家莲副院长对研讨会进行了整体总结。她谈到,今天所讨论的问题都是前沿且有深度的,可以进行无限拓展,人工智能养老话题有很强的跨学科性,可能需要更多的研讨会来研讨。

第三届国杰论坛

参加人员:来自清华大学、中国社科院、中国人民大学、复旦大学、东南大学、中山大学、中国公共外交协会、《道德与文明》杂志社等单位的多名专家学者出席了本次论坛

主办单位:中国人民大学伦理学与道德建设研究中心、中国人民大学哲学院、中国人民大学国家治理现代化与应用伦理跨学科交叉平台、国际文化交流学术联盟共同主办,中国人民大学伦理学与道德建设研究中心世界民俗文化研究所承办

时间:2021年10月16日

地点:中国人民大学

主要议题:文明交流互鉴与全人类共同价值

一、文明交流互鉴与文化强国建设

本场对话由中国人民大学教授张霄主持。本场对谈嘉宾是中国驻老

挝原大使关华兵、驻津巴布韦原大使忻顺康、驻印尼原总领事苟皓东、驻阿富汗/牙买加原大使郑清典、中国公共外交协会副会长、驻马来西亚原大使胡正跃。对谈嘉宾结合各自经历,对中外文化交流和文明互鉴的重点和方向进行了展望。胡正跃会长指出,新时期下文明交流的载体与渠道应当更新。可以以与越南等周边国家共同打造文化交流项目为切入点,如拍摄电视剧、举办节日庆典等,不断拓宽中国对外文化交流工作的空间。郑清典先生认为,中印两国之间存在许多共同点,两国的文明互鉴具有悠久的历史传统、极为深厚的底蕴和强劲的发展势头。忻顺康先生介绍了中国与非洲的友好交流前景,中国未来50年的发展应当加强与非洲的合作交流。苟皓东先生认为,中国要加强与印尼的文明互鉴,学习巴厘岛美丽乡村建设的经验,提升两国民间的好感度,更好地促进"一带一路"的建设。关华兵大使认为,经典是一个国家文明的精华,经典互译是推动文明互鉴的基础工程,应积极探索、有计划地发掘老挝等国的文化经典。

二、多元文化发展与全人类共同价值

本场对话由中山大学教授李萍主持。参与嘉宾包括清华大学文科资深教授、人文学院院长、中国伦理学会会长万俊人,清华大学文科资深教授、国学院院长陈来,中国人民大学教授、国学院院长杨慧林,中国社会科学院研究员、学部委员赵汀阳,中国人民大学教授姚新中。陈来教授认为多元文化发展是"从一到多",表现为在全世界范围内的不同文化之间互相宽容与尊重;全人类共同价值是"从殊到共",表现为世界各国所共同追求的六大价值(和平、发展、公平、正义、民主和自由)之间存在的内在逻辑结构,二者发展方向不同,但都是世界文化发展所面临的问题。万俊人教授认为,"多元文化"是一个事实认知问题,"共同价值"是一个价值规范问题。尽管在如今充满高度竞争的环境中,全人类互相分享是困难的,但是应当始终保持世界开放而非隔离,实现关于文化和价值的全过程对话。赵汀阳研究员认为当今世界文化发展亟待解决的问题是"文化相遇",只有寻找到不同文化间的相遇点,才能实现合作与共建。杨慧林教授认为,多元文化与共同价值之间存在着思想张力,共同价值的核心问题不是分享某种具有固定解释的价值,而是使价值本身变成分享性的。姚新中教授认为,多元文化发展和全人类共同价值的关系是值得关注的,其一是从"同"看"异",其二是从"多元"看"共同"。官方外交对于国际文化交流和构建人类命运共同体至关重要,民间外交、公共外交与学者间的外交也同等重要。

三、国际文化交流与学术交往

本场对话中,复旦大学教授邓安庆、中国人民大学教授李萍、《东南大学学报》主编徐嘉、中国人民大学教授龚群分别进行了主题演讲。本次讨论由《道德与文明》主编杨义芹主持。杨义芹老师指出,加快建设社会主义文化强国,增强国家文化软实力,提高我国国际话语权,迫切需要哲学社会科学工作者切实发挥作用。邓安庆教授认为,真正的学术交流需要有核心理念,转变学术视野,不是从中国或者西方的特殊立场出发,而是拥有全人类整体的视角,关心共同话题,建构核心话题。李萍教授认为,中国的文化自觉需要有政治意识,同时也要有全球化的视角。只有在文化交流与互鉴中,文化自觉才有意义。徐嘉主编在亨廷顿"文明和冲突"理论上进一步指出,文明互鉴与文化交流需要本位立场,首先要实现好中国人自己的价值,才能更好地推动人类共同价值的实现。"和而不同"是目前最为理想的状态。龚群教授通过讲述文明发展的历史进程,指出我们应该自觉拥抱全球化的趋势,继续扩大开放,使得中国在文化自信的基础上吸纳全球优秀的文明。

四、民俗艺术、美好生活与文化遗产保护

本场对话由中国人民大学教授张霄主持。本场对话中,非遗传承人杨星国、非遗传承人青弘、中国人民大学伦理学与道德建设研究中心世界民俗文化研究所所长遂岩分别进行了主题演讲。张霄教授介绍了世界民俗文化研究所自成立以来,就致力于推广中国传统文化,促进国际文化交流和传播。遂岩所长指出,文化交流是互相了解的过程,东西方文化有相通之处。遂岩所长运用中国水墨画形式创作了系列肖像画,之所以能够被国外艺术家理解,是因为画作传达的情绪状态是全人类所共有的。杨星国老师就蛋雕艺术与非遗保护传承发表了演讲。蛋雕是指在各种禽类蛋壳上雕刻成画。他曾经受邀在迪拜贸易中心举办为期12天的蛋雕展,他希望能在中国知名大学里成立非遗学院,让非遗真正走进大学校园。青弘老师介绍了瓯塑艺术,她表示,中国的非遗就是世界的文化,中国的艺术就是世界的艺术,全世界都在说中国话。全世界都要说中国话,这是非遗人的信仰。

第七届全国马克思主义伦理学论坛

参加人员: 来自清华大学、北京大学、中国人民大学、中共中央党校、中国社会科学院、浙江大学、南开大学、吉林大学、天津大学、四川大学、西南大学、辽宁大学、西南财经大学等高校及《中国社会科学》《道德与文明》《哲学动态》《江海学刊》《齐鲁学刊》《广东社会科学》《浙江社会科学》《福建论

坛》《湖北大学学报》《财经科学》等学术期刊的 50 多位专家学者与期刊负责人参加了本次论坛

主办单位：由清华大学高校德育研究中心、中国人民大学伦理学与道德建设研究中心、西南财经大学马克思主义学院共同主办

时间：2021 年 10 月 23 日

地点：西南财经大学

主要议题：百年现代化历程与马克思主义伦理学的历史使命

马骁代表西南财经大学对与会专家学者表示诚挚欢迎。他表示，在中国共产党成立 100 周年之际举办本次论坛，对于系统总结马克思主义伦理学百年来在中国传播发展的历史进程与经验启示，充分彰显马克思主义伦理学的思想伟力和实践伟力，进一步发挥马克思主义伦理学在国家治理体系现代化建设中的重大价值和引领作用具有十分重要的意义。他希望与会专家能够围绕会议主题，充分探讨马克思主义伦理学在实现中华民族伟大复兴进程中的使命与责任，共同为推动马克思主义伦理学创新发展做出积极贡献。曹刚在致辞中深入分析了当前伦理学研究呈现的主要特点。他表示，做好马克思主义伦理学研究应当坚持"三个结合"：一是"可上可下"，正确处理好道德的形而上与形而下问题；二是"可近可远"，拓展马克思主义伦理学研究的时间和空间领域，既关注宏观，也观照微观，既回顾历史，也观照未来；三是"又红又专"，着眼培养更多自觉践行社会主义核心价值观的好公民，发挥马克思主义伦理学反思与批判的学术功能。李义天结合当前新冠疫情防控常态化的背景，从伦理学的角度阐释了平凡生活中良好公民道德的现实表现，并结合自身经历畅谈了做好马克思主义伦理学研究的重大意义和实践价值。赵静简要介绍了近年来四川省坚持以习近平新时代中国特色社会主义思想为指导，在推进繁荣哲学社会科学方面采取的主要措施及积极成效。她表示，本次研讨会主题鲜明、内涵丰富，为广大专家学者开展马克思主义伦理学研究搭建了平台、丰富了载体。她希望广大专家学者集思广益，回答好当前马克思主义伦理学领域的重大理论和实践问题，切实推动新时代哲学社会科学的繁荣发展。

上午的主旨报告分为两个阶段，分别由《道德与文明》主编杨义芹、《中国社会科学》杂志社马克思主义部主任李潇潇主持。其中，中国政法大学终身教授李德顺以《超越传统价值思维》为题，从实践唯物主义的角度探讨了价值的内涵。上海师范大学马克思主义学院周中之教授在总结历史经验的基础上，阐述了当代中国马克思主义伦理学的实践逻辑。华中师范大

学马克思主义学院龙静云教授结合马克思主义权利义务观探讨了新时代演艺工作者的社会责任。中国人民大学哲学院副院长张霄教授系统阐述了马克思主义伦理学的基本构成。清华大学高校德育研究中心肖巍教授结合当前对新冠疫情的防控实践,探讨了对生命政治学的思考。北京大学马克思主义学院副院长陈培永教授提出要结合新时代特征,不断丰富与充实马克思主义正义论的科学内涵,助推中国的公平正义社会建设实践。辽宁大学哲学学院院长吕梁山教授结合保罗·布莱克雷奇的著作,系统阐释了马克思主义道德观对现代道德理论,尤其是对自由主义道德观的超越。西南财经大学马克思主义学院段江波教授从重建伦理秩序和造就道德"新人"的角度,解读了中国共产党百年道德建设的历史使命。

在下午的分会场上,来自《哲学动态》《江海学刊》《齐鲁学刊》《广东社会科学》《浙江社会科学》《福建论坛》《湖北大学学报》《财经科学》等学术期刊的代表主持分论坛。来自清华大学、北京大学、中国人民大学、中共中央党校、中国社会科学院、浙江大学、南开大学、吉林大学、天津大学、四川大学、西南大学、辽宁大学、西南财经大学等高校的40余名专家学者围绕会议主题就"马克思主义伦理学基础理论""马克思主义正义和平等观念的现实关怀""新时代马克思主义伦理学的探索和实践""中国共产党百年道德建设的历史使命"等方面内容进行深入交流、研讨。与会专家认为,中国共产党成立100年来,始终坚持为中国人民谋幸福、为中华民族谋复兴的初心使命,在领导中国人民站起来、富起来、强起来的伟大征程中谱写了壮丽的历史篇章。在此过程中,马克思主义既是中国革命和建设的指导思想,也是推动我国伦理和道德现代化进程的行动指南。在中国共产党成立100周年之际,回顾马克思主义伦理学在中国的传播与发展历史,思考马克思主义伦理学在推动我国建成社会主义现代化强国进程中的历史使命与责任担当,对于当代中国学人而言,具有十分重要的学术价值和实践意义。要切实以习近平新时代中国特色社会主义思想为指导,聚焦社会现实问题,为推动中国式现代化道路发展、繁荣马克思主义伦理学研究做出更大贡献。

第七届"首都伦理审查能力建设与发展论坛"

参加人员:来自国家卫生健康委、北京大学、上海交通大学、首都医科大学、国家老年医学中心、中国医学科学院、中国中医科学院、北京医院、北京协和医院、北京积水潭医院以及《中国医学伦理学》杂志、《医师报》等单位近500名专家学者参与

主办单位：由北京医学伦理学会主办，北京医院·国家老年医学中心承办，《中国医学伦理学》杂志和《医师报》社协办

时间：2021年10月29日—10月30日

地点：北京

主要议题：伦理审查护航健康中国

一、伦理政策和平台建设论坛

论坛邀请到国家卫生健康委科技教育司和中国生物技术发展中心专家对国家科研诚信政策和人类遗传资源政策进行解读，从科研诚信的建设意义、建设历程、国家出台政策文件解读以及近期开展的医学科研诚信与作风学风建设专项教育整治活动，到国内、国外生物安全战略，以及国家出台的适合国情并与国际接轨的生物安全行政管理体系和法律法规体系等方面进行了介绍，引导广大科研人员营造风清气正的学术环境，保护我国人类遗传资源，维护国家生物安全和人民生命健康。首都医科大学党委副书记刘芳教授分析了我国人口老龄化及老年医学研究现状，分享了关于老年健康伦理建设的思考和建议。中国医学科学院北京协和医学院翟晓梅教授对WHO人类基因组编辑治理框架进行介绍，针对基因编辑监管问题提出切实可行的建议和方案。首都医科大学宣武医院王香平教授介绍了北京地区伦理审查互认联盟的建设情况，分析了联盟未来建设的挑战和发展方向。《中国医学伦理学》杂志编辑部吉鹏程主任回顾了伦理学研究热点问题和研究思路，并对未来的研究热点进行分析。

二、老年相关疾病伦理审查论坛

北京医院国家老年医学中心主任委员王建业教授解读老年医学临床研究伦理审查指南，从老年医学研究定义、研究方案设计、知情同意和老年受试者特殊照护等方面进行强调。中国医学科学院肿瘤医院李宁教授介绍了肿瘤疾病研究的特点和伦理审查注意事项。中国医学科学院阜外医院王杨教授从伦理角度对心血管疾病临床研究设计进行了介绍，提出心血管疾病研究需重点关注对照设置、终点选择、受试者保护等伦理问题。北京医院施红教授对北京医院安宁疗护指导中心的工作情况进行了总结，对未来重点开展的安宁疗护工作和人才培养提出了建议。

三、伦理审查和管理实践论坛

北京积水潭医院王美霞主任结合新冠肺炎相关药物、疫苗临床研究特点，分享了相关伦理审查原则和审查要素的思考。首都医科大学附属北京佑安医院盛艾娟主任介绍了电子知情同意研究进展，探讨了电子知情同意

的国内外应用和可行性,提出了电子知情同意的认可与推广、保密与隐私等对策。在伦理管理大家谈环节,北京医院于玲玲主任通过研究伦理委员会数量、伦理办公室归属、伦理审查互认和科研诚信建设等热点问题,分享了北京医院伦理管理和诚信建设的探索和实践。北京协和医院白桦处长介绍了咨询仲裁模式等伦理委托审查模式和协和医院接受伦理审查委托的经验。中国中医科学院西苑医院訾明杰主任对不同类别伦理审查管理信息化系统建设分别做介绍,并对信息系统的应用前景进行了展望。

四、医学新技术伦理审查论坛

北京医院马洁教授介绍了细胞治疗研究的相关法规、管理规定以及开展细胞治疗研究的关键环节。北京大学肿瘤医院李洁教授结合自身经验介绍了免疫细胞临床研究设计和伦理审查注意事项。北京大学第六医院王雪芹主任介绍了脑机接口研究分类、研究进展以及和伦理审查建议。中国医学科学院北京协和医学院关健教授介绍了基于医学大数据的研究情况和相关伦理管理经验。中国医学科学院动物所邓巍教授分享了实验动物研究的伦理审查原则、审查方式、流程以及审查要点。北京大学人民医院母双主任根据国家最新管理要求,结合研究者发起研究的过程管理和研究者发起研究的特点,介绍了研究者发起研究的伦理审查考量。上海交通大学医学院附属仁济医院陆麒主任介绍了泛知情同意在医疗机构实施时需注意的相关问题并提出了解决建议。

首届中原学之中原伦理学高层论坛

参加人员:来自河南省社会科学界联合会、河南省伦理学会、郑州大学、河南财经政法大学、河南工程学院、浙江理工大学等单位的22名专家学者参会

主办单位:由河南省社会科学界联合会和郑州大学主办,河南省伦理学会、郑州大学公民道德建设与教育研究中心、河南财经政法大学道德与文明研究中心联合承办

时间:2021年11月28日

地点:郑州

主要议题:中原伦理学与构建人类文明新形态

河南省社会科学界联合会党组书记李庚香围绕"中原伦理学与构建人类文明新形态"做大会主旨发言。他指出我们要依托中原丰厚的文化资源和深厚的道德底蕴,推动中原伦理学成为中原学高峰,用时代之需解时代

难题,对传统社会伦理道德进行创造性转化和创新性发展,构建人类文明新形态。河南省人大常委会农村工作委员会主任张琼认为,要加大中原伦理学宣传力度,让中原伦理学走出中原,得到国内外的认可。中原伦理学要围绕道德和利益这一基本问题展开学术探索,积极推动思想道德教育,让我们的思想道德跟上经济社会发展的步伐。郑州大学公民道德建设与教育研究中心首席专家秦树理以"让太极文化活起来,推进中华文明复兴"为主题,指出太极文化是中华文明的源头,以及对中国人世界观产生的影响,全面表达了中华民族智慧、善良、正义、和谐的性格。郑州大学公民道德建设与教育研究中心首席专家王东虓以"发掘精神生活共同富裕宝藏,保障精神生活共同富裕"为主题,表达了"要大家都好、要明天更好"的仁爱发展理念,论述了"要大家都好的善良国民性"的深刻内涵。郑州大学马克思主义学院教授辛世俊围绕"再植中国的精神伦理支撑"主题进行学术分享,就文明以止的底线伦理、自强不息的奋斗精神、家国同构的爱国精神、雍容天下的中道精神四个问题分享了自己的学术观点。浙江理工大学马克思主义学院院长渠长根将中原精神归纳为"守正创新、包容图强"八个字,认为"守正"是守卫、传承和壮大中原优秀传统文化,"创新"是用新的手段表达中原文化,"包容"是中原文化海纳百川的文化特质,"图强"是最终目标。其他专家学者先后进行了精彩发言,本次中原伦理学高层论坛具有重要的现实意义和学术理论意义。

"共同富裕与经济正义"学术研讨会

参加人员:来自中国社会科学院、南京师范大学、华中师范大学、上海交通大学、同济大学、上海财经大学、湖北大学、湖南科技大学、中国人民解放军国防大学、武汉工程大学、广西师范大学、贵州师范大学、山西大学、河北大学、合肥工业大学、三峡大学、上海理工大学、上海师范大学、上海师范大学天华学院等高校和科研机构的80余名专家学者出席了会议

主办单位:由中国伦理学会经济伦理专业委员会和上海市伦理学会主办,上海师范大学马克思主义学院和上海师范大学经济伦理研究中心承办,贵州黔南民族师范学院马克思主义学院和上海师范大学天华学院马克思主义学院协办

时间:2021年11月27日

地点:上海师范大学

主要议题:共同富裕与经济正义

一、共同富裕的哲学伦理基础

中国社会科学院哲学所孙春晨教授对实现共同富裕的制度伦理、经济伦理、道德伦理路径进行了阐释。上海师范大学哲学系晏辉教授谈到了四种市场主体、市场主体的三重身份、可供分配的四种要素,对共同富裕的伦理性和道德基础问题做出释析和论证。中国人民解放军国防大学政治学院丁雪枫教授梳理了公平的正义对功利的正义的道德合理性批判问题,对促进我国社会共同富裕提出了见解。同济大学马克思主义学院邵龙宝教授提出,要解决基本民生问题、实现共同富裕就应从传统儒家智慧中去寻找思想资源,加以创造性转化和应用。上海师范大学哲学系高惠珠教授从贫富话语的历史流变出发,指出共同富裕理论是经济伦理的时代创新和人类文明新形态的鲜亮特色。湖南科技大学马克思主义学院罗建文教授认为共同富裕想要行稳致远,就要让资本的力量服务于和服从于共同富裕的价值目标。上海交通大学安泰管理学院周祖城教授谈到,企业对促进共同富裕有着重要责任。

二、三次分配与共同富裕的伦理支持

合肥工业大学马克思主义学院罗健教授阐释了共同富裕下第三次分配的"平等、公正、自由、友善"之四重伦理意涵。上海师范大学哲学与法政学院毛勒堂教授站在经济正义的视角,对经济正义作为共同富裕的重要价值支撑问题做出研讨。湖北大学哲学学院强以华教授对前两次分配的优势与局限和第三次分配的性质与超越进行了阐述。武汉工程大学马克思主义学院严郁洁对共同富裕与中国特色社会主义分配伦理做了交流。上海师范大学马克思主义学院周中之教授指出,慈善公益是三次分配的主要内容,是实现共同富裕不可或缺的支持力量。要用大慈善的概念理解慈善,在理念上确立新的慈善伦理观念,在实践上要为慈善伦理的作用提供制度保障。

三、马克思主义学说与共同富裕

湖南第一师范学院马克思主义学院贺汉魂教授探析了马克思分配正义思想的共享精神及现实意义。上海师范大学马克思主义学院谢江平教授梳理了马克思、恩格斯的税收思想,指出了其对于我国完善收入分配机制、走共同富裕之路的借鉴指导意义。河北大学哲学学院黄云明教授阐发了马克思劳动哲学中的劳动工具理论。三峡大学马克思主义学院岳俊峰阐释了共产主义生产资料的分配原则。黔南民族师范学院经管学院党委副书记王廷勇强调,党建引领乡村振兴是实现共同富裕的重要一环。广西师范大学马克思主义学院王成副教授指出,以基层党组织建设引领实现农村共同富裕是实现全社会共同富裕的必然要求。

四、中国特色社会主义与共同富裕之路

中国人民解放军国防大学政治学院孙力教授基于社会公平正义的角度，讲解了中国共产党百年创造的三大伟业。上海师范大学天华学院鞠立新教授以《略论生产关系环节的有机同一性与共富机制的全端塑造》为题，系统讲述了生产、分配、交换、消费等环节与社会公平正义之间的关系。华中师范大学龙静云教授谈到，消费自由作为人的一种必然的权利，必须要用消费责任来进行制约。山西大学马克思主义学院刘美玲教授认为，实现乡村慈善文化振兴发展能够推动和谐乡村的构建。上海理工大学马克思主义学院陈东利认为，运用区块链技术赋能三次分配是解决慈善治理公平和效率问题、提升慈善组织公信力，进而完善三次分配手段的现代化表达。上海财经大学马克思主义学院孙莹与安徽大学马克思主义学院谢小飞分别以《共同富裕的经济伦理维度探析》和《中国共产党追求共同富裕的理论溯源、现实意蕴及实现路径》为题进行了发言。

五、青年学者对共同富裕的探索

贵州师范大学马克思主义学院蒋旭以《中国社会主义分配制度研究热点与发展趋势——基本CITESPACE量化研究》为题发言。福建师范大学马克思主义学院汪淼通过对马克思《资本论》中两大部类理论的研究，阐述了其对实现共同富裕的指导意义。上海师范大学经济伦理研究中心王慧莲指出，数字化建设、数字化转型和数字化改革将有助于实现共同富裕。上海师范大学马克思主义学院于跃以《共同富裕与中国特色社会主义》为题做了发言。

第五届中国电影伦理学学术论坛

参加人员：来自北京大学、中国人民大学、北京师范大学、西南大学、中国传媒大学、北京电影学院、四川大学、华中师范大学、上海大学、海南师范大学、重庆人文科技学院等50余所高校、研究机构共计100余名专家学者参会

主办单位：西南大学、北京电影学院、重庆人文科技学院联合主办

时间：2021年12月19日

地点：重庆人文科技学院

主要议题：中国电影伦理学派的路径与方法、电影伦理学的学科深化

主题发言环节中，西南大学袁智忠教授介绍了中国电影伦理学的产生与发展历程，描述了其繁荣有序的发展现状，阐释了该学派的基本构想及

价值皈依,并提出构建中国电影伦理学学派需要从"新文科、中国电影学派、中国电影传播和民族文化软实力提升"三个视角进行观照;中国电影评论学会会长饶曙光结合《"十四五"中国电影发展规划》和热映影片《雄狮少年》《误杀2》,呼吁文艺家关注现实生活和人性,践行文化使命;北京师范大学周星教授从伦理视角回顾中国电影发展历程,揭示中国人生存的心理和家庭生存的密码,同时引用大量的经典电影文本,论述了伦理观在电影创作中潜移默化的作用。北京大学陈旭光教授呼吁伦理研究要与时俱进,避免泛伦理主义及伦理大批判,对年轻群体中出现的新文化和新伦理要持宽容态度。西南大学虞吉教授梳理了中国电影发展的不同历史时期所形成的伦理标识,并强调中国电影不仅要遵循商业伦理更要坚守良心主义。北京电影学院未来影像高精尖创新中心学术部部长贾磊磊对中国电影伦理学提出了更高目标。他指出,中国电影伦理学学派需要更加注重逻辑、注重推理、注重思辨,需要在全球化文化视野的语境下进行时代建构,为中国电影、世界电影提供理论支撑。

分论坛上,39位专家学者就中国电影伦理学派的路径与方法和电影伦理学的学科深化与个案进行广泛交流,展开了智慧碰撞,阐释了影像世界的伦理走向。其中,中国电影艺术研究中心研究员左衡做了题为《审美趣味背后的文化意味和伦理立场》的报告。中国人民大学教授陈阳做了题为《对话世界·熔铸灵魂——中国电影叙事伦理的核心命题之一》的报告。中国传媒大学教授卢蓉做了题为《记忆的形象:科幻影像伦理思考》的报告。中国传媒大学教授教授史博公及其博士研究生吴岸杨做了题为《1980年代中国电影里的城市青年婚恋研究》的报告。上海大学教授黄望莉做了题为《通俗叙事中的文化保守主义及其伦理意义探寻》的报告。华中师范大学教授彭涛做了题为《身份缝合·道德书写:新时期电影"拟家庭"叙事》的报告。陕西师范大学教授牛鸿英做了题为《青年形象的影像位移——文化伦理视域中的青年文化研究》的报告。四川大学教授曹峻冰做了题为《中国当代主流道德伦理电影的叙事转向及启示》的报告。海南师范大学教授易连云做了题为《艺术的虚构与道德的真实——基于人性的道德预期》的报告。

重庆人文科技学院艺术学院副院长杨璟为本届论坛做了总结,此次中国电影伦理学学术论坛的顺利举行,为中国影像艺术的健康发展提供了学术支撑,注入了新鲜的理论资源。杨璟表示,中国电影伦理学学派的建设,是人类命运共同体理念下电影发展的重要趋势。

主要课题

立项课题

1. 文学伦理学批评的理论资源与对外传播研究,国家社科基金重大项目,苏晖,华中师范大学
2. 构建人类卫生健康共同体的伦理路径研究,国家社科基金重大项目,肖巍,清华大学
3. 中国共产党人百年伦理精神研究,国家社科基金重大项目,朱金瑞,河南财经政法大学
4. 文化强国背景下公民道德建设工程研究,国家社科基金重大项目,李萍,中国人民大学
5. 文化强国背景下公民道德建设工程研究,国家社科基金重大项目,龙静云,华中师范大学
6. 中国乡村道德的实证研究与地图平台建设,国家社科基金重大项目,王露璐,南京师范大学
7. 全人类共同价值研究,国家社科基金重大项目,龚群,山东师范大学
8. 全人类共同价值研究,国家社科基金重大项目,沈湘平,北京师范大学
9. 新时代中国特色社会主义公平正义理论与实践研究,国家社科基金重大项目,魏传光,暨南大学
10. 文学伦理学批评跨学科话语体系建构研究,国家社科基金重点项目,聂珍钊,浙江大学
11. 中国传统居住伦理文化研究,国家社科基金重点项目,陈丛兰,西安工业大学
12. 人工智能自我意识的可能性及其伦理问题研究,国家社科基金重点项目,陈万球,长沙理工大学
13. 敦煌藏文文献中多元伦理思想的交汇融通及当代价值研究,国家社科基金重点项目,才项多杰,青海民族大学
14. 18 世纪英国道德情感主义哲学逻辑演进研究,国家社科基金重点

项目,李家莲,湖北大学

15. 中国近代道德观念发展史研究,国家社科基金重点项目,郭清香,中国人民大学

16. 马克思财产权批判与社会正义理念研究,国家社科基金重点项目,张文喜,中国人民大学

17. 面向中国社会现实的马克思主义公平正义论的当代建构研究,国家社科基金重点项目,陈培永,北京大学

18. 中国武术伦理观的历史演进及新时代重构研究,国家社科基金一般项目,李朝旭,广州体育学院

19. 新时代中国特色体育伦理学学科体系建构研究,国家社科基金一般项目,龚正伟,上海体育学院

20. 网络主播传播行为的社会影响及其伦理规范研究,国家社科基金一般项目,丁方舟,浙江大学

21. 唐诗英译译者伦理体系研究,国家社科基金一般项目,张广法,南京邮电大学

22. 非物质文化遗产保护伦理原则研究,国家社科基金一般项目,周福岩,辽宁大学

23. 中共早期党员的组织伦理与家庭伦理建构(1921—1949),国家社科基金一般项目,张永,北京大学

24. 汉晋时期家庭伦理与社会治理研究,国家社科基金一般项目,李现红,海南师范大学

25. 我国重大疫情防控《伦理指南》的建构问题研究,国家社科基金一般项目,刘月树,天津中医药大学

26. 媒介史视域下的人工智能伦理研究,国家社科基金一般项目,郑根成,浙江工商大学

27. 后疫情时代的隐私伦理研究,国家社科基金一般项目,李志祥,南京师范大学

28. 中医生命伦理思想史研究,国家社科基金一般项目,杨静,成都中医药大学

29. 网络慈善的伦理风险研究,国家社科基金一般项目,黄瑜,广东财经大学

30. 技术伦理的精神人文主义转向研究,国家社科基金一般项目,郦平,河南财经政法大学

31. 康德的元伦理学思想研究,国家社科基金一般项目,张会永,厦门大学

32. 东欧新马克思主义伦理思想及其现实启示研究,国家社科基金一般项目,张笑夷,哈尔滨工程大学

33. 普鲁塔克治疗伦理及其当代价值研究,国家社科基金一般项目,李丽丽,沈阳师范大学

34. 先秦法家伦理思想研究,国家社科基金一般项目,焦秀萍,山西大学

35. 托马斯·阿奎那德性伦理学研究,国家社科基金一般项目,赵琦,上海社会科学院

36. 中国传统哲学的性别伦理观反思和创造性转化研究,国家社科基金一般项目,寇征,河北师范大学

37. 伦理学视域中的全球贫困及其治理进路研究,国家社科基金一般项目,胡军良,西北大学

38. 社会偏好理论与美好生活实现的伦理学研究,国家社科基金一般项目,龚天平,中南财经政法大学

39. 中国竞技体育的道德窘境与伦理引领研究,国家社科基金一般项目,刘雪丰,湖南师范大学

40. 智能环境的伦理治理研究,国家社科基金一般项目,顾世春,沈阳建筑大学

41. 人工智能与思想政治教育融合创新的伦理路径研究,国家社科基金一般项目,谢娟,济南大学

42. 法兰克福学派批判理论的伦理嬗变研究,国家社科基金一般项目,丁乃顺,山东理工大学

43. 构建网络空间命运共同体的伦理原则和道德实践研究,国家社科基金一般项目,代峰,江西师范大学

44. 新时代道德治理视域下员工揭发决策生成机制及审慎引导研究,国家社科基金一般项目,丁明智,安徽理工大学

45. 健康中国视域下大众健身参与的道德资本效应研究,国家社科基金一般项目,张忠,南京体育学院

46. 新时代公民道德建设的多元共建路径研究,国家社科基金一般项目,龙静云,华中师范大学

47. 基于GIS的中国乡村道德地图研究,国家社科基金一般项目,王露

璐,南京师范大学

48. 当代道德认知前沿问题的哲学研究,国家社科基金一般项目,孟伟,聊城大学

49. AI时代中国公民道德选择能力的定性与定量研究,国家社科基金一般项目,潘军,贵州商学院

50. 乡村振兴战略与脱贫区公民道德建设研究,国家社科基金一般项目,周双娥,湖南文理学院

51. 近代日本社会思想转型中的财富与美德之争研究,国家社科基金一般项目,商兆琦,复旦大学

52. 中华传统美德融入乡村治理现代化的路径研究,国家社科基金一般项目,刘月霞,河北经贸大学

53. 后真相时代的事实与价值问题研究,国家社科基金一般项目,孙美堂,中国政法大学

54. 公平正义视野下的数字鸿沟及矫正机制研究,国家社科基金一般项目,柳平生,云南大学

55. 抗击新冠肺炎疫情中国行动的正义性研究,国家社科基金一般项目,邹平林,南华大学

56. 生态文明视野中的气候正义问题研究,国家社科基金一般项目,滕菲,中国人民大学

57. 数字技术驱动乡村治理的伦理风险防范研究,国家社科基金青年项目,唐志远,湘潭大学

58. 机器人自主决策的伦理研究,国家社科基金青年项目,刘鸿宇,南京农业大学

59. 核威慑的伦理约束研究,国家社科基金青年项目,刘利乐,中国社会科学院哲学研究所

60. 非人灵长类神经系统基因编辑的生命伦理学研究,国家社科基金青年项目,王赵琛,浙江大学

61. 人工智能时代的人—技伦理共同体研究,国家社科基金青年项目,贾璐萌,天津大学

62. 中西道德话语语义建构对比研究,国家社科基金青年项目,梅轩,华南理工大学

63. 马克思道德观对新时代公民道德建设的启示研究,国家社科基金青年项目,顾青青,杭州师范大学

·主要课题·

64. 风险分配的正义问题研究,国家社科基金青年项目,孟小非,广西师范大学

65. 数字化时代的劳动正义问题研究,国家社科基金青年项目,赵林林,福州大学

66. 中国共产党对马克思主义正义观的探索历程与独创,国家社科基金青年项目,杜利娜,浙江大学

67. 马克思恩格斯的共同体伦理原则研究,国家社科基金西部项目,刘琼豪,广西师范大学

68. 周秦君臣伦理变迁史研究,国家社科基金西部项目,惠翔宇,成都理工大学

69. 尼古拉·哈特曼《伦理学》翻译与研究,国家社科基金西部项目,杨俊英,西北政法大学

70. 《黄帝内经》伦理思想研究,国家社科基金西部项目,鲁西龙,陇东学院

71. 基层社会治理视域下家庭伦理文化功能及实现路径研究,国家社科基金西部项目,杨江民,重庆三峡学院

72. 西南边疆农村基层社会治理共同体建设的社区伦理基础研究,国家社科基金西部项目,王茂美,云南师范大学

73. 大后方抗战小说的家庭伦理叙事研究,国家社科基金西部项目,杨华丽,重庆师范大学

74. 新时代道德典范塑造与社会主义核心价值观建设研究,国家社科基金西部项目,柳之茂,兰州财经大学

75. 运用英雄模范人物传播社会主义核心价值观的内在机理研究,国家社科基金西部项目,吕焰,西安交通大学

76. 新发展阶段社会主义核心价值观融入新疆社会生活研究,国家社科基金西部项目,罗志佳,新疆师范大学

77. 乡村振兴背景下农村养老服务供给的价值共识、场域重构与运行机制研究,国家社科基金西部项目,曾易,贵州民族大学

78. 国民健康平等综合评价指标体系及预警监测系统研究,国家社科基金西部项目,苟晓霞,西北师范大学

79. 以人民为中心思想的实践哲学基础及其效度研究,国家社科基金西部项目,曹瑜,西北工业大学

80. 《正义论》评注,国家社科基金后期资助项目(重点项目),张国清,

浙江大学

81. 残障正义:框架、议题与实践,国家社科基金后期资助项目(重点项目),张万洪,武汉大学

82. 马克思的劳动伦理:从异化到人的解放,国家社科基金后期资助项目(一般项目),张亲霞,西安外国语大学

83. 柏拉图德性伦理学体系研究,国家社科基金后期资助项目(一般项目),何祥迪,重庆大学

84. 柏拉图伦理学研究,国家社科基金后期资助项目(一般项目),张波波,浙江财经大学

85. 实存与自由:斯宾诺莎的普遍伦理学研究,国家社科基金后期资助项目(一般项目),吴树博,同济大学

86. 伦理叙事与明清通俗小说的文化史研究,国家社科基金后期资助项目(一般项目),朱锐泉,天津师范大学

87. 普鲁斯特作品的存在论与伦理学研究,国家社科基金后期资助项目(一般项目),郭晓蕾,中山大学

88. 人工智能传播伦理与治理研究,国家社科基金后期资助项目(一般项目),杨旦修,云南财经大学

89. 儒家伦理与后现代组织,国家社科基金后期资助项目(一般项目),胡国栋,东北财经大学

90. 商业伦理研究,国家社科基金后期资助项目(一般项目),袁靖波,深圳大学

91. 双重影响与系统优化:家庭变迁背景下未成年人道德养成研究,国家社科基金后期资助项目(一般项目),杨静慧,江苏师范大学

92. "制治"时代公共政策的道德含量评估研究,国家社科基金后期资助项目(一般项目),张晒,东南大学

93. 会计职业道德决策理论研究,国家社科基金后期资助项目(一般项目),张禾,西安交通大学

94. 公共德性:新时代社会主体发展的实践指向,国家社科基金后期资助项目(一般项目),宋洁,上海电机学院

95. 价值观启蒙视野中的"五四模式"及后续演变,国家社科基金后期资助项目(一般项目),郑伟,北京师范大学

96. 社会主义核心价值观大众认同机理研究,国家社科基金后期资助项目(一般项目),易刚,西华师范大学

97. 马克思政治经济学批判的价值立场研究,国家社科基金后期资助项目(一般项目),黎昔柒,长沙师范学院

98. 科学思想市场中认知与价值问题研究,国家社科基金后期资助项目(一般项目),王一雪,河北工业大学

99. 公共生活中学生的价值判断及其培育,国家社科基金后期资助项目(一般项目),高洁,首都师范大学

100. 理论与实践:马克思平等思想的政治哲学考察,国家社科基金后期资助项目(一般项目),陈权,中山大学

101. 中国共产党经济理论创新的百年道路与经验总结研究,教育部哲学社会科学研究重大课题攻关项目,周绍东,武汉大学

102. 中国传统文化中的人类命运共同体价值观基础研究,教育部哲学社会科学研究重大课题攻关项目,朱承,华东师范大学

103. 中国哲学形态发展史研究,教育部哲学社会科学研究重大课题攻关项目,郝立忠,山东师范大学

104. 网络算法分发模式与大学生价值观引导研究,教育部哲学社会科学研究重大课题攻关项目,申小蓉,电子科技大学

105. 新时代中国特色法治文化建设与社会主义核心价值观同构研究,教育部人文社会科学研究规划基金项目,张蓉,安徽工业大学

106. 美好生活视域下生态公平问题研究,教育部人文社会科学研究规划基金项目,陈芬,长沙理工大学

107. 中国共产党追求社会公平正义的百年历程及经验研究,教育部人文社会科学研究规划基金项目,王文峰,临沂大学

108. 群己观的近代化转型及新时代价值研究,教育部人文社会科学研究规划基金项目,伊丽娜,岭南师范学院

109. 社会主义核心价值观视域下的道德虚无主义批判与矫治研究,教育部人文社会科学研究规划基金项目,李娜,山东管理学院

110. 建党百年中国共产党青年价值观建设逻辑与经验研究,教育部人文社会科学研究规划基金项目,王玉萍,无锡学院

111. 人类命运共同体构建中的全球正义问题研究,教育部人文社会科学研究规划基金项目,彭富明,河南科技大学

112. 哈尼夫·库雷西移民书写的(反)成长叙事及其文学伦理研究,教育部人文社会科学研究规划基金项目,王进,暨南大学

113. 中国网络综艺节目的文化生产和价值导向研究,教育部人文社会

科学研究规划基金项目,文卫华,北京交通大学

114. 中国自行车设计的转型与价值变迁研究(1949—1999),教育部人文社会科学研究规划基金项目,曹鸣,江南大学

115. 建党百年红色经典绘画作品的核心价值研究,教育部人文社会科学研究规划基金项目,王宪玲,南宁师范大学

116. 中国游戏伦理建构研究,教育部人文社会科学研究规划基金项目,孙淑萍,湘潭大学

117. 移动短视频影像伦理研究,教育部人文社会科学研究规划基金项目,潘可武,中国传媒大学

118. 价值共创视角下数字化教育服务生态系统构建及协同机制研究,教育部人文社会科学研究规划基金项目,左莉,北京交通大学

119. 在线平台顾客参与价值共创的负向效应及干预机制研究,教育部人文社会科学研究规划基金项目,朱丽叶,广东外语外贸大学

120. 助农扶贫直播价值共创机制研究:线索利用理论的视角,教育部人文社会科学研究规划基金项目,厉杰,西交利物浦大学

121. 乡村产业用地错配的全要素价值核算、形成机理与纠错机制研究,教育部人文社会科学研究规划基金项目,韩璐,浙江财经大学

122. 基于品德测量的研究生学术道德品德教育模式研究,教育部人文社会科学研究规划基金项目,肖健,南方医科大学

123. 美好生活与人的处境研究,教育部人文社会科学研究规划基金项目,成海鹰,汕头大学

124. 面向多场景社会经济发展评价的电力数据价值深度挖掘方法研究,教育部人文社会科学研究规划基金项目,王蓓蓓,东南大学

125. 基于大数据的生物技术风险分析和工程伦理研究,教育部人文社会科学研究规划基金项目,李辉,北京化工大学

126. "政治体检"的伦理意蕴与靶向治理研究,教育部人文社会科学研究规划基金项目,高振岗,西安科技大学

127. 我国草地生态系统旅游服务价值评价及价值实现机制研究,教育部人文社会科学研究青年基金项目,亢楠楠,北京大学

128. 美国华裔剧作家黄哲伦跨文化戏剧的伦理表达研究,教育部人文社会科学研究青年基金项目,王璐,暨南大学

129. 基于劳动力市场新形态的大学生就业价值取向研究,教育部人文社会科学研究青年基金项目,张丽,吉林警察学院

130. 都市女律师身份认同研究,教育部人文社会科学研究青年基金项目,王瑞超,华东理工大学

131. 空间正义视域下边缘村的生成逻辑与治理策略研究,教育部人文社会科学研究青年基金项目,黄雪丽,华中师范大学

132. 老龄化背景下孝道的代际差异及其对代际团结的影响机制研究,教育部人文社会科学研究青年基金项目,孙配贞,江苏师范大学

133. 价值共创视角下城市居民自愿碳交易行为影响机理与助推政策研究,教育部人文社会科学研究青年基金项目,郭道燕,西安科技大学

134. 人工智能伦理危机下的数字人权与算法治理研究,教育部人文社会科学研究青年基金项目,张园,河北地质大学

135. 中美外交关系对企业价值的影响研究,教育部人文社会科学研究青年基金项目,毛薇,广西大学

136. 社交媒体女性主义话语形态与形塑机制研究,教育部人文社会科学研究青年基金项目,凌绮,北京交通大学

137. 人工智能伦理困境对消费者态度的影响研究,教育部人文社会科学研究青年基金项目,金慧贞,吉林大学

138. 新中国17年主题性版画的叙事伦理研究(1949—1966),教育部人文社会科学研究青年基金项目,任慧慧,湘南学院

139. 米歇尔·福柯伦理思想及其现代性研究,教育部人文社会科学研究青年基金项目,杜玉生,南京信息工程大学

140. 当代航天技术与太空伦理的协同建构研究,教育部人文社会科学研究青年基金项目,陈首珠,北方工业大学

141. 基于负责任创新的人工智能伦理治理机制研究,教育部人文社会科学研究青年基金项目,杨利利,北京印刷学院

142. 后疫情时代科技治理的伦理路径研究,教育部人文社会科学研究青年基金项目,晏萍,大连理工大学

143. 列维纳斯他者哲学视域下的欲望理论研究,教育部人文社会科学研究青年基金项目,王光耀,东北大学

144. 康德"《法权学说》手稿"的翻译与研究,教育部人文社会科学研究青年基金项目,汤沛丰,暨南大学

145. 后扶贫时代发展伦理嵌入乡村贫困治理的价值与实践研究,教育部人文社会科学研究青年基金项目,杨伟荣,曲阜师范大学

146. 人类生殖系基因编辑的哲学研究,教育部人文社会科学研究青年

基金项目,陆群峰,上海交通大学

147. 元结构视域下的马克思正义理论研究,教育部人文社会科学研究青年基金项目,许国艳,同济大学

148. 直觉主义认知逻辑及其哲学意蕴研究,教育部人文社会科学研究青年基金项目,程华清,安徽师范大学

149. 马克思《法兰西内战》国家制度批判理论的文本分析与当代价值研究,教育部人文社会科学研究青年基金项目,许文星,北京化工大学

150. 新时代社会主义核心价值观对外传播的效果及策略研究,教育部人文社会科学研究青年基金项目,陈顺伟,北京化工大学

151. 数字经济时代马克思劳动价值论的当代性研究,教育部人文社会科学研究青年基金项目,田曦,北京理工大学

152. 陌生人社会境遇下道德冷漠防控机制研究,教育部人文社会科学研究青年基金项目,邹贵波,贵州师范大学

153. 习近平总书记关于劳动幸福重要论述的思想内涵及其实践路径研究,教育部人文社会科学研究青年基金项目,汤素娥,湖南大学

154. 人工智能与思想政治教育融合创新研究:技术赋能、风险挑战与价值建构,教育部人文社会科学研究青年基金项目,王寅申,华东理工大学

155. 美好生活视域下城市社区居民友善观养成研究,教育部人文社会科学研究青年基金项目,叶舒凤,南京信息工程大学

156. 新时代青年美好生活观及其价值引导研究,教育部人文社会科学研究青年基金项目,程婧,天津理工大学

157. 习近平总书记关于培养时代新人重要论述的逻辑体系与价值指向研究,教育部人文社会科学研究青年基金项目,石海君,西南大学

158. 中国大学生价值取向现状调查及引导研究,教育部人文社会科学研究青年基金项目,高宇,中国传媒大学

159. 道德秩序视阈下网络语言暴力的语用生态研究,教育部人文社会科学研究青年基金项目,陈倩,西北师范大学

160. 建党百年中国共产党价值观与中国电影发展路径研究,教育部哲学社会科学研究后期资助项目(重大项目),周星,北京师范大学

161. 当代文学批评核心价值概念研究,教育部哲学社会科学研究后期资助项目(重大项目),寇鹏程,西南大学

162. 基于价值冲突的高等教育政策分析研究,教育部哲学社会科学研究后期资助项目(重大项目),赵庆年,华南理工大学

163. 百年来中国共产党人对"五四精神"的纪念、诠释及其价值意义研究,教育部哲学社会科学研究后期资助项目(一般项目),刘宗灵,电子科技大学

164. "社会—生态"视阈下马克思主义生态正义思想研究,教育部哲学社会科学研究后期资助项目(一般项目),陈怀平,长安大学

165. 《舍勒对康德伦理学的批判》(译著),教育部哲学社会科学研究后期资助项目(一般项目),钟汉川,南开大学

166. 大学生创业伦理培育的基础理论与实践探索研究,教育部人文社会科学研究专项任务项目(高校辅导员研究),任少伟,安徽理工大学

167. 红船精神在新时代职业院校实践育人工作中的价值引领作用研究,教育部人文社会科学研究专项任务项目(高校思想政治工作)辅导员骨干专项,肖明朗,嘉兴职业技术学院

168. 大学生网络欺凌干预——旁观者的"慎独"道德品质培养及其行为引导研究,教育部人文社会科学研究专项任务项目(高校思想政治工作)辅导员骨干专项,方勇,湖北中医药大学

169. 新时代高校辅导员职业伦理体系建构研究,教育部人文社会科学研究专项任务项目(高校思想政治工作)辅导员骨干专项,史慧明,南京师范大学

170. 社会主义核心价值观引领知识教育长效机制研究,教育部人文社会科学研究专项任务项目(高校思想政治工作)辅导员骨干专项,袁小平,南通大学

171. 新时代大学生劳动教育的价值意蕴、逻辑理路与实践路径研究,教育部人文社会科学研究专项任务项目(高校思想政治工作)辅导员骨干专项,张名艳,无锡商业职业技术学院

172. 疫情防控常态化背景下大学生就业价值观及其教育引导研究,教育部人文社会科学研究专项任务项目(高校思想政治工作)辅导员骨干专项,余卉,西南交通大学

173. 社会主义核心价值观引领新时代大学生生涯教育长效机制研究,教育部人文社会科学研究专项任务项目(高校思想政治工作)辅导员骨干专项,邓盛木,西南医科大学

174. 红色文化融入高校人才培养的价值与路径研究,教育部人文社会科学研究专项任务项目(高校思想政治工作)辅导员骨干专项,李锋,湘潭大学

175. "五育并举"视域下新时代高校劳动教育的价值定位及实践路径研究,教育部人文社会科学研究专项任务项目(高校思想政治工作)辅导员骨干专项,邱文伟,烟台大学

176. 基于红色文化的大学生社会主义核心价值观培育生活化研究,教育部人文社会科学研究专项任务项目(高校思想政治工作)辅导员骨干专项,马玲玲,盐城师范学院

177. 贯彻落实立德树人根本任务的体制机制研究,教育部人文社会科学研究专项任务项目(中国特色社会主义理论体系研究),李艳,东北师范大学

结项课题成果

1. 改革开放以来中国马克思主义伦理学的发展及前瞻研究,国家社科基金年度项目重点项目,肖祥,浙江师范大学

2. 重大公共卫生事件的社会伦理心态研究,国家社科基金年度项目重点项目,刘海明,重庆大学

3. 敦煌藏文文献《礼仪问答写卷》伦理思想研究,国家社科基金年度项目重点项目,才项多杰,青海民族大学

4. 中国共产党执政伦理建设研究,国家社科基金年度项目重点项目,戴木才,清华大学

5. 儒、道、佛学生态伦理思想内在结构比较研究,国家社科基金年度项目重点项目,任俊华,中共中央党校(国家行政学院)

6. 中国传统道德本体建构研究,国家社科基金年度项目重点项目,张怀承,湖南师范大学

7. 中国道路之于人类文明进步的价值研究,国家社科基金年度项目重点项目,谭培文,广西师范大学

8. 道德增强技术的伦理问题及其治理研究,国家社科基金年度项目一般项目,陈万球,长沙理工大学

9. 公共健康伦理的基本理论研究,国家社科基金年度项目一般项目,朱海林,湖南师范大学

10. "智能机器人"伦理问题研究,国家社科基金年度项目一般项目,高兆明,南京师范大学

11. 河流工程责任伦理研究,国家社科基金年度项目一般项目,李映红,河海大学

12. 环境伦理视域中的生态公民研究,国家社科基金年度项目一般项目,周国文,北京林业大学

13. 互联网金融伦理的理论与实践问题研究,国家社科基金年度项目一般项目,何华征,遵义师范学院

14. 公平视阈下荀子政治伦理及其当代价值研究,国家社科基金年度项目一般项目,陈光连,金陵科技学院

15. 本土媒体报道国际新闻的跨文化伦理问题与解决路径研究,国家社科基金年度项目一般项目,唐佳梅,广东外语外贸大学

16. 玛格丽特·阿特伍德的伦理思想研究,国家社科基金年度项目一般项目,袁霞,南京师范大学

17. 生态福利的伦理研究,国家社科基金年度项目一般项目,汤剑波,杭州师范大学

18. 伦理学视域下的中国反贫困研究,国家社科基金年度项目一般项目,陈江进,武汉大学

19. 当代中国慈善伦理范式转换研究,国家社科基金年度项目一般项目,王银春,吉首大学

20. 道德情感哲学研究:当代中西伦理之学理比较与互通的视野,国家社科基金年度项目一般项目,方德志,温州大学

21. 魏晋玄学伦理思想研究,国家社科基金年度项目一般项目,姜文明,青岛大学

22. 边疆少数民族传统伦理道德与农村社会治理研究,国家社科基金年度项目一般项目,龙庆华,红河学院

23. 新兴人类增强技术的 ELSI 与伦理环境构建研究,国家社科基金年度项目一般项目,冯烨,河南师范大学

24. 文明互鉴下的圣经犹太伦理与先秦儒家伦理比较研究,国家社科基金年度项目一般项目,谢桂山,山东社会科学院

25. 传播的数字化嬗变与规范重构:新媒体视角下的传播伦理研究,国家社科基金年度项目一般项目,王金礼,四川外国语大学

26. 社会主义核心价值观导引慈善伦理研究,国家社科基金年度项目一般项目,刘美玲,山西大学

27. 高技术企业衍生创业中创业伦理对利益相关者管理能力的影响研究,国家社科基金年度项目一般项目,马力,大连理工大学

28. 建构中华民族伟大复兴中国梦的伦理秩序研究,国家社科基金年

度项目一般项目,郭良婧,南京大学

29. 我国公务员公共伦理胜任力提升机制研究,国家社科基金年度项目一般项目,熊节春,南昌大学

30. 中国传统孝道养老伦理思想研究,国家社科基金年度项目一般项目,潘剑锋,湖南科技学院

31. 英美新马克思主义文学伦理学思想研究,国家社科基金年度项目一般项目,柴焰,中国海洋大学

32. 基于道德信仰的传统善恶报应思想研究,国家社科基金年度项目一般项目,孙长虹,温州大学

33. 公共政策视阈下的社会道德治理研究,国家社科基金年度项目一般项目,李耀锋,浙江传媒学院

34. 道德他律视域下的中国古代"民律官"模式及其当代价值研究,国家社科基金年度项目一般项目,高恒天,中南大学

35. 西方道德责任理论的历史嬗变,国家社科基金年度项目一般项目,郭金鸿,青岛大学

36. 英国社会道德问题研究(1660—1860),国家社科基金年度项目一般项目,姜德福,大连大学

37. 俄罗斯文学经典与公民道德建设研究,国家社科基金年度项目一般项目,李建刚,山东大学

38. 《道德经》在美国的译介与接受研究,国家社科基金年度项目一般项目,辛红娟,宁波大学

39. 共和主义视野中的德性与政体问题研究,国家社科基金年度项目一般项目,刘训练,天津师范大学

40. 儒家核心价值观研究,国家社科基金年度项目一般项目,李祥俊,北京师范大学

41. 《资本论》语境中马克思的社会公正观及其当代价值研究,国家社科基金年度项目一般项目,童萍,中共北京市委党校

42. 马克思主义自然观的生态文明意蕴及实践价值研究,国家社科基金年度项目一般项目,毛华兵,华中师范大学

43. 马克思主义休闲价值观及其当代意义研究,国家社科基金年度项目一般项目,吴文新,山东大学

44. 马克思主义正义思想的当代建构及其现实观照,国家社科基金年度项目一般项目,魏传光,暨南大学

·主要课题·

45. 新时代中国特色社会主义公平正义问题,国家社科基金年度项目一般项目,何建华,中共浙江省委党校

46. 习近平关于新时代中国特色社会主义公平正义重要论述研究,国家社科基金年度项目一般项目,廖小明,中共四川省委党校

47. 空间正义视域下我国当代城市空间治理研究,国家社科基金年度项目一般项目,尹才祥,南京信息工程大学

48. 基于公平正义的共享发展研究,国家社科基金年度项目一般项目,陈家付,山东大学

49. 正义论分析,国家社科基金年度项目一般项目,张国清,浙江大学

50. 马克思主义正义观研究,国家社科基金年度项目一般项目,林进平,中山大学

51. "正义—仁爱"互补与社会和谐发展研究,国家社科基金年度项目一般项目,常江,吉林师范大学

52. 法兰克福学派视域中民主与正义的关系研究,国家社科基金年度项目一般项目,杨礼银,武汉大学

53. 空间正义视角下生态移民聚落重构困境研究,国家社科基金年度项目一般项目,董亮,西南民族大学

54. 环境正义理论与实践研究,国家社科基金年度项目一般项目,张斌,河南中医药大学

55. 公正的园艺——玛丽安·摩尔诗论,国家社科基金年度项目一般项目,倪志娟,杭州电子科技大学

56. 人格权确权:传统与超越——人格权确权的伦理模式研究,国家社科基金青年项目,曹相见,山东农业大学

57. 纯粹自我与人格革新——胡塞尔伦理现象学研究,国家社科基金青年项目,黄晶,贵州师范大学

58. 信息化战争的伦理困境与社会规制研究,国家社科基金青年项目,石海明,国防科技大学

59. 美德伦理视域下生态道德治理研究,国家社科基金青年项目,王继创,山西大学

60. 移情伦理研究,国家社科基金青年项目,陈张壮,常熟理工学院

61. 传统儒家伦理思想的话语转换及对外传播研究,国家社科基金青年项目,吴雅思,中南财经政法大学

62. 欧洲生命伦理原则及其对我国的启示研究,国家社科基金青年项

目,陈慧珍,苏州科技大学

63. 英国摄政时期历史小说叙事伦理研究,国家社科基金青年项目,陈礼珍,杭州师范大学

64. "认识你自己"——尼采的道德哲学研究,国家社科基金青年项目,郭熙明,海南大学

65. 当代知识论研究的价值论转向及其学术意义研究,国家社科基金青年项目,胡星铭,南京大学

66. 中国城市变迁中的市民精神生成理路和价值特质研究,国家社科基金青年项目,马晓艳,安徽建筑大学

67. 儒家内在超越性的功夫模式及其当代价值研究,国家社科基金青年项目,彭战果,兰州大学

68. 当代西方政治哲学中的人权问题研究,国家社科基金青年项目,刘明,南开大学

69. 医疗公正的哲学内核,国家社科基金青年项目,尹洁,复旦大学

70. 先秦典籍中的伦理符号学思想研究,国家社科基金西部项目,祝东,兰州大学

71. 伦理的刑事司法运用研究,国家社科基金西部项目,张武举,西南政法大学

72. 滇黔桂少数民族聚居区民间道德教化与法治文明耦合研究,国家社科基金西部项目,邓艳葵,南宁师范大学

73. 当代中国学术道德建设研究,国家社科基金西部项目,阮云志,陕西科技大学

74. 儒家价值观及其当代意义研究,国家社科基金西部项目,郭明俊,西北政法大学

75. 生态美学视域中的蒙古族文学创作的审美价值取向研究,国家社科基金西部项目,田中元,内蒙古科技大学包头师范学院

76. 马克思现代性思想的生态危机批判及其当代价值研究,国家社科基金西部项目,余玉湖,重庆工商大学

77. 青年创业团队道德敏感性对绩效的影响机制研究:基于创业团队成长的视角,教育部人文社会科学研究青年基金项目,邓丽芳,北京航空航天大学

78. 滋生企业非伦理行为的内外部因素——基于团队决策层面的理论和实验研究,教育部人文社会科学研究青年基金项目,翁祉泉,北京师范

大学

79. 中小学教师职业道德"两个认同"的现状、关系与提升研究,教育部人文社会科学研究青年基金项目,杨小芳,杭州电子科技大学

80. 我国大学生运动员权利保障问题研究——以美、德、日、澳经验为借鉴,教育部人文社会科学研究青年基金项目,罗小霜,湖南工业大学

81. 心灵美与道德善的神经关联研究,教育部人文社会科学研究青年基金项目,向燕辉,湖南师范大学

82. 先秦儒家传播思想与春秋战国的政治沟通,教育部人文社会科学研究青年基金项目,姚锦云,暨南大学

83. 中国梦与信念伦理研究,教育部人文社会科学研究青年基金项目,李西杰,江苏科技大学

84. 福利多元化背景下我国民营养老机构发展路径研究,教育部人文社会科学研究青年基金项目,任天舟,浙江工业大学

85. 公正轨迹对权威合法性感知的影响机制研究,教育部人文社会科学研究青年基金项目,梁娟,湖北大学

86. 冲突与抉择:国际视野下一流大学社会筹款的伦理,教育部人文社会科学研究青年基金项目,李庆成,淮北师范大学

87. 新自由主义的意识形态性及其对中国的影响研究,教育部人文社会科学研究青年基金项目,云莉,内蒙古师范大学

88. 大数据环境下基于多维隐私顾虑的移动电商用户精准服务推荐研究,教育部人文社会科学研究青年基金项目,郭飞鹏,浙江工商大学

89. 少数人权利保护制度的国际比较研究,教育部人文社会科学研究青年基金项目,李涵伟,中南民族大学

90. 不同行为代理条件下道德判断的神经机制研究:道德厌恶的作用,教育部人文社会科学研究青年基金项目,彭明,华中师范大学

91. 产品伤害危机下异质性企业社会责任声誉对消费者宽恕的影响研究,教育部人文社会科学研究青年基金项目,王汉瑛,山西财经大学

92. 庄子之"无"的美学精神研究,教育部人文社会科学研究青年基金项目,朱松苗,运城学院

93. 大数据背景下定向广告投放和隐私保护的协同机制与策略研究,教育部人文社会科学研究青年基金项目,赵江,浙江财经大学

94. 高校社会主义核心价值观教育引领机制研究——基于以劳模精神为载体的视角,教育部人文社会科学研究青年基金项目,李珂,中国劳动关

系学院

95. 英国早期现代的道德情感思想及其对中国社会治理的意义,教育部人文社会科学研究青年基金项目,杨璐,中国政法大学

96. 百年新诗"跨文体写作"演进及形式伦理研究,教育部人文社会科学研究青年基金项目,杨亮,大连理工大学

97. 《资本论》的价值哲学思想及其当代意义研究,教育部人文社会科学研究青年基金项目,李逢铃,福建师范大学

98. 弗雷泽全球化背景下的社会正义思想探究,教育部人文社会科学研究青年基金项目,袁丽,广东工业大学

99. 思想政治教育视域中德法兼修人才培养研究,教育部人文社会科学研究青年基金项目,舒婷婷,南京林业大学

100. 罗尔斯基于公平正义的社会稳定思想研究,教育部人文社会科学研究青年基金项目,宋伟冰,淮北师范大学

101. 小学生孝道信念养成的家庭影响机制追踪研究:家庭结构、父母孝道信念与父母教育卷入,教育部人文社会科学研究青年基金项目,郭筱琳,北京师范大学

102. 公序良俗原则类型化研究,教育部人文社会科学研究青年基金项目,杨德群,衡阳师范学院

103. 精准医学的伦理困境及其规制研究,教育部人文社会科学研究青年基金项目,陶应时,湖南大学

104. 蒙古英雄史诗生命观研究,教育部人文社会科学研究青年基金项目,包玉琼,内蒙古科技大学

105. 知识教育与德性教育的内在机理及转化机制研究,教育部人文社会科学研究青年基金项目,蒋冬双,西安电子科技大学

106. 绿色发展理念下的社会主义生态文明建设研究,教育部人文社会科学研究青年基金项目,李垣,西安电子科技大学

107. 伦理学视域下的唐·德里罗与余华小说比较研究,教育部人文社会科学研究青年基金项目,张敏,西北大学

108. 生命历程视角下早期不幸生活经历影响居民健康不平等的中介机制及干预研究,教育部人文社会科学研究青年基金项目,杨磊,中央民族大学

109. 习近平总书记关于青年社会责任的重要论述研究,教育部人文社会科学研究青年基金项目,郑士鹏,北京交通大学

主要课题

110. 作为文学性本源的麦金泰尔伦理叙事研究,教育部人文社会科学研究青年基金项目,宋薇,大连外国语大学

111. 柏拉图《泰阿泰德篇》研究,教育部人文社会科学研究青年基金项目,李守利,东北师范大学

112. 从身心交互论的视角研究康德意志自由的思想,教育部人文社会科学研究青年基金项目,仇彦斌,福建师范大学

113. 情感政治视域下的纳斯鲍姆正义理论研究,教育部人文社会科学研究青年基金项目,叶晓璐,复旦大学

114. 青年群体的新媒体政治参与和核心价值观认同研究,教育部人文社会科学研究青年基金项目,马燕,广西财经学院

115. 城市流动人口治理的伦理困境及破解路径研究,教育部人文社会科学研究青年基金项目,邹会聪,湖南涉外经济学院

116. 青少年的自我在网络空间中的扩展及其适应价值研究,教育部人文社会科学研究青年基金项目,牛更枫,华中师范大学

117. 马克思的历史客观性观念与虚无主义批判研究,教育部人文社会科学研究青年基金项目,刘雄伟,吉林大学

118. 基于道德推脱的游客不文明行为动因与影响机制研究,教育部人文社会科学研究青年基金项目,李涛,江苏师范大学

119. 生命历程理论视角下少数民族留守女性的生存状态与文化逻辑研究,教育部人文社会科学研究青年基金项目,连芙蓉,兰州大学

120. 电子商务中保护个人隐私的流程再造研究,教育部人文社会科学研究青年基金项目,马凤明,曲阜师范大学

121. 《礼记》的设计文化及其现代价值研究,教育部人文社会科学研究青年基金项目,朱国芳,山东青年政治学院

122. 分析马克思主义的机会平等理论研究,教育部人文社会科学研究青年基金项目,王坤,天津商业大学

123. 新媒体规制视角下美国消费者隐私保护机制的形成与演变,教育部人文社会科学研究青年基金项目,汪靖,同济大学

124. 道德型领导对员工职业健康的影响机制研究,教育部人文社会科学研究青年基金项目,涂乙冬,武汉大学

125. 人本主义教育思想视域下大学英语课程体系研究,教育部人文社会科学研究青年基金项目,黄莹,武汉科技大学

126. 思想政治教育对儒学教化的当代引领研究,教育部人文社会科学

研究青年基金项目,张世亮,中国矿业大学

127. 唐宋之际礼学思想的转型:文献与思想史研究,教育部人文社会科学研究青年基金项目,冯茜,中山大学

128. 冻融胚胎的伦理、法律与社会意蕴(ELSI)研究,教育部人文社会科学研究青年基金项目,廖晨歌,滨州医学院

129. 亚里士多德《诗学》的哲学研究,教育部人文社会科学研究青年基金项目,赵振羽,东北师范大学

130. 灾难与仁学——中国传统哲学视域下的灾难哲学建构,教育部人文社会科学研究青年基金项目,赵楠楠,广州大学

131. 在祛魅与返魅之间——世俗时代社会德育的失落与重塑,教育部人文社会科学研究青年基金项目,吕卫华,桂林医学院

132. 感性、德性与法性:三维电影艺术三大元问题研究,教育部人文社会科学研究青年基金项目,苏月奂,青岛大学

133. 马克思道德哲学基础问题纵深研究,教育部人文社会科学研究青年基金项目,杨荣,西北工业大学

134. 马克思主义生态观视域下西部民族地区新农村生态文明建设研究,教育部人文社会科学研究青年基金项目,程艳,玉林师范学院

135. 水利公共品的公正生成机制研究,教育部人文社会科学研究青年基金项目,胡伟,东南大学

136. 城乡一体化背景下教育资源配置的空间正义追求及实现路径研究,教育部人文社会科学研究青年基金项目,齐军,曲阜师范大学

137. 生态正义实践与生态现代化研究,教育部人文社会科学研究青年基金项目,张建辉,山西财经大学

138. 中华优秀传统体育文化中的德育资源及其当代价值研究——以中国传统射箭为例,教育部人文社会科学研究青年基金项目,倪京帅,上海对外经贸大学

139. 文学伦理学视野下的《失乐园》研究,教育部人文社会科学研究青年基金项目,罗诗旻,浙江工业大学

140. 在家庭中培育和践行社会主义核心价值观研究——传统家训教化资源的当代启示,教育部人文社会科学研究青年基金项目,安丽梅,中国人民大学

141. 环境税立法之环境税收入再循环机制研究,教育部人文社会科学研究规划基金项目,施正文,中国政法大学

142. 我国反校园欺凌立法的困境和进路研究,教育部人文社会科学研究规划基金项目,冯恺,中国政法大学

143. 互联网环境下个人隐私信息泄密的机制、模拟实验及治理研究,教育部人文社会科学研究规划基金项目,董新平,浙大宁波理工学院

144. 立美育德:当代高校立德树人路径研究,教育部人文社会科学研究规划基金项目,李骏,南京财经大学

145. 人学视域中大学教学管理制度人本化研究,教育部人文社会科学研究规划基金项目,李枭鹰,大连理工大学

146. 职业女性工作时间匹配与幸福体验的双路径模型研究——基于资源保存理论的视角,教育部人文社会科学研究规划基金项目,饶敏,暨南大学

147. 人工智能体的道德责任困境研究,教育部人文社会科学研究规划基金项目,简小烜,长沙学院

148. 戴维·洛奇小说的伦理批评,教育部人文社会科学研究规划基金项目,李雪,哈尔滨工业大学

149. 全媒体视域下宗亲文化与伦理道德传播研究,教育部人文社会科学研究规划基金项目,任宝旗,新乡学院

150. 仪式与认同:节庆文化中的价值观教育研究,教育部人文社会科学研究规划基金项目,曾红宇,中南民族大学

151. 陶行知德育思想的心学渊源及当代价值研究,教育部人文社会科学研究规划基金项目,金维才,安徽师范大学

152. 威廉斯文化社会主义思想及其当代价值研究,教育部人文社会科学研究规划基金项目,赵传珍,广东第二师范学院

153. 虞翻易学伦理思想研究,教育部人文社会科学研究规划基金项目,文平,贵州财经大学

154. 好心一定会有好报吗?个性化契约对核心员工亲组织不道德行为的影响机理研究,教育部人文社会科学研究规划基金项目,王国猛,湖南师范大学

155. 个体伦理与家国命运:新时期文学影视的生育主题研究,教育部人文社会科学研究规划基金项目,蒋建梅,南京财经大学

156. "互联网+"条件下社会主义核心价值观认同机制与引领路径研究,教育部人文社会科学研究规划基金项目,敖翔,信阳农林学院

157. 当代大学生财富伦理观教育价值考量与路径诉求,教育部人文社

会科学研究规划基金项目,张朝龙,蚌埠学院

158. 当代英美马克思主义正义理论谱系研究,教育部人文社会科学研究规划基金项目,林育川,厦门大学

159. 青少年道德推脱的形成:基于父母与同伴交互作用的视角,教育部人文社会科学研究规划基金项目,杨继平,山西大学

160. 精准医学公平问题研究,教育部人文社会科学研究规划基金项目,丛亚丽,北京大学

161. 社会价值变迁视角下中美社会信任比较研究(1995—2016),教育部人文社会科学研究规划基金项目,朱俊红,合肥工业大学

162. "绿色发展"理念引领下的生态价值观养成研究,教育部人文社会科学研究规划基金项目,张敏,吉林大学

163. 环境道德教育与生态文明建设互动机制研究,教育部人文社会科学研究规划基金项目,朱国芬,南京理工大学

164. 不确定环境下考虑社会责任的轴辐式物流网络规划研究,教育部人文社会科学研究规划基金项目,周建,上海大学

165. 凉州贤孝整理与研究,教育部人文社会科学研究规划基金项目,祁明芳,西北师范大学

166. 低俗文化对青少年社会主义核心价值观教育的影响及对策研究,教育部人文社会科学研究规划基金项目,刘维兰,云南财经大学

167. 古代书院个体品德培育对当代高校思想政治教育的启示研究,教育部人文社会科学研究规划基金项目,杜华伟,兰州交通大学

168. 义务教育"就近入学"中的平等权问题研究,教育部人文社会科学研究规划基金项目,邵亚萍,浙江大学

169. 企业经济利益与社会责任的融合机制研究:社会嵌入性与企业意志性的共同驱动,教育部人文社会科学研究规划基金项目,周婷婷,北京第二外国语学院

170. 21世纪人与自然生命共同体的生态拯救前沿研究,教育部人文社会科学研究规划基金项目,刘魁,东南大学

171. 20世纪以来中国德育价值观变革的理论与实践,教育部人文社会科学研究规划基金项目,孙峰,陕西师范大学